高等学校土木工程专业"十四五"系列教材

地下防护结构

相恒波　颜海春　编

中国建筑工业出版社

图书在版编目（CIP）数据

地下防护结构 / 相恒波，颜海春编. —北京：中
国建筑工业出版社，2024.4

高等学校土木工程专业"十四五"系列教材

ISBN 978-7-112-29890-7

Ⅰ.①地…　Ⅱ.①相…②颜…　Ⅲ.①地下建筑物—
防护结构—结构设计—高等学校—教材　Ⅳ.①TU93

中国国家版本馆 CIP 数据核字（2024）第 103877 号

本书系统介绍了信息化战争下防护结构设计和计算的基本原理、一般原则与方法。重点阐述了防护结构的基本知识，常规武器和核武器的破坏效应，侵彻与爆炸的局部破坏作用，爆炸空气冲击波及土中压缩波，防护结构上的动荷载确定，抗爆结构动力分析方法，防护结构材料与构件的动力性能，防护结构设计的一般要求与步骤，单建掘开式钢筋混凝土结构、成层式结构、坑、地道式结构设计的基本原理，防空地下室结构设计等内容。本书既侧重防护结构计算的基本原理阐述，也侧重防护结构的工程设计运用。书中内容体现了作者在防护结构方面多年的教学科研成果，也包含了该领域近年来最新的研究成果和动态。

本书可以作为防护工程及防灾减灾工程专业的本科专业课教材，亦可作为相关专业研究生及工程设计人员的参考书。

为了更好地支持教学，我社向采用本书作为教材的教师提供课件，有需要者可与出版社联系，索取方式如下：邮箱 jckj@cabp.com.cn，电话（010）58337285。

责任编辑：仕　帅　吉万旺
责任校对：张惠雯

高等学校土木工程专业"十四五"系列教材
地下防护结构
相恒波　颜海春　编

*

中国建筑工业出版社出版、发行（北京海淀三里河路9号）
各地新华书店、建筑书店经销
北京龙达新润科技有限公司制版
天津安泰印刷有限公司印刷

*

开本：787毫米×1092毫米　1/16　印张：17½　字数：434千字
2024年5月第一版　2024年5月第一次印刷
定价：**48.00**元（赠教师课件）
ISBN 978-7-112-29890-7
（42335）

前　言
■■■■■■■

　　防护工程是为维护国家安全和领土完整，保障军队行动，保存、发挥和提高军队战斗力，是在和平时期构筑，能防御核武器、常规武器和生化武器等杀伤破坏作用的军事建（构）筑物，以及抵抗恐怖爆炸袭击或偶然性冲击爆炸事故的重要民用建筑物；是战时抵御外敌侵略和各种空袭，保障指挥控制的稳定与安全、保存有生力量和武器装备的重要物质基础和防御手段；是国防防御力量和威慑力量的重要组成部分。

　　但是，以 20 世纪 90 年代初发生的海湾战争为代表的高技术战争表明，一场以高技术常规武器为先导、以信息化技术为核心的新军事变革正在世界范围内兴起。信息化战争条件下，高技术侦察监视使战场趋于透明，精确制导钻地武器对防护工程的威胁越来越大，也对防护结构的计算理论和设计方法提出了极大的挑战。

　　另外，防护工程学科也发生了较大变化，一方面是核武器防护技术的逐步成熟，另一方面是常规武器防护的要求越来越重要，难度也越来越大。体现在学科研究上，有关核武器防护的研究工作逐渐减少，常规武器防护的研究内容迅速增加，成果涌现，新材料、新结构等成果不断涌现，不断地丰富着防护结构的设计计算理论并更新着各种技术规范与设计指南。

　　本书的编写得益于钱七虎、王年桥、方秦等编写的教材以及国内外其他专家及学者的相关研究成果及国家、军队颁发的有关规范等，在此向他们以及为本书编写做出贡献的人表示衷心的感谢！

　　本书由相恒波、颜海春编写，可以作为防护工程及防灾减灾工程专业的本科专业课教材，亦可作为相关专业研究生及工程设计人员的参考书。

　　由于编写时间和水平有限，书中不当之处在所难免，恳请各位读者、同行批评指正。

2023 年 10 月

目　录

第1章

绪　论

1.1　防护工程

防护工程是土木工程的重要分支学科，是指建造各类防护工程设施的科学技术的统称，既指工程建设的对象，也指工程建设的专业技术。它是为了维护国家安全和领土完整，保障军队行动，保存和提高军队战斗力，主要在和平时期构筑，能防御常规武器、核武器和生化武器等杀伤破坏作用的建（构）筑物，也称为军事工程、军事设施、国防工程、人防工程（国外称民防工程）等。抵抗恐怖爆炸袭击或偶然性冲击爆炸事故的民用建（构）筑物，也称为民用防护工程。

核武器出现之前，防护工程主要依靠天然岩土层或构筑人工的防护层，依靠岩土介质、工程材料与结构抵抗常规武器弹药的侵彻和爆炸破坏作用。进入核时代之后，要求防护工程具备抵抗核武器冲击波、地冲击、光辐射、早期核辐射、核电磁脉冲、剩余核辐射等综合毁伤效应的能力。海湾战争之后，随着信息化精确制导武器的快速发展，防护工程面临前所未有的挑战，如先进的侦察监视手段使得工程伪装更加困难，以钻地弹为代表的精确制导武器打击精度越来越高、毁伤威力越来越大、毁伤机理更加多样化。防护工程不仅要通过采用新材料、新结构、新技术以及增加天然岩土层厚度等土木工程手段提高工程防护能力，而且要积极采取分散配置、伪装、干扰、欺骗和拦截等综合防护措施以提升工程防护效能。

防护工程是指挥系统、武器装备、作战物资和人员等的地下安全屏障，始终与打击武器处于"矛"与"盾"的攻防对抗，相伴发展。古今中外的战争史表明，防护工程是国防力量的重要组成部分，在遏制外敌侵略、巩固国防和保障国家安全方面发挥了重要作用，成为国家重要的战略威慑力量之一。

1.1.1　基本组成与分类

本书介绍的防护工程是指能抵抗预定杀伤武器破坏作用的工程构筑物，主要由防护结构和防护设备以及工程内部保障系统（如通风空调、给水排水、发电供电等）组成。

以某坑道式防护工程（图 1.1）为例，防护工程主要由以下 3 部分组成。

1. 主体

主体是指能够满足战时防护要求且能满足工程主要功能要求的部位，如图 1.1 中的指挥、通信、工勤保障区域及电站和车库。主体是保障预定使用功能实现的核心部位。

通常，为增强防护能力，防护工程一般位于地表以下，工程结构上方覆有土壤、岩石以及混凝土等其他覆盖材料。我们把结构上方覆盖的、能起到防护作用的岩石、土壤或其他覆盖材料称为防护层。防护层按成因分为人工防护层和自然防护层。结构施工后回填、人工设置的防护层称人工防护层。施工过程中未被扰动或没有人工设置的防护层称自然防护层。

2. 口部

主体与地表面相连通的部分称为口部，主要供人员、车辆、武器装备与物资等进出使用以及通风排烟等使用（图 1.1）。口部结构的主要组成部分是口部通道，包括门框墙、临空墙以及竖井等口部结构。大部分甚至全部的防护设备设置在口部。口部的断面尺寸通常小于主体通道或房间的断面尺寸，有时则相同，例如飞机或舰（潜）艇洞库等。口部防护区包括防护门、防护密闭门、密闭门、防护通道、洗消间、防核化生工作间等组成，功能是阻断核化生武器杀伤破坏因素进入，保障人员安全进出，利用滤毒通风系统供给功能区以洁净空气。

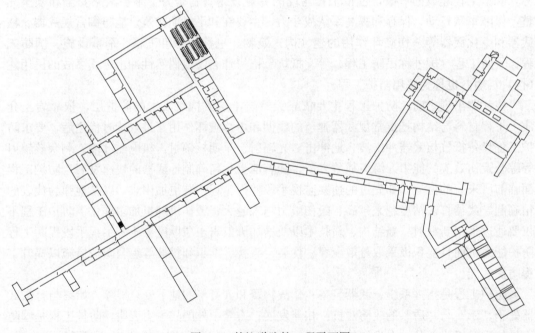

图 1.1　某坑道防护工程平面图

3. 防护设备

防护工程口部往往会设置防护设备与设施，如防护门、防护密闭门、密闭门、活门以及消波系统等，主要用来阻挡冲击波、毒剂、放射性物质等从孔口进入主体或限制泄漏进入工程内部的冲击波压力小于人员或设备的容许值。

能阻挡冲击波但不能阻挡毒剂等通过的门称为防护门；与之功能相反的称为密闭门；两种功能均具备的称为防护密闭门。

活门是防爆波活门的简称，是用于通风或排烟口的防冲击波设备。

一般防护工程多采用小型防护设备。小型防护设备，已有定型产品，在设计中只需正确选用即可。但是，一些特殊或大型防护设备，例如飞机库、舰（潜）艇洞库、后方仓库、导弹发射井的防护门或防护盖板等则需专门设计。

1.1.2 防护工程的主要类型

从服务对象来讲，防护工程可分为两大类：一类是为保障军队作战使用的防护工程，称为国防工程，也称作军事防护工程，如各类指挥通信工程、飞机洞库、潜（舰）艇洞库、导弹发射井、后方仓库洞库、阵地工程、人员掩蔽部以及其他武器装备与物资掩蔽库等。国防工程按照军兵种分为陆军设防工程、海防工程、空防工程、火箭军阵地工程等。每种防护工程，根据性质、用途又分为若干类别，如指挥防护工程、人员掩蔽工程、武器装备及物资掩蔽工程、阵地工程、野战工事等类别，每个类别又根据重要性和用途划分为若干等级。另一类是用于城市防空袭的人民防空工程，简称人防工程。人防工程按功能和用途分为五类，分别是人防指挥工程、医疗救护工程、人防专业队工程、人员掩蔽工程以及配套工程等。从工程技术的角度而言，国防工程和人防工程在技术内容上基本是一致的。

防护工程多利用天然的岩（土）体构筑在地下。按照埋设深度主要分为地面覆土工程、地下浅埋工程和地下深埋工程。根据构筑方式分为掘开式、暗挖式工程（或称坑（地）道工程）。坑道工程是高等级防护工程最主要的建造形式。

1. 地面覆土式工程

地面覆土式工程是在地表、低洼或人工下挖的浅坑上构筑的防护工程，再在结构侧面和顶部填筑土石和表面伪装，结构的全部或大部在地表以上，也称堆积式工事（图1.2）。地面覆土结构，一般指表面覆盖土的建筑物或设施，结构的全部或大部在地表以上，是防护抗力较低的一类防护结构，常见于军事设施，主要用于存储油料、物资及弹药，掩蔽车辆、飞机等武器装备。

地面覆土结构一般采用的承重结构形式有：现浇钢筋混凝土拱、波纹钢板落地拱、波纹钢板与钢筋混凝土组合落地拱和钢筋混凝土箱形结构等。

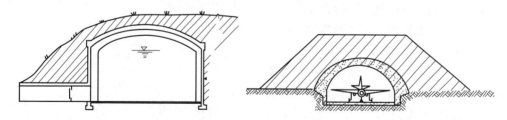

图1.2 覆土式油库和覆土式飞机掩蔽库

2. 浅埋掘开式工程

1）单建掘开式

掘开式结构（图1.3）是在平坦区域采用明挖法修建的埋深较浅的防护工程结构；即施工时先开挖基坑，然后在基坑内构筑工程结构，结构建成后，再按要求回填土石，最后恢复地形地貌。掘开式结构主要特点是：

（1）埋深浅，结构上部覆盖的岩土层薄，武器攻击荷载几乎全部由结构承担。

（2）开挖后工程结构施工工作面大，施工速度快，不受地形地质条件影响。

（3）开挖形成的基坑，需要进行支护，防止施工期间变形坍塌。

（4）由于埋深浅，物资、人员、装备等出入通道短，便于使用。

（5）防护抗力一般不高。

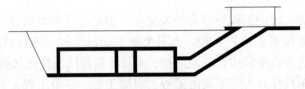

图 1.3　掘开式结构示意图

单建掘开式工程一般用作工程抗力等级不高的防护工程，是城市人防平战结合工程的基本形式之一，多建在火车站、汽车站的广场及城市繁华地段十字路口下面，平时用于过街或地下商场，战时作为人员掩蔽部和物资掩蔽库等。

2）附建掘开式

在人防工程中常常将上部设有建筑物的浅埋掘开式结构称为附建式结构，防空地下室（图 1.4）是城市中最为常见的附建式结构。

附建式结构或防空地下室有以下 5 个特点：

（1）与上部建筑同时构筑，便于平战结合，节约总造价。构筑防空地下室可减少上部建筑物基础投资，防空地下室面积又是地面建筑面积的补充。

（2）使上、下建筑物互为增强，上部建筑物有利于削弱冲击波、早期核辐射和炸弹

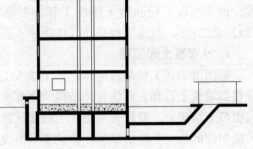

图 1.4　防空地下室示意图

的作用，下部地下室使上部建筑物的稳定性有较大提高。

（3）不单独占用土地，这对我国地少人多的国情有着特殊的意义。

（4）战时人员可从建筑物内直接进入工程，便于迅速掩蔽。

（5）工程平面形状和尺寸通常受上部建筑物的制约。

防空地下室是城市居民战时防护的主要形式，多用于人员掩蔽、物资储放、医疗救护以及专业队等人防工程。

3. 成层式工程

为了抵抗常规武器直接命中打击，一般在掘开式工程主体结构或坑（地）道式工程头部结构上方设置遮弹层和分配层，具有这种结构形式的工程称为成层式工程。典型的成层式工程结构如图 1.5 所示。

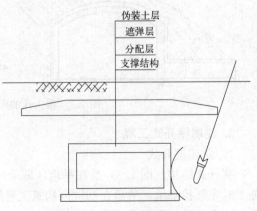

图 1.5　成层式工程结构示意图

4. 坑（地）道式工程

1）坑道式工程

建筑于山地或丘陵地，其大部分主体地面与出入口基本呈水平的暗挖式工程，称为坑道式工程，如图 1.6 所示。从结构上讲，坑道式结构是利用工程上部覆盖的岩土层与工程支护结构共同组成的承载工程结构。

坑道式结构是防护工程常用的结构形式。它具有以下主要特点：

（1）防护能力强。坑道工程通常构筑在较肥厚的岩体中，岩石覆盖层随出入口进入工程主体距离的增大不断增厚，坚实的自然岩层对杀伤武器特别是大口径钻地弹有很好的防护能力。因此，重要的大型防护工程或抗力要求较高的工程多修筑成坑道式工程，例如指挥通信工程，飞机、舰（潜）艇掩蔽工程，重型装备掩蔽库工程等。

（2）坑道工程核心部位主体结构受武器侵彻爆炸作用荷载小或几乎没有，只承受岩土覆盖层的重力荷载作用。

（3）坑道工程内部掩蔽容量大，便于各种不同功能防护工程的建筑布局，但相应非有效利用的面积也会增多。

（4）岩体中的坑道工程需要用钻爆法暗挖施工，比掘开式工程施工复杂。

综上所述，从防护角度出发，只要能满足工程使用的功能要求，工程地质条件又允许，应尽可能修筑坑道式工程。

图 1.6　坑道式工程

2）地道式工程

建筑于平地，其大部分主体地面明显低于出入口的暗挖式工程，称为地道式结构。施工时在平原或台地上打施工井（施工口）至一定深度，然后开口掘进，根据施工井的倾角又分为竖井工程（<5°）和斜井工程（>5°），如图 1.7 所示。

图 1.7　地道式工程

地道工程有以下特点：

（1）防护能力较强。和坑道工程一样，工程埋置一定深度后，能充分发挥自然地层的作用，使工程获得较高的抗力。当然，覆土深度浅，其防护能力一般就差，但在地下水位高、不具备深挖条件的地方，通过特殊设计，也可以建造浅埋高抗力工程结构。

（2）受地面建筑物和地下管线影响较小。其影响程度随工程埋深增加而减小。

（3）受地质影响较大。通常作业断面较小，施工比较困难。一般情况下，地质条件较坑道工程差。

（4）自流排水困难。地道工程由于多在平地建设，主体部分较出入口低，不能自流排水，自然通风也较困难。

地道工程究竟埋置多深为好，要依工程的重要程度、所在位置的地质条件、对地面建筑物和地下管线的影响、技术经济分析等因素综合考虑确定。

为缓解城市地面交通拥挤，国内外许多城市已经修建或正在修建地下快速通道，如地下铁道和地下公路隧道等，这些民用地下隧道往往埋置深度深，其主体结构有着较强的抗核武器和常规武器打击能力。最著名的有平壤的地铁系统和莫斯科的地下城，前者总长约24km，平均深度达100m，最深处超过200m，后者平均深度70～120m，最深挖在地下275m处。许多城市在建设时都考虑了人防的功能或兼顾人防的功能，充分发挥其战备效益。

3）深埋高抗力工程

深埋高抗力结构指的是为抵抗核武器近地爆、触地爆甚至地下爆炸的工程结构。该类工程埋深很深，一般在几百米以上，主要用于国家的战略指挥工程和其他十分重要的武器装备工程等。

1.2 防护工程面临的主要威胁

在现代战争条件下防护工程面临的主要威胁有常规武器、核武器和生化武器等。随着武器的发展，各类新型武器如电磁弹、温压弹等对工程防护提出新的要求；高精度的侦查监视对工程的威胁也逐步上升。

1.2.1 常规武器

在核武器未出现前，防护工程主要面临威胁是常规武器的打击。非精确制导常规武器以面轰炸为主要打击模式。由于命中精度差，对目标的打击效率相对较低，对防护工程更是难以构成较大威胁。例如在二战中，美军向面积仅有 $20km^2$ 的硫磺岛投掷航弹10 650t，实际上只破坏日军工事的五分之一。据有关统计，在二战期间，大约需空投9000 枚炸弹才能摧毁一个重要目标；在越战期间，美军摧毁一个重要目标也需要 300 枚左右炸弹。

随着 20 世纪 60 年代末精确制导武器的出现，尤其是近 40 年的快速发展，使常规武器打击模式由面轰炸发展为远距离精确攻击，大大提高了常规武器的毁伤效能，对防护工程提出了严峻挑战与更高的防护要求。在海湾战争期间，多国部队使用的精确制导弹药，占所投射弹药总量的 7.6%；在科索沃战争中，以美国为首的北约部队使用的精确制导弹药，占全部武器弹药的 35%；美军在阿富汗战争使用精确制导弹药占使用总数的 56%。在伊拉克战争中，精确制导弹药的比率高达 68.3%；而美军空袭叙利亚，精确制导弹药使用量占 80%以上。在未来信息化条件下局部战争中，精确制导弹药将继续扮演重要角色。

高技术常规武器除了命中精度高之外，消灭一个目标，只需 1～2 枚弹药，其侵彻爆炸破坏能力也越来越强。如在海湾战争中首次使用的"地堡克星"GBU-28 型激光制导钻地弹，可侵入混凝土 6m 或土壤 30m 后爆炸（图 1.8）。

图 1.8 GBU-28 打击效果（GBU-28 穿透 30m 土层后又击穿 2 层楼板）

1.2.2 核武器

与常规武器相比，核武器的爆炸威力和摧毁能力要大得多。例如，日本广岛、长崎的原子弹爆炸使两座城市的大部分区域瞬间变为一片废墟。

核武器出现后，各主要国家都十分重视对核武器的工程防护建设。现代防护工程是伴随核武器的发展而发展的。在 20 世纪 90 年代以前，美国、苏联、中国以及北欧等国家都修建了大量的军用防护工程和民防工程（我国称人防工程）。但是，随着国际形势的变化以及高技术常规武器（尤其是精确制导弹药）的发展，人们逐渐认识到由于核武器过于巨大的毁伤能力及其长期生态环境效应，使它难以在战争中实际使用。核武器的主要作用是"威慑"，其实际使用受到战争目的的有限性等多种因素的限制。当前核武器仍朝着小型化、钻地化、精确化、实用化方向发展，大规模实施核打击的可能性大大减少，而实施"外科手术式"的有限核打击的可能性却有所增加。

1.2.3 生化武器

生化武器是化学武器和生物武器的统称。

毒剂弹通常称为化学武器。军用毒剂可分为神经性、糜烂性、全身中毒性、窒息性、刺激性等毒剂。化学武器具有杀伤威力大、中毒途径多、作用时间长、价格低廉和不破坏建筑物及武器装备等特点，是一种大规模杀伤性武器。随着科学技术发展，二元化学武器和"超毒性"毒剂的出现，化学武器在未来战场上仍具有重要的威胁作用。

生物武器又称细菌武器。它由生物战剂和施放装置两部分组成。生物战剂包括致病微生物及其产生的毒素。生物武器的杀伤力是靠散布生物战剂，使人员、牲畜和农作物致病死亡，以达到大规模杀伤对方有生力量的目的，其对人员的杀伤力不亚于核武器。

生化武器对防护工程的结构强度没有影响，因此对其防护主要在工程口部采取可靠的滤毒通风和密闭、洗消等措施，在工程结构中通过控制变形或开裂以避免毒剂或生物战剂泄漏进入工程内部。

1.2.4 防护工程对一般威胁的应对

近年来，随着高技术常规武器的快速发展，其在现代战争中的地位和作用不断提高。20世纪90年代以来发生的几场高技术局部战争表明，未来的战争主要是核威慑条件下高技术局部战争。但是，在肯定高技术常规武器是防护工程最现实威胁的同时，核武器的威胁也不能完全排除，毕竟世界上还存在庞大的核武器库，主要核国家仍把核武器和核战略作为其国家安全的重要基石，并继续进行新型核武器的研发。世界上主要的核大国，在战略上对战争中使用核武器的门槛也在逐步降低，美、俄国家元首，就曾多次在公开场合发出核打击或核反击威胁，美国总统也曾多次威胁推出《战略武器消减条约》。我国一些周边国家也在加速发展核武器，根据2021年瑞典斯德哥尔摩国际和平研究所发布的数据，各国拥有核弹头的数量（含退役未销毁）分别为：美国5550枚，俄罗斯6226枚，中国350枚，英国225枚，法国290枚，印度、巴基斯坦、以色列、朝鲜合计拥有460枚。另外，伊朗也在积极地研发核武器。在相当长的时间内，核威胁不能完全排除。常规武器是最现实的威胁，核武器和生化武器是潜在的威胁。因此，我国防护工程建设要适应核威胁条件下高技术战争的需要，突出对精确制导常规武器的防护。

防护工程设计的任务，是保证在满足一定生存概率条件下，能够抵抗预定杀伤武器的破坏作用，即满足规定的抗力要求，因而科学合理地确定工程设防标准（或称抗力标准），是进行防护工程结构设计的前提和基础。工程抗力要求一般由上级领导机关或工程建设单位在下达的命令或工程任务书中提出。

一般来说，国防或人防工程结构的设防标准或抗力标准，应按常规武器、核武器和生化武器分别提出。常规武器通常是规定武器的口径、弹型（包括引信种类）、射击或投掷方式（如命中速度、命中角等）。核武器通常规定武器的当量、打击方式（空爆、地爆或触地爆等）以及打击点与工程的距离，或直接给出核爆炸地面冲击波超压。生化武器通常规定工程的密闭、消毒及滤毒等要求。

国防工程和人防工程的设防标准或抗力标准均属于国家和军队机密，实际进行工程设计时，应当依据有关的文件或指示执行。这里简要介绍国防和人防工程抗力确定的一般原则。

防护工程抗力确定的主要依据是安全威胁环境、作战样式、国防与国家经济发展实力、防护技术发展水平，并综合考虑敌方武器打击平台、我方防空能力、工程深埋及其与其他工程关联性、次生灾害等因素。工程埋深大致反映了防护工程易损性或防护能力水平，表1.1给出了深地下岩石、地下岩石、土中浅埋、地面被覆、地面共5类不同埋深的防护工程抵抗核武器和常规钻地弹打击的能力水平的关系。

应该指出，土中浅埋工程通过构筑遮弹层虽能抵抗爆破弹和普通钻地弹直接命中打击，但代价（造价）较大，所以抗力要求较低的防护工程（如量大面广的普通人防工程）

可不考虑航弹或导弹的直接命中打击，仅考虑离开工程外墙一定距离处的非直接命中
打击。

工程深埋与防护抗力的关系 表 1.1

工程埋深	核武器		常规武器直接命中打击		
	直接命中打击	非直接命中打击	新型钻地弹	普通钻地弹	爆破弹
深地下岩石	√	√	√	√	√
地下岩石	×	√	√	√	√
土中浅埋	×	√	×	√	√
地面被覆	×	√	×	√	√
地面	×	×	×	×	×

　　除了个别特别重要的防护工程外，通常都不考虑核武器直接命中打击，只考虑是离开
工程一定距离处非直接命中打击。对人防工程，由于城市中大多数的工业与民用建筑物抗
爆能力均较低，人防工程或民防工程抗力也不高，破坏防护工程只需较小的冲击波超压
值，为了取得最大破坏范围的效果，敌方对城市进行的核袭击通常都采用空中爆炸方式。

1.3　防护结构

　　防护结构是指抵抗预定杀伤武器破坏作用的工程结构。这是比较狭义的概念，在广义
上还泛指可能受到偶然性冲击和爆炸以及恐怖爆炸袭击作用的结构物。本书主要研究防护
结构抵抗各种预定武器杀伤破坏作用。

　　工程结构是指在各种工程建筑物、构筑物和设施中，用建筑材料制成的各种构件相互
连接而形成的受力体系。该体系承受各种外来作用，使其所在的建筑物、构筑物和设施实
现相应的功能要求。防护工程结构主要承受各类武器的打击，以及抵抗偶然冲击、爆炸等
作用。

1.3.1　基本组成与分类

　　根据所用材料，防护工程结构常见有钢结构、混凝土结构和其他复合材料结构。冲击
爆炸发生时，结构处于高温和高应变率等极端工作条件，因此结构设计时选材必须综合考
虑强度和韧性等条件，还要考虑材料动态性能。目前，防护工程所用的材料涉及面很广，
按化学成分分为金属材料、非金属材料、高分子材料和复合材料四大类。

　　金属材料包括金属和以金属为基的合金，分为黑色金属材料（铁和以铁为基的合金，
如低碳钢、高锰钢、球墨铸铁、铁合金等）和有色金属材料（黑色金属以外的所有金属及
其合金，如泡沫铝、泡沫合金等）。非金属材料包括岩土类地质材料、碳纤维材料、玄武
岩纤维材料和陶瓷材料等。高分子材料包括橡胶、聚氨酯、聚脲以及其他类型的高分子合
成纤维材料等。复合材料包括金属基复合材料、聚合物基复合材料、无机非金属基复合材
料、水泥基复合材料、纤维复合材料以及功能复合材料等，其中水泥基复合材料中的混凝
土类材料使用最为广泛，如高强混凝土、活性粉末混凝土（RPC）、纤维增强混凝土（钢
纤维混凝土、聚丙烯纤维混凝土、水泥灌注纤维混凝土、钢球钢纤维混凝土、碳纤维混凝

土等)、刚玉块石混凝土、聚合物混凝土(聚合物浸渍混凝土、聚合物水泥混凝土、聚合物胶结混凝土等)、多孔混凝土(泡沫混凝土、EPS混凝土)及特种混凝土等。

防护结构类型较多,以下主要根据深埋可分为:地面覆土结构、浅埋掘开式结构、坑(地)道式结构和深埋复合式结构、竖井结构以及特殊工程结构等类型。根据施工方法的不同,防护工程结构通常又可分为现浇结构和装配式结构。抗力要求高的通常采用现浇结构,而装配式结构则适用于抗力要求较低、需要快速构筑的情况,同时在环保方面具有一定优势。

1.3.2 防护结构的主要类型

根据结构受力特点,防护结构可分为箱式结构、框架结构、无梁楼盖结构、直墙拱顶结构及拱形结构、成层式结构、高抗力复合结构、竖井结构、野战阵地结构等。

1. 箱式结构

箱式结构是由现浇钢筋混凝土墙、顶板组成的结构,通常用作较小空间的附建式人防地下室,地面建筑把地下室直接作为基础。由于箱形基础结构(图1.9)的地下室整体作为地面建筑的基础,结构设计中对空间布置限制较多,其优点是整体性好、强度高,防水、防潮效果好。

2. 框架结构

框架结构(图1.10)是由钢筋混凝土柱、梁、板组成的结构体系,节点全部或大部分为刚性连接。当跨度较大时,可设主次梁结构,甚至可设井字梁结构。它具有以下

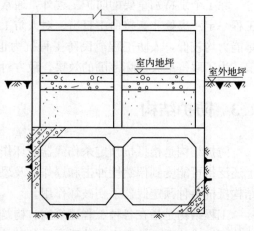

图1.9 箱形基础结构

优点:①荷载传递路径明确,受力状态合理;②结构轻巧,便于布置;③整体性比砖结构和内框架承重结构好;④可形成较大的使用空间;⑤经济实用,技术成熟;⑥可预制装配,也可现浇施工,施工较方便。

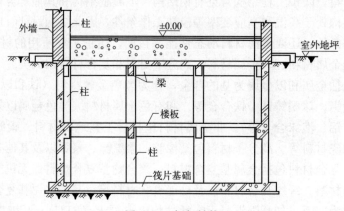

图1.10 框架结构

3. 无梁楼盖结构

无梁楼盖结构（或称板柱结构）指结构顶直接支承在柱上的承重体系。当工程层高受限，为了充分利用净空，顶板与底板可以采用无梁板形式，底板可采用加反托板的无梁板结构。由于板柱接触部位荷载较大，柱顶需设置柱帽，常见的柱帽形式见图 1.11。对于多层结构的中间楼板，如楼面荷载较小，可采用无柱帽或柱顶加托板的无梁板结构。

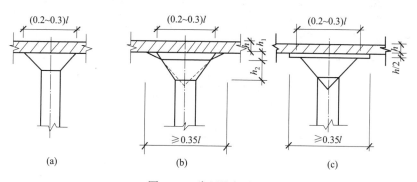

图 1.11　常用柱帽形式

（a）台锥形柱帽；（b）折线形柱帽；（c）带托板柱帽

无梁板结构因不设置梁，板面荷载直接由板传至柱，因此具有结构体系简单，传力路径简捷，净空利用率高，造型美观，利于通风，便于管线布置和施工等优点；但需要较厚的板，导致混凝土和钢筋用量较多。另外，从结构性能方面看，无梁板的延性较差，板在柱帽或柱顶处的破坏属于脆性冲切破坏。

4. 直墙拱顶结构及拱形结构

直墙拱顶结构是指两侧用直立墙体支撑并承受水平荷载，顶部采用圆拱承受纵向荷载的结构。对于承受外荷载而言，直墙拱顶结构受力性能比矩形结构好，而且便于开挖和被覆施工，空间利用也好，所以在高抗力和大跨度的防护工程中较常采用。

在实际选择结构形式时，应综合分析使用条件、施工条件、荷载大小、地质条件、结构的高度与跨度等主要因素确定。对一般跨度不大，中等以上地质条件，通常采用直墙圆拱结构，如图 1.12（a）所示；因为在这种条件下，侧墙向外变形岩层就能提供较大的弹性抗力。为简化设计和便于施工，拱圈常设计为等厚度，同时侧墙与拱圈也取相同厚度。当地质条件较差，荷载较大时，可构筑曲墙式被覆，以提高结构的受力性能，且底板做成仰拱形式，如图 1.12（b）所示，有时也可设计成圆形结构。对于跨度较小而荷载非常大的情况下，断面的厚度在跨度的三分之一以上时，结构强度将主要由抗剪来控制，为了增加抗剪面，可采用平顶拱结构，如图 1.12（c）所示。对于大跨度的飞机库等，根据使用条件与受力性能的考虑，常采用落地拱结构，如图 1.12（d）所示。

对于大跨度拱形结构，如指挥工程的指挥大厅、飞机（运输机）洞库等，若仍然采用普通钢筋混凝土结构，拱顶结构厚度必然很大，导致基坑开挖量加大，建造及质量控制困难。此时可以考虑密排钢管混凝土拱结构，钢管混凝土拱结构可以充分发挥拱和钢管混凝土的优良的受力性能，可以以较小的截面尺寸实现高抗力的大跨度结构。

大跨度结构还可以用三维波纹钢的形式（图 1.13）。该种结构覆土即可具备一定抗力，可以抗一定大小冲击波和弹片的冲击作用，优点是可以实现大跨度结构的快速构筑，且造

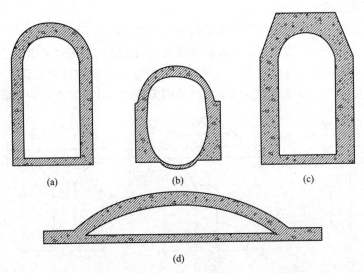

图 1.12　常见拱形结构

（a）直墙拱；（b）曲墙拱；（c）平顶拱；（d）落地拱

价低。但由于受波纹钢厚度限制，该类结构抗力不会太高，一般仅用于野战工事。

图 1.13　三维波纹钢拱结构

5. 成层式结构

成层式结构（图 1.5）一般由伪装层、遮弹层、分配层和支撑结构等部分组成。

1）伪装层，又称覆土层，一般铺设自然土构成。其主要作用是对下部防护结构进行伪装。这一层不宜太厚，一般可取 30~50cm，因为太厚反而会增加对常规武器爆炸的填塞作用，增大爆炸破坏效应。

2）遮弹层，又称防弹层。这一层的作用是抵抗常规武器的侵彻并迫使其在该层内爆炸。遮弹层应保障常规武器战斗部不能贯穿。因此这一层应由坚硬材料构成，通常采用混凝土、钢筋混凝土、钢纤维混凝土、超高性能混凝土、块石/钢玉石混凝土复合材料等。

3）分配层，又称分散层。它处在遮弹层与支撑结构之间，一般由砂或干燥松散土或泡沫混凝土等低密度、多孔隙材料构成。它的作用就是将常规武器侵彻爆炸作用分散到较大面积的支撑结构上。分配层同时还会削弱爆炸引起的冲击震动作用。

通常将上述三层合称为成层式结构的防护层。

4）支撑结构。它是成层式结构的基本部分，一般用钢筋混凝土构成。其主要作用是承受常规武器爆炸的整体作用，以及核爆炸冲击波引起的土中压缩波的破坏作用。

成层式结构也是一种掘开式施工的结构，与其他浅埋结构形式比较，有以下特点：①受力合理，能有效地避免常规武器直接接触支撑结构，防止支撑结构震塌等局部破坏现象的产生。②防护层在构筑后还可进一步加固，受破坏后易于修复。③成层式结构（特别是块石成层式结构）消耗钢筋和混凝土材料较少，可利用就地材料，因而比较经济。④防震、隔声较好。⑤因埋深较大，使用受限制，高地下水位地区构筑困难。⑥埋深大也使得基坑开挖土方量大，深基坑边坡支护复杂。⑦对核爆压缩波的削弱能力无明显增强。

6. 高抗力复合结构

高抗力复合结构要求能抵抗很高的核爆炸自由场地冲击应力和震动加速度作用，结构体系通常由围岩加固层、软回填层和钢筋混凝土或钢结构支撑组成，见图1.14。围岩加固层指的是由洞室周边采用锚杆（索）和柔性喷层加固的围岩部分。软回填层指的是在围岩加固层与钢筋混凝土或钢结构支撑之间回填的软性材料，可采用泡沫混凝土、聚氨酯泡沫塑料以及砂浆等。也可取消软回填层，采用围岩加固层与离壁式混凝土支护结构以及钢内衬的复合式结构体系。

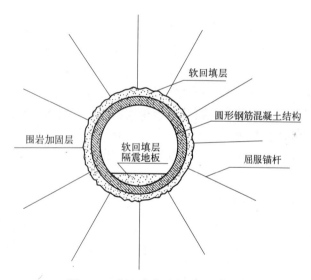

图1.14 深埋高抗力复合结构体系

7. 竖井结构

竖井结构主要用于战略弹道导弹发射井（图1.15）。导弹发射井是指供陆基战略弹道导弹垂直贮存、准备和实施发射的地下工程设施，战时提供测试导弹、发射准备、发射导弹的技术设备、技术条件、环境保障条件。导弹发射井由井筒、设备室、井盖3部分组成。

井筒是导弹发射井的工程主体，通常用钢筋混凝土现场浇灌而成，也可用分段预制的钢筋混凝土管或金属管装配而成，或在多层同心钢圈之间浇灌混凝土制成，通常包括5层：导弹发射筒、特种钢板层、特种水泥层、钒土层、特种水泥层。根据导弹型号不同，井壁厚度一般可达到 2～5m。设备室通常为钢筋混凝土结构，与井筒可建成一个整体，也可分开建筑，用管廊与井筒相连，用于安装专用技术设备和工程设备。井盖由防护盖和开启机构组成，用以保护井内导弹和设备。防护盖用碳钢或合金钢骨架、钢筋混凝土等材料制成。导弹发射井壁、发射井盖的可靠性应能保证抗击百万吨级以上核弹的非直接命中，并能顺利打开实施导弹发射。

图 1.15 导弹发射井

8. 野战阵地结构

野战阵地结构通常是在战役、战斗准备和实施过程中，利用和改造地形，使用预制构件和就便器材，迅速构筑的临时性阵地工程。野战阵地遂行的是战斗工程保障任务，由于其直接用于军事作战的目的，故又称野战筑城工事或称野战工事，主要包括各种指挥工事、机枪工事、观察工事、炮工事、弹药库以及掩蔽所和掩壕等。

由于野战阵地工程的功能特点，野战阵地结构的防护，要求相对比较单一，抗力要求也相对较低，有的只要求抵抗子弹和炮航弹爆炸的破片作用。

当前，野战阵地结构类型主要有：钢筋混凝土装配式结构、钢丝网水泥结构、波纹钢结构、型钢工事结构、集装箱工事结构、骨架柔性被覆结构、玻璃钢工事结构以及一些新型的充气工事结构、凯夫拉（Kevlar）复合材料结构等。

1.4 防护设备

防护设备按其功能分为：①防止冲击波由孔口进入工程的防护门类；②防止受核辐射和生化毒剂或战剂沾染的空气由孔口进入工程的密闭门类；③兼有防护和密闭功能的防护密闭门类；④既要防止冲击波进入又要保证通风或排风（烟）流畅的活门、阀门类；⑤其他，如密闭观察窗、防护密闭盖板等。

1.4.1 防护门

防护门主要是阻挡爆炸冲击波和弹片侵入工程内部，但也兼备削弱核辐射、热辐射的侵入，通常设于防护工程出入口的前端。

防护门（图 1.16）主要由门扇、门框以及铰页、闭锁和启闭装置等组成。门扇是防爆炸冲击波和弹片的主要构件；门框主要承受门扇传递的荷载；铰页装置主要用来连接门扇与门框,并保证门扇开启迅速;闭锁装置主要抵抗冲击波负压等反向荷载的作用,并使门扇关闭紧密;启闭装置是用于控制启闭门扇。

图 1.16 防护门

防护门,按启闭方式,分为立转式、推拉式、翻转式、升降式;按关闭时的状态,可分为垂直式、水平式、倾斜式;按门扇结构形式,可分为平板结构、拱形结构和梁板式结构等;按门扇启闭控制方式,可分为手动控制、电动控制、气动控制、液压传动控制和自动控制等;按所用材料,可分为钢结构、玻璃钢结构、钢筋混凝土结构、钢丝网水泥结构、外包钢混凝土结构、钢管混凝土结构、钢纤维混凝土结构等。

大多数防护门设置在工程通道内,避免了常规武器的直接命中打击和破片的作用,因此其主要考虑核爆冲击波和常规武器化爆冲击波作用。除结构强度要求外,还需考虑操作方便、启闭灵活、便于安装维护等要求。目前,国防工程与人防工程的常用防护门均可选用定型标准设计的图纸与产品,仅在特殊情况下(如超大尺寸、超高抗力)才另行设计。选用定型设计防护门的主要依据是门洞尺寸和抗力等级。

1.4.2 防护密闭门

防护密闭门(图 1.17)不仅要阻止爆炸冲击波还要阻止生物战剂、化学毒剂和放射性物质侵入工程内部,通常设在防护门之后,密闭门之前,兼有防护门和密闭门的双重功能;抗力较低的防护工程有时亦直接代替防护门。

图 1.17 活门槛防护密闭门

防护密闭门的组成与防护门基本相同，但增加了密封条。其作用功能、门扇结构形式、启闭方式、门扇结构材料等与防护门也基本相同。

1.4.3 密闭门

密闭门主要是阻止放射性物质、生物战剂和化学毒剂渗入工程内部，通常设于防护门或防护密闭门之后。密闭门由门扇、门框、铰页、闭锁和密封条等组成；按门扇结构形式，分为平板门和拱式门；按制造材料，分为钢板密闭门、钢筋混凝土密闭门、钢丝网水泥密闭门和木板密闭门等。密闭门不考虑冲击波荷载的作用，但要求门扇和门框也要有足够的强度和刚度，保证在密封条受压缩后其变形控制在允许范围内。

1.4.4 防爆波活门和扩散室

防爆波活门（图1.18、图1.19）主要设置在通风、排烟口前端，在没有冲击波作用时，可进行顺畅的通风或排烟，但在冲击波到来时能迅速或提前关闭，将冲击波大部分阻挡于通风、排烟系统之外，目的在于避免工事内部压力升高并超过允许值，损伤工事内部人员和设备。防爆波活门通常设置在工事的通风口和排烟口处，可单独使用或与扩散室结合使用。

图1.18 悬摆式防爆波活门

图1.19 胶管式防爆波活门

防爆波活门类型有悬摆式活门、胶管式活门、回绕式活门和超压排气活门等，常用的是悬摆式活门和胶管式活门。其中回绕式活门在冲击波到来时提前关闭，悬摆式活门、胶管式门在冲击波到达后迅速关闭。此外，还有在传动方式上使前、后两个活门联合动作的双活门。特殊工程还可以采用自动控制活门，工程通风量特别大可以安装百叶窗式活门。

防爆波活门的主要指标是抗力、通风量和消波率。一般按照给定的工程抗力等级进行设计，要求保证活门在冲击波作用下具有足够的强度和刚度，以便多次重复进行工作；有足够的通风面积；且活门结构紧凑，关闭时间短，通风面积布置合理。悬摆式活门常用于通风和排烟系统；冲击波超压值不大的通风系统，可采用胶管式活门；对空气冲击波超压值较大、系统余压要求较高的通风和排烟系统，可采用回绕式活门；对空气冲击波超压值较大的通风和排烟系统，可采用高抗力防爆波活门。目前，一般采用定型防爆波活门产品，设计时可根据工程所需通风量和抗力标准直接选用标准型号。

扩散室（图 1.20）是利用内部空间削弱从通风口或排烟口进入的冲击波超压的房间。当冲击波由断面较小的入口进入断面较大且具有一定体积的空间时，高压气流迅速扩散、膨胀，使得其密度下降，压力也随之降低。其特点是结构简单、工作可靠，但是消波率较低且占用一定空间，实际工程中很少单独使用，多是同其他消波设施一同构成消波系统；通常配置在防爆波活门后面，做余压扩散室。

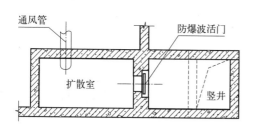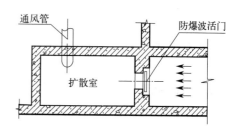

图 1.20　扩散室示意图

1.4.5　密闭阀门

密闭阀门通常安装在通风管道上，能够起密闭作用且具有一定抗冲击波能力的口部防护设备，是保证工程通风系统密闭和通风方式转换不可缺少的控制设备；根据阀门的驱动方式，分成手动密闭阀门和手（电）动两用密闭阀门；根据阀门的结构，可以分成杠杆式密闭阀门和双连杆式密闭阀门。

手动杠杆式密闭阀门（图 1.21a）主要由壳体、阀门板及驱动装置等组成。靠旋转手柄带动转轴转动杠杆，达到阀门板启闭的目的，当关闭阀门板后，依靠锁紧装置锁紧阀门板，保证密闭不漏气。

手（电）动两用杠杆式密闭阀门（图 1.21b）主要由壳体、阀门板、手动装置、减速箱、电动装置（电动开关、行程开关、电动控制器）等零件组成。其传动装置用电动操纵时，手柄和减速器分开，因而轴转动时，手柄并不转动；当手动操纵时，电动机构和轴脱开，因而即使合上电路，电动机也只能空转；当阀门板处在完全开启或关闭位置时，电动机靠行程开关自动断路。

双连杆型密闭阀门（图 1.21c）与杠杆式密闭阀门的构造基本相似，不同的是，主轴通过两根连杆机构带动阀门板的启闭，结构紧凑，操作轻便灵活；当阀门主轴旋转时，能使阀门板达到全开或全闭，具有快速启闭的特点；当手柄按顺时针方向转动时，该阀门板位于关闭位置。

密闭阀门安装时，应保证阀门标志箭头方向与所受冲击波方向一致；在设计和使用过程中，阀门板应全开或全闭，不允许作调节风量用。

(a)   (b)   (c)

图 1.21   密闭阀门

(a) 手动杠杆式密闭阀门；(b) 手（电）动两用杠杆式密闭阀门；(c) 双连杆型密闭阀门

1.5   防护结构研究进展

围绕武器对目标的破坏效应及其工程防护问题，国内外通过试验研究、理论分析、数值模等多种方法，开展了大量的基础性研究工作。

1.5.1   常规武器破坏效应及其防护研究

在常规武器破坏效应及其工程防护研究方面，自 20 世纪 70 年代以来，美国逐步减少了对核武器破坏效应的研究，而把主要精力放在研究常规武器破坏效应及其工程防护方面。事实上，美国在二战期间就比较系统地开展了常规武器对工程结构的破坏效应及其防护问题的研究，美陆军部委托工程兵水道实验站（AEWES）于 1965 年出版了《常规武器防护设计手册》（Fundamentals of Protective Design for Conventional weapons，TM5-855-1，其前身是 EM1110-345-405，1946 年），美空军委托空军武器实验室（AFWL）也于 1970 年出版了相应的《常规武器防护设计手册》（Protection for Nonnuclear Weapons，AFWL-TR-70-127）。此外以三军的名义于 1969 年出版了《抗偶然性爆炸效应的结构设计》（Structures to Resist the Effects of Accidental Explosions，TM5-1300）。这些手册主要反映了美国 20 世纪 70 年代以前该领域的研究成果和技术水平。20 世纪 70 年代以后，随着国际形势的变化，局部地区的冲突不断发生以及常规武器本身、运载制导技术的不断提高，其对防护结构的威胁越来越大。而原有的实验数据和设计手册已不适应现代化常规武器的防护要求。例如原来的炮航弹弹头的长细比（L/D）一般在 3 左右，而现在的炮航弹弹头的长细比可达 8 左右，甚至达到 16 以上，因而其冲击侵彻能力大大增强。因此从 20 世纪 70 年代初开始，在美国陆军、空军等单位的资助下，以陆军的工程兵水道实验站、空军的武器实验室和空军工程勤务中心（AFESC）等单位为骨干，一些著名的国防部研究机构、高等院校等单位参与了常规武器效应的工程防护研究。这些研究成果主要反映在再版的陆军《常规武器防护设计手册》（TM5-855-1，1986 年）中，美国空军工程勤务中心也于 1990 年完成了对 1970 年版空军的《防护结构设计手册》的修订工作（Protection Construction Design Manual，ELS-TR-87-57）。此外，美国三军 1987 年还出版了《抗偶然性爆炸效应的结构设计》（TM5-1300，共六卷），美国能源部也于 1980 年出版了

《抗爆炸和碎片荷载的结构设计手册》(A Manual for the Prediction of Blast and Fragment Loadings on Structures，W. E. Bakeretal，DOE/TIC-11268)。这些设计手册修订过程中增补了大量最新研究成果、实验数据和分析方法。以 TM5-855-1 设计手册为例，该手册 1983 年完成了初稿，后经多方专家、研究机构的反复审定、修改，历经 4 年，才于 1986 年正式批准出版。该手册共分 12 章。此外，在美国和德国国防部资助下，从 1983 年至今已连续召开了 14 次"非核武器（常规武器）与结构相互作用国际学术讨论会"(International Symposium on Interaction of the Effects of Munitions with Structures)。从这些学术会议发表的论文、参加的人员以及研究机构来看，美国、德国、英国、以色列、新加坡、日本等国近三十年来在常规武器破坏效应方面做了大量的工作，不断完善了原有、过时的常规武器防护设计手册。上述这些研究成果总体上反映了一段时期该领域的最先进水平，并广泛地被西方国家所采用。

从研究内容看，以美国为首的北约国家在常规武器破坏效应及其工程防护方面，进行了较为系统、深入地研究，不仅研究了冲击、爆炸对结构的局部破坏效应，而且还重点地研究了炮航弹在土中或在遮弹层中爆炸产生的压缩波对结构的整体破坏效应以及相应的工程防护措施。此外，还研究了炮航弹爆炸产生的碎片对结构的破坏效应以及结构内设备、人员的隔震等。

我国对常规武器破坏效应的研究起步也比较早，从 20 世纪 50 年代后期就开始了常规武器效应试验，包括 1958 年南京澉浦试验、1959 年的广州试验和吉林白城子试验、1960 年西拨子试验、1974 年万全试验和大连试验、1975 年墨水试验和 1976 年东花园试验等，为我国一代又一代国防工程结构设计规范的修订奠定了坚实基础。最近十几年来，在高技术常规战争的背景下，常规武器防护研究重新得到重视，并从试验、理论、新材料与结构等方面展开了全面的研究，取得了许多重大的成果，使我国在常规武器防护一些领域内的技术水平迅速赶上国外先进水平。从公开的资料看，研究内容涵盖了常规武器工程防护的诸多方面：在武器效应与荷载方面完成了低阻普通爆炸弹、燃料空气弹的侵彻爆炸效应、指挥工程口部抗精确制导常规武器试验研究、工事出入口内空气冲击波荷载等；在新型遮弹技术方面提出了表面异型遮弹板及复合遮弹层、新型含钢球的钢纤维混凝土遮弹层、野战工事反应式遮弹层等；在防护设备方面进行了高抗力防爆波活门及消波系统研究、抗常规武器侵彻爆炸效应的防护设备研究等；在隔震研究方面提出了地下工程消减强冲击波的措施、人员承受的爆炸震动容许加速度、炮炸弹作用于土中浅埋工事的震动及隔震技术等；在新材料方面研制成功了高强高性能混凝土、高强纤维复合材料、伪装发泡覆盖材料等。

1.5.2 爆炸作用下构件的灾害行为及其抗爆设计方法

目前，国内外学者及相关机构在建筑结构主要构件受爆炸破坏的分析与加固方面开展了数量众多的研究工作，建立了一些实用性技术措施与方法。

1）在梁、板、柱、拱类构件爆炸荷载作用下力学行为的研究方面，一些学者采用单自由度法或改进的单自由度法对梁板构件在爆炸冲击荷载作用下的动力响应进行了分析，如 Low 等采用单自由度体系分析了承受爆炸荷载作用的钢筋混凝土板在直剪和弯曲破坏模式下的可靠性。方秦等以 Timoshenko 梁理论为基本框架，采用有限差分解法和非线性分层梁有限元法，在材料模型中考虑了混凝土和钢筋的非线性和应变速率效应等因素，计算分析了爆炸荷载作用下钢筋混凝土梁的动态响应以及不同的破坏形态，并分析了钢筋混凝土梁破坏形态的影响因素。Cheong 等进行了地下爆炸波冲击下钢柱的弹塑性动力响应及动力屈曲方面的数值分析，并得出了该钢柱的动力屈曲与场地运动频率和柱顶附加质量之间存在密切联系，对梁类构件在爆炸荷载下的响应进行了可靠性分析。一些学者则通过在数值模拟中引入新的材料模型、新的有限元计算方法等，对普通钢筋混凝土板、高强钢纤维混凝土板、钢筋混凝土梁以及钢板与钢筋混凝土组合梁等结构构件在爆炸荷载作用下的动力响应与破坏形态等进行了研究，如 Xu 采用 LS-DYNA 对钢筋混凝土板在爆炸荷载作用下产生的碎片进行了数值模拟。一些学者综合采用试验与数值方法对爆炸荷载作用下钢板、钢筋混凝梁板以及钢筋混凝土拱形防护门的动力特性及损伤破坏情况进行了研究。

2）在墙体抗爆研究方面，研究集中在爆炸荷载作用下钢筋混凝土剪力墙、土体填充墙、普通防爆墙及异性不锈钢防爆墙的破坏形态与抗爆性能的研究，如师燕超采用非线性有限元技术建立了钢筋混凝土柱损伤破坏的数值分析方法，进一步研究了爆炸荷载作用下钢筋混凝土柱的可能破坏模式。Baylott 等人进行了一系列 1/4 比例的单向混凝土砌体墙的抗爆试验，试验表明：砌体墙的抗爆能力比较弱，容易倒塌，并且伴有碎块飞出，从而造成灾害。还有爆炸荷载作用下砌体填充墙爆炸碎片尺寸分布与抛射距离分析；爆炸荷载作用下钢筋混凝土柱的破坏模式、破坏形态及损伤程度评估研究以及爆炸与火灾联合作用下钢柱的破坏分析与损伤程度评估研究等几个方面。同时，一些学者对爆炸荷载和破片联合作用下钢筋混凝土墙的动力响应与破坏进行了数值模拟研究。

Nash、Vallabhan 和 Knight 等对于混凝土墙体遭受邻近空气中带有或未带有外壳的炸弹爆炸冲击引起的粉碎性破坏问题进行了研究。Varma 和 Tomar 等对于砖石挡板墙承受高强炸药爆炸冲击引起的破坏问题进行了详细的实验研究，确定了各种破坏类型。Fatt 和 Ouyang 等采用等效单自由度模型预测分析了带聚亚安酯外层的混凝土砖墙遭受远距离爆炸波冲击下的动力响应。Makovicka 研究了薄石墙遭受爆炸荷载作用下的动力响应问题。Mays 和 Hetherington 等分析了带孔洞的混凝土墙板受爆炸冲击加载引起的动力响应问题。Louca 和 Friis 等针对以往典型气体爆炸下墙板上爆炸超压估计偏低的情况，提出了在普通墙板处设置抗爆墙的被动防爆体系，并利用非线性有限元软件包对其做了定量分析。清华大学陈肇元院士等对防空地下室的抗爆隔墙的性能进行了系统研究。

3）在壳体构件抗爆研究方面，Syrunin 和 Fedorenko 等进行了由玻璃纤维构造的圆柱形和球形壳体遭受内外高强炸药爆炸冲击下的响应、强度及承载能力的实验研究，描述了这种壳体破坏的机理和标准，并且提出改善其特殊承载能力的方法。Hagihara、Miyazaki 和 Nakagaki 等采用有限元方法对于圆锥形屋壳结构在其内部突发爆炸情况下的分枝屈曲问题进行了数值模拟分析。Volkov、Prokopenko 和 Gordleeva 等进行了密闭圆柱形薄壁钢壳遭内部爆炸荷载冲击下变形及破坏的计算机数值模拟分析。Gerasimov 探索了厚壁圆柱壳体结构遭爆炸冲击的变形和破坏特征。Ryzhanskij 和 Rusak 等则对圆柱形组合壳体结构的抗爆稳定性进行了评估。Martineau 和 Romero 则在前人研究基础上，对于带有椭圆形端部的不锈钢圆柱壳体承受内部偏心装药爆炸作用下动力响应进行了实验和计算机仿真分析，并将两者结果做了比较。此外，Corder 和 Persh 还应用 Castigliano 定理建立了鞭形天线模型，对其进行了横向爆炸加载作用下瞬态动力响应分析。国内学者王晨曦还采用离散复合形法对强爆炸冲击波作用下的天线结构进行了优化设计。Makovicka 和 Lexa 还进行了窗户平板玻璃遭受爆炸超压作用下的动力响应分析，并且提出了该类型平板构件的破坏假设。

4）在建筑结构受力构件的抗爆加固措施研究方面，国内外学者分别通过数值模拟与试验对比，研究了采用高强建筑材料（如高强纤维混凝土等）提高建筑结构构件的抗爆性能的可行性；同时，研究了采用外表面粘贴钢板、碳纤维材料（CFRP）、玻璃纤维材料（GFRP）等加固方法对于提高钢筋混凝土板、钢筋混凝土柱以及砌体砖墙抗爆性能的有效性。国内学者还研究了普通防爆墙、水体防爆墙以及在结构上附加阻尼器等措施对降低结构响应、提高结构抗爆性能的作用。

综上所述，目前国内外的相关研究工作涉及范围很广，研究内容很多，并取得了大量研究成果。然而，由于建筑结构的多样性和复杂性，这一问题还远没有得到系统解决。

思考题

1-1 防护结构的主要类型有哪些？各自有什么特点？

1-2 简述防护工程在军事防护、国防威慑方面的作用。

1-3 防护结构需要考虑哪些武器打击要求？

1-4 成层式结构由哪几部分组成？有何基本要求？

1-5 简述坑道式工程的特点。

第 2 章

常规武器和核武器及其对工程的破坏效应

防护结构承受的作用（或荷载）是一种特殊的作用（或荷载）。它是由军事武器效应所施加的。对防护结构的作用，主要是常规武器和核武器侵彻、冲击与爆炸效应。

2.1 常规武器

常规武器是指其弹药装填物为火炸药或燃烧剂的武器，是相对于核武器、生化武器等大规模杀伤性武器而言的。

2.1.1 概述

按照发射方式，对防护结构产生杀伤破坏作用的常规武器主要有：

(1) 轻武器，通常指枪械及其他由单兵或班组携行战斗的武器，如步枪、轻重机枪、火箭筒等轻武器发射的枪弹及火箭筒弹（RPG）等。

(2) 火炮，如加农炮、榴弹炮、迫击炮、无后坐力炮发射的各种炮弹。

(3) 飞机投掷的各种航（炸）弹。

(4) 常规弹头的导弹。

在常规武器中，命中目标的弹丸中的装药是各种炸药。弹丸命中目标时，在其巨大的动能作用下，冲击、侵彻、贯穿目标，继而炸药爆炸，释放能量，产生冲击波，进一步破坏工程结构和杀伤人员。与裸露装药爆炸不同，有壳的凝聚态弹药爆炸时产生的高压气体产物受到金属弹壳的约束，弹壳在高压气体作用下向外扩张，大约当弹壳半径增长到原始弹体半径的 1.7 倍时，弹壳破裂，产生向四周飞散的碎片。一些特种炮、航弹在弹丸内装有燃烧剂（燃烧弹）还可造成地面目标燃烧。由于炸药爆炸过程是一种在极短时间内释放出大量能量的化学反应，故又称炮航弹等常规武器及炸药的爆炸为"化学爆炸（简称化爆）"，以区别于"核爆炸"。核爆和化爆在爆炸破坏效应方面有相似之处但又有很多明显的差异。

常规武器内装填的炸药种类很多，如 B 炸药、梯恩梯（TNT）等。常见炸药性能见表 2.1。为了比较炸药的效能，常常选定一种炸药作标准，其他炸药与之比较得出如威力、猛度等指标。在防护结构计算中，以梯恩梯炸药为标准，给出其他炸药的梯恩梯当量系数。如 B 炸药的梯恩梯当量系数为 1.35，即 1kg 的 B 炸药相当于 1.35kg 的梯恩梯爆炸的威力。

常规武器对结构的破坏是由弹丸产生的，针对不同攻击目标，可选择不同的弹丸，主要有如下 5 种类型。

（1）爆破弹型：主要依靠炸药爆炸产生的冲击波及弹片来破坏杀伤目标，如炮弹中的杀爆弹、航弹中的普通爆破弹等。

（2）半穿甲弹型：半穿甲弹也称侵彻爆破弹，一方面依靠弹丸的冲击动能侵入目标，又同时依靠一定量装药的爆炸作用来破坏目标，如炮弹和航弹中的半穿甲弹、混凝土破坏弹、厚壁爆破弹等。

（3）穿甲弹型：主要依靠弹丸的冲击比动能侵入、贯穿目标，如各种穿甲弹。

（4）燃烧弹型：主要依靠弹体内的凝固汽油等燃烧剂产生的高温火焰形成目标大火来破坏目标，如炮航弹中的燃烧弹。

（5）燃料空气弹型：依靠弹体爆炸后内装的液体燃料与空气混合形成气化云雾，经二次引爆产生强大的冲击波来破坏目标和杀伤人员，如航弹中的燃料空气弹，燃料空气弹又称气浪弹或云雾弹。

其他还有产生特殊破坏效应的如炮弹中的空心装药破甲弹、碎甲弹以及温压弹等。

炸药性能表　　　　　　　　　　　　　　　　　　表 2.1

炸药名称	密度（kg/m³）	爆速（m/s）	当量系数 β	换算系数 ζ
梯恩梯（TNT）	1560	6825	1.0	1.0
B 炸药	1680	7840	1.35	0.82
特里托纳尔（Tritonal）	1710	6475	1.35	0.79
D 炸药（苦味酸铵）	1550	6850	1.0	—
比克拉托尔	1630	6970	1.0	0.9
DBX 混合炸药	1650	6600	1.0	—
C-4 炸药	—	—	1.15	1.19
H_6 炸药	—	—	1.35	1.02
MC 混合炸药	1688	7236	1.5	—
阿姆托（Amatol）	1500～1550	5100～6400	1.0	—
黑索金	1800	8750	1.35	0.84

2.1.2　常规武器的主要分类

根据发射方式、毁伤效果的不同，常规武器有多种不同的分类方式。

1. 枪弹及火箭弹

1）枪弹

枪弹是枪械在战斗中用来攻击或防御，致使目标直接遭受损害的弹药，也是各类武器中应用最广、消耗最多的一种弹药。现代军用枪弹主要用来杀伤有生目标，也可用来摧毁轻型装甲车辆、低空飞机、军事设施等目标。

按使用对象，枪弹可分为军用、警用和民用三类。警用枪弹多选自军用枪弹，也包括橡皮头枪弹、低易损枪弹等专门设计的枪弹。民用枪弹包括猎枪弹和运动枪弹等。按配用枪械，枪弹可分为线膛枪弹和滑膛枪弹。线膛枪弹又可分为手枪弹、步枪弹和机枪弹，现代枪械使用的滑膛枪弹主要是霰弹枪弹。

枪弹，按口径大小，可分为小口径枪弹（6mm 以下）、大口径枪弹（12mm 以上）和普通口径枪弹；按用途，可分为战斗枪弹、辅助枪弹及检测枪弹。

战斗枪弹包括普通枪弹和特种枪弹。特种枪弹又分为穿甲弹、燃烧弹、曳光、爆炸等单作用枪弹，以及穿甲燃烧、穿甲曳光、燃烧曳光、穿甲燃烧曳光和穿甲爆炸燃烧等多作用枪弹。

枪弹，按有无弹壳，可分为有壳枪弹和无壳枪弹；按弹头数目，可分为普通的单头枪弹和多弹头枪弹。

枪弹由弹头、弹壳、底火和发射药组成。①弹头，是射向目标并对目标起杀伤、破坏作用或达到特定终点效应的枪弹部件，采用旋转稳定式结构，多为尖头锥底流线外形的回转体，长径比一般不大于 5.5 倍，一般由弹头壳（又称被甲）、铅套、弹芯和其他零部件构成。②弹壳，是用于连接弹头、底火并盛装发射药的枪弹部件，又称药筒，具有确定药室容积、使枪弹在膛内定位、射击时保护弹膛不被烧蚀、密闭火药燃气以及利于枪弹装填和存贮等功能；按弹壳外形，可分为瓶形弹壳和筒形弹壳；采用铜合金或低碳钢制造。钢制弹壳内外表面通常镀铜或涂漆防腐蚀，并可在抽壳时减小摩擦阻力。为减轻弹药重量，有些国家已研制出铝合金弹壳、塑料弹壳。③底火，是枪弹上用于点燃发射药的火工品部件，又称火帽；按击发原理，可分为机械式底火和电击发底火。④发射药，是枪弹的能源，常用胶质火药，又称无烟火药。

2）火箭弹

火箭弹是靠火箭发动机推进的弹药，主要用于杀伤、压制敌方有生力量，破坏工事及武器装备等；按飞行稳定方式分为尾翼式火箭弹和涡轮式火箭弹。

火箭弹通常由战斗部、火箭发动机和稳定装置 3 部分组成。战斗部包括引信、火箭弹壳体、炸药或其他装填物。火箭发动机包括点火系统、推进剂、燃烧室、喷管等。尾翼式火箭弹靠尾翼保持飞行稳定；涡轮式火箭弹靠从倾斜喷管喷出的燃气，使火箭弹绕弹轴高速旋转，产生陀螺效应，保持飞行稳定。火箭弹的发射装置，有火箭筒、火箭炮、火箭发射架和火箭发射车等。

单兵使用的火箭筒（图 2.1）轻便、灵活，弹头多为穿甲弹或破甲弹，一般采用聚能装药，是有效的近程反坦克、直升机武器。

自 20 世纪 80 年代中期以来，装甲防护技术有了新的突破。为了与之相抗衡，各国十分重视发展大威力反坦克火箭筒，所采取的主要技术途径有：优化破甲战斗部结构、开发串联空心装药战斗部、开发高爆穿甲弹等。

开发多功能单兵弹药是 20 世纪 80 年代以来各国追求的重要目标。多功能弹药是一种在一发弹上同时具有爆炸、爆破和穿甲功能的弹药，它能根据目标性质，自动选择最佳毁伤方式，具有一定程度的智能属性。如美国 SMAW 型 83mm 火箭筒配用的 MK118 式高爆火箭弹，利用自动辨别目标物质密度的引爆装置，遇到硬目标能瞬时起爆，遇到软目标能延迟到目标内部起爆。美国 AAI 公司研制的反坦克杀伤两用火箭弹，内含钨合金箭形

图 2.1　火箭筒及火箭弹

穿甲弹，已成为美国 SMAW-D 式火箭筒的新型主用弹药。

　　由于火箭弹带有自推动力装置，其发射装置受力小，故可多管（轨）联装发射。多管火箭炮（图 2.2）与同口径身管火炮相比，具有威力大、火力猛、机动性能好等优点；其射弹散布较大，适于对面目标射击。

图 2.2　多管火箭炮

　　火箭炮出现于第二次世界大战之中，当今的火箭炮基本采用多联装自行式，口径大多在 200mm 以上，配用多种战斗部，并已开始配用以计算机为主体的火控系统，射程在 20～70km 之间，用于弥补战术地地导弹与身管火炮之间的火力空白。

　　火箭弹为无控式，弹径一般在 100～200mm 之间，少数在 100mm 以下和 200mm 以上。由于装有固体燃料火箭发动机，火箭弹的弹体都比较长，一般为 1～3m 左右，弹重 15～100kg。火箭弹除配有爆破杀伤、燃烧、反装甲战斗部外，有的还装备有子母弹、燃料空气炸药、烟幕、照明、电子干扰及化学毒气等多种战斗部，战斗部可以做到互换。战斗部重量一般为全弹重的 30%～40%。引信除触发式外，还配有时间引信和无线电近炸引信。1950 年代研制的多为涡轮弹；1960 年代以后多为尾翼稳定弹。尾翼稳定弹是在火箭弹的尾部，安装有4～6片对称的固定式或折叠式尾翼，使得火箭弹在飞行中保持稳定。也有的尾翼以一定的斜角安装在弹体上，目的是使火箭弹在整个飞行段有一定的旋转速度，以提高射击精度。折叠式尾翼弹在发射管内呈折叠状态，当火箭弹点火脱离发射器导管时，尾翼靠弹簧力、燃气力和离心力等作用自动张开。

航空火箭弹，又称"机载火箭弹"，由载机空中发射、攻击空中或地（海）面目标的非制导火箭武器，是从悬挂在机身或机翼下面的发射器发射的以火箭发动机为动力的非制导武器。受到飞机的体积、载弹量和速度的限制，一般弹体都比较小巧，而且发射器也呈流线型。与航空机炮相比，其射程远、口径大、威力大，在现代空战和对地（海）面攻击作战中可发挥很大的作用。

航空火箭弹由引信、战斗部、固体火箭发动机和稳定装置组成，射程为5～10km，最大速度2～3马赫。与瞄准设备、发射装置配套使用，可单发或连发发射。中、小型弹径的火箭弹多装填在发射筒内，每个发射筒可装4～32枚，一架飞机可挂2～4个发射筒。大型火箭弹采用滑轨式发射器。与航空机关炮相比，其具有威力大、射程远、散布大、发射装置轻便等特点，但命中精度低。按用途，其分为空空火箭弹，空地火箭弹和空空、空地两用火箭弹，主要区别在于弹径、战斗部和引信。①空空火箭弹，弹径50～70mm，主要装备歼击机，用于攻击速度低于750km/h、相距1000m左右的空中目标；采用爆破杀伤战斗部，装有近炸引信，确保火箭弹在靠近目标时引爆战斗部，以毁伤目标。如美国的70mm"巨鼠"航空火箭弹。空空火箭弹散布大、命中精度低，不适合攻击空中高速度、大机动目标。②空地火箭弹，分为两种：一种是弹径为37～70mm的火箭弹，装备强击机、武装直升机，用于攻击装甲车辆、杀伤有生力量、设置烟雾标志等。战斗部有杀伤爆破弹、破甲弹、多用途子母弹、白磷烟幕弹、照明弹、干扰弹、箭霰弹等多种类型，如意大利的"斯尼亚"51航空火箭弹。另一种是弹径为70～300mm的火箭弹，装备歼击轰炸机，用于攻击桥梁、交通枢纽、舰船、码头和坚固的建筑物等较大型的地面目标；如苏联的S-25航空火箭弹，装有直径340mm的杀伤、爆破、穿甲战斗部，可穿透混凝土800mm、钢板6mm、土层2m。空地火箭弹一般用于攻击面状目标，以齐射或连射方式发射多枚火箭弹，覆盖一片地（海）域，具有较好的攻击效果。③空空、空地两用火箭弹，弹径为70～127mm，具有攻击空中和地面两种目标的功能。1916年，法国首先使用空空火箭弹攻击德国系留侦察气球，取得明显效果。第二次世界大战期间，美、苏、德、英等国的作战飞机，都装备航空火箭弹，用以攻击空中和地面目标。20世纪60～70年代，美国在越南、柬埔寨曾大量使用装有各种战斗部的航空火箭弹。20世纪80年代前后服役的第三代作战飞机仍将航空火箭弹作为机载武器装备，特别是武装直升机仍将航空火箭弹作为对地攻击的重要武器。其发展趋势是加装制导装置，提高火箭弹命中精度，增大破坏威力，提高远距攻击能力。

受打击方式及战斗部装药的限制，枪弹和火箭弹对地下防护工程威胁不大。

2. 炮弹

对于防护工程而言，述的炮弹仅指飞行投掷命中目标的部分，即弹丸部分。炮弹的弹级是以其口径（mm）来标志的，如155mm榴弹。

炮弹有多种分类方法，按对防护工程目标的破坏方式，常用炮弹可分为：榴弹、混凝土破坏弹或半穿甲弹、穿甲弹等。

1）榴弹

榴弹以炸药爆炸作为破坏防护目标和杀伤人员的主要方式，是火炮的基本弹种之一，根据对目标不同的杀伤破坏效应，又可分为杀伤榴弹、爆破榴弹及杀伤爆破榴弹。它的特点是弹壳薄（其厚度为弹径的 1/15～1/16），装药多（装填系数在 10%～25% 以上，装填系数＝装药量/弹重），多数装有瞬发引信。一般运用原则是利用装药爆炸的冲击波及弹壳碎片破坏抗力较低的防护结构，如野战结构，以及杀伤暴露人员。它对坚硬介质如钢筋混凝土、岩石等一般难以产生侵彻作用，但能侵入较深土壤，从而对土中结构产生危害。

2）混凝土破坏弹或半穿甲弹

这类炮弹弹壳比榴弹厚，命中钢筋混凝土结构及岩石介质时，弹壳不易损坏；炸药装填系数比榴弹小；一般安装延期引信，能侵入钢筋混凝土材料及岩体介质中爆炸，并具有相当大的爆炸威力；主要用于破坏钢筋混凝土等坚固目标。

3）穿甲弹

穿甲弹一般命中速度很高，比动能大（弹丸动能/弹芯断面面积），具有很强的穿透能力，可以侵入坚硬介质，主要用于攻击装甲和钢筋混凝土等坚固目标。

炮弹按其发射后能否控制其弹道可分为：弹道炮弹（一般炮弹）和制导炮弹。

一般炮弹在脱离炮腔后，依靠火炮所赋予的弹道飞行，其命中精度很低。理论计算和实践都说明，用曲射火力从远距离破坏一个工事，约需消耗几百发，甚至上千发炮弹。用直接瞄准火炮，也需数发。为了提高精度，出现了制导炮弹。它用普通火炮发射，在飞行中能利用目标发生的红外线引导或依靠已方的激光束引导自行修正弹道飞向目标，具有极高的精度，一般可以做到首发命中。

由于炮弹的口径小，装药量也不大，因此炮弹主要对野战阵地工事结构威胁大，对地下防护结构一般不构成威胁。

3. 航弹

航弹由飞机携带并投向目标，破坏威力大，是防护工程主要抗御的常规武器。

航弹的等级是以它的名义重量来标志的。俄军的航弹级别以"kg（公斤）"表示，例如 500kg 爆破弹，其实际全重为 478kg。美军是以"lb（磅）"表示，例如 2000lb 低阻式爆破弹 MK84 实际重量为 895kg。

航弹按其有无制导系统，又可分为普通航弹和制导航弹。

对典型目标的常规轰炸毁伤分析表明，当使用 500kg 级航弹攻击一个阵地钢筋混凝土工事，采用水平投弹时需投弹千枚以上，即使俯冲投弹也需数百枚才能将其摧毁。由于一般航弹投弹的散布面很大，所以除非采用大规模的面积轰炸来攻击群体目标，否则对于一个坚固的地下工程，其轰炸效果是很有限的。

制导航弹就是使航弹脱离飞机后通过自导或它控引导航弹命中目标。随着高新技术的发展和应用，制导手段越来越多。目前制导系统有激光制导、电视制导、红外制导、全球定位系统制导（GPS）、惯性制导（INS）、指令制导（无线电指令制导）、毫米波制导、合成孔径雷达制导以及复合制导等，命中精度可达数米，最高可达 1m。制导航弹可以在普通航弹上改装加上制导系统。这些精确制导航弹对于防护工程构成了严重威胁。从 20 世纪 90 年代以来发生的几场高技术局部战争来看，制导航弹已成为主要的打击武器。美军主要制导航（炸）弹见表 2.2。部分制导炸弹见图 2.3。以下简要介绍美军常用的几种制导炸弹。

宝石路型（Paveway）制导炸弹主要采用激光制导，命中精度高，宝石路Ⅲ型圆概率偏差（CEP）可达1m。但激光易受到天气条件的影响，不能全天候作战。随后，美国又对部分宝石路（Paveway）激光制导炸弹进行了改造，即在激光制导炸弹上，加装全球定位系统/惯性导航（GPS/INS）制导装置，成为具有全天候、多目标攻击能力和高命中精度的第4代制导炸弹，又叫增强型宝石路Ⅲ制导炸弹，代号为在原有代号前加上E字母，如EGBU-27及EGBU-28等。

美军主要制导航（炸）弹　　　　表2.2

型号	弹级 (lb)	装药量 (kg)	弹长 (m)	弹径 (mm)	战斗部	制导方式	命中精度 (CEP)(m)
Walleye-1ER/DL	1000	202	3.38	356	MK83	电视	3～4.5
Walleye-2ER/DL	2000	429	4.05	457	MK84	电视	3～4.5
GBU-15(V)-1/B	2000	429/240	3.94	370/457	BLU-109/B 或 MK84	电视	4-5
GBU-15(V)-2/B	2000	429/240	3.94	370/457	BLU-109/B 或 MK84	电视红外	4-5
GBU-12A	500	87	3.2	273	MK82	宝石路Ⅰ	3
GBU-10A，B	2000	429	4.267	457	MK84	宝石路Ⅰ	3
GBU-11A	3000	896	2.34	613	M118	宝石路Ⅰ	3
GBU-10C、D、E	2000	429	4.43	457	MK84	宝石路Ⅱ	1-2
GBU-10G、H、J	2000	240	4.26	370	BLU-109/B	宝石路Ⅱ	1-2
GBU-12B、C、D	500	87	3.33	273	MK82	宝石路Ⅱ	1-2
GBU-16A、B	1000	202	3.68	356	MK83	宝石路Ⅱ	1-2
GBU-24A	2000	429	4.39	457	MK84	宝石路Ⅲ	1
GBU-24A/B	2000	240	4.31	370	BLU-109B	宝石路Ⅲ	1
GBU-24C/B，D/B	1700	55	—	270	BLU-116	宝石路Ⅲ	1
GBU-27B	2000	240	4.24	370	BLU-109/B	宝石路Ⅲ	1
GBU-28B	4700	306	5.84	370	BLU-113	宝石路Ⅲ	1
GBU-29	200	240/429	—	—	BLU-109/B 或 MK84	INS+GPS	13
GBU-30	1000	202	—	—	MK83	INS+GPS	13

GBU-29与GBU-30是美国新研制的新一代精确制导炸弹——联合直接攻击弹药（JDAM），见图2.4。这种炸弹是为适应美国空军和海军发展要求而研制的，它是以美军现存的低阻式爆破弹MK83、MK84或侵彻炸弹BLU-109/B等非制导弹药为基础，加装卫星定位/惯性导航（GPS/INS）复合制导的全天候精确制导炸弹。与激光制导炸弹（GBU-10、GBU-12、GBU-24、GBU-27等）相比，联合直接攻击弹药具有价格低、效费比高等优点。

制导航弹就其破坏效应与工程防护原理而言，与普通航弹相同，其主要特征是命中精度的提高。增强工程对制导航弹的防护能力，应采用综合的有效防御手段，其中包括提高工程结构的抗力、伪装（电子对抗、工程伪装、设置假目标等）、火力对抗以及工程的合理配置等。

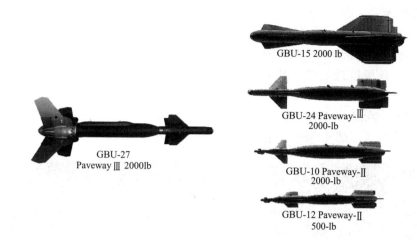

图2.3　部分制导炸弹

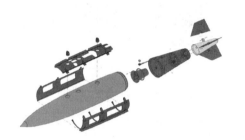

图2.4　联合直接攻击弹药（JDAM）

航弹按破坏目标方式的不同，也可分为爆破弹、半穿甲弹（侵彻爆破弹）、穿甲弹、燃料空气弹、燃烧弹等。

1）爆破弹

爆破弹主要以炸药爆炸的破坏效应摧毁目标。它的主要特征和炮弹中的榴弹类似，即弹壳薄、形体短粗、炸药装填量大。

爆破弹弹壳厚一般为8～20mm左右，装填系数为42%～50%。一般装填瞬发引信，但可装延迟引信。对钢筋混凝土等坚固目标侵入能力较差。但试验表明，如装延迟引信，命中速度较低时（不大于250m/sec）对钢筋混凝土等坚固目标仍有一定的侵彻能力。表2.3是国外普通爆破弹的试验数据。

普通爆破弹对混凝土的侵彻深度（m）　　　　　　　　　　　　　表2.3

混凝土强度等级＼弹级(lb)	500	1000	2000
C22	0.46	0.61	0.91
C33	0.30	0.46	1.22

爆破弹种类繁多，如美国分为普通爆破弹、低阻式爆破弹、减速航弹等。它们是在运用过程中根据不同要求产生的。如低阻式爆破弹是为了减少挂在飞机上的空气阻力而设计生产的，外形细长具有良好的空气动力性能，比较著名的有MK80系列低阻式爆破弹和

M118普通爆破弹，见图2.5和图2.6。

MK80系列低阻炸弹系列是美国海军在20世纪50年代初为高速飞机外挂投弹研制的杀爆型航空炸弹，是美国陆、海、空三军广泛装备使用的航空炸弹，同时也是现有各种减速炸弹和制导炸弹改进发展的基本弹型。据悉，美空军在1991年海湾战争中使用了114 000颗MK82/84。

MK81弹重250磅、MK82弹重500磅、MK83弹重1000磅、MK84弹重2000磅，引信可安装在头部或尾部或同时在头尾都装。若考虑侵彻，还可安装延迟引信。

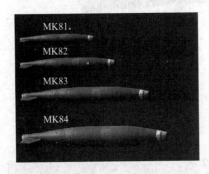

图2.5　MK80系列低阻式爆破弹

图2.6　M118普通爆破弹

MK80系列低阻式爆破弹经过历次战争的考验，不断改进发展，除MK81/82/83/84四种型号外，在20世纪80年代还发展了BLU-110/B和BLU-111/B两种型号，分别是MK82和MK83装填新的PBXN低感度炸弹的改进型。

美军在科索沃战争中使用的"联合直接攻击弹药（JDAM）"主要也是以MK80系列进行精确制导化改造的。

M118普通爆破弹，是美国空军研制并装备使用的新型航空炸弹。与MK80系列炸弹相似，其气动力性能较好，适用于高空高速投放，可内载，也可外挂。但由于其口径较大，仅由美国空军使用。美国空军在越南战场上曾大量使用过，在1991年的海湾战争中亦大量使用，仅B-52G轰炸机就投放了44 660颗。

2）半穿甲弹（侵彻爆破弹）

这种弹种是专用来破坏钢筋混凝土等坚固目标的，亦可称为钻地弹。其特点是弹壳比普通爆破弹厚，装有延期引信，装填系数约为30%，一般装填爆炸威力较高的炸药。对混凝土有很强的破坏力，它先侵入岩石、混凝土内部一定深度，然后利用其爆炸效应使混凝土结构产生震塌等破坏。这种炸弹在俄国称为混凝土破坏弹，在美国称为半穿甲弹或侵彻爆破弹。

GBU-57"巨型钻地弹"总重30 000lb（约合13.6t），弹体长度为6m，直径约0.82m，携带5300lb（约合2.4t）炸药，其弹头用一种特殊的高性能合金制成，以保证能够穿透整个掩体，而且在这个过程中并不爆炸，直到抵达预定深度后（钻入掩体内部后）才爆炸。该弹主要由B-2"幽灵"隐形轰炸机携带，主要用于摧毁地下深埋加固掩体目标，如图2.7所示。

BLU-113/B是美国在海湾战争期间应急开发的4700lb GBU-28/B激光制导钻地弹的战斗部，据报道其侵彻混凝土深度达到6m、砂土达30m。BLU-122/B战斗部是BLU-

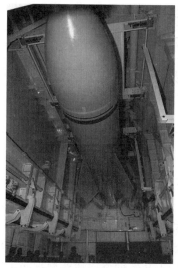

图 2.7 B-2 "幽灵" 隐形轰炸机挂载 GBU-57 及攻击示意图

113/B 战斗部的改进型，如图 2.8 所示，总重 4450lb（约合 2.02t），弹体长 4.04m，直径约 0.39m，携带 781lb（约合 0.35t）AFX-757 炸药，其弹头采用 ES-1（屈服强度 1550～1600MPa、拉伸强度 1800～1890MPa）高强弹体钢，弹头采用了双锥角头锥以提高侵彻能力；采用 GPS/INS 制导，具有全天候、发射后不管的能力，其攻击目标的圆概率误差小于 6m。该弹主要由 B-2 等战略轰炸机携带。

图 2.8 通用动力公司发布的 BLU-122/B 战斗部图

经美军实弹攻击试验测试，与 5000lb 级侵彻爆炸原型弹 BLU-113/B 战斗部相比，BLU-122/B 战斗部摧毁目标率提高为了 54%，侵彻深度提高 20% 以上，爆炸威力提高 70%。BLU-122/B 战斗部侵彻能力弹靶现场测试如图 2.9 所示。BLU-122/B 战斗部主要用于摧毁深埋和浅埋硬目标。

图 2.9 BLU-122/B 战斗部侵彻能力弹靶现场测试照片

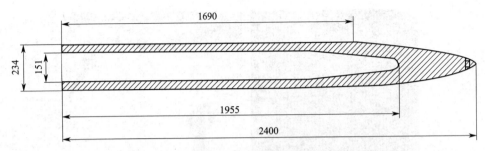

图 2.10　1000lb WDU-43/B 战斗部平面示意图

美海军"战斧"BLOCK IV 巡航导弹专用硬目标打击版装配 WDU-43/B 战斗部,如图 2.10 所示,重量为 1000lb。弹体长 2.4m,直径约 0.234m,弹头采用侵彻优化的双锥角头锥设计,降低侵彻过程的阻力,长径比达 10 以上,侵彻能力强。美军在 2017 年 4 月 7 日凌晨发起的动用"战斧"BLOCK Ⅳ袭击叙利亚沙伊拉特空军基地作战行动中,所发射的 59 枚巡航导弹中,有 42 枚携带的 WDU-43/B 侵彻爆炸战斗部摧毁了该机场的 24 座单机掩蔽库、10 座半地下弹药库、7 座地下油库,打击效果十分显著。WDU-43/B 战斗部主要用于打击掩蔽库、弹药库等硬目标。

BLU-109/B 战斗部、BLU-116/B 战斗部和 BLU-137 战斗部均是 2000lb 级侵彻爆炸型弹头,其破坏作用是先侵彻后爆炸,主要用于打击地下坚固目标。

反跑道炸弹是专为打击敌方机场跑道而研制的一类特殊半穿甲弹。通常,航弹投弹越高,命中角越小,侵彻就越深,但命中精度也可能受到影响。为此,各国研制了一种适宜于低空或超低空(数十米)投掷的半穿甲弹。为了使命中角减小,在投掷后航弹尾部张开一个降落伞,使弹体尽量垂直;进而尾部助推器点燃,使弹体增速向目标冲击,因而这种炸弹具有命中精度高、威力大的特点。如国外某 200kg 级的反跑道航弹,可炸穿 0.4m 厚的跑道,形成直径为 5m、深 2m 的大弹坑。这种弹种除用于破坏机场跑道外,还可用于摧毁地下浅埋坚固工事,城市交通干道、交通枢纽等。

3)穿甲弹

穿甲弹是一种典型的动能弹,依靠弹丸强度、重量和速度穿透装甲。现代穿甲弹弹头很尖,弹体细长,采用钢合金、贫铀合金等制成,强度极高。

穿甲弹的特点是弹形细长(现在穿甲弹长细比有的已达 7~8 以上);弹壳厚且用坚硬的合金钢制成,厚度可达 100~152mm 以上,弹头部分厚度达 203~254mm(普通爆破弹仅 10~14mm);弹内装药量少,装填系数在 12%~15% 以下;装设延期引信;初速高、直射距离远、射击精度高、穿透能力强、后效好;主要用于对付坦克、装甲车、自行火炮、舰船和飞机等,也可用于破坏坚固防御工事。

4)燃料空气弹(云雾弹)

这种弹种装填的不是固体炸药,而是将一种液化气体燃料装填在弹体内,在距地面一定高度的空中炸开弹体,使液化气体气化并与空气混合成爆炸气体,随后自动引爆该爆炸气体,造成大面积杀伤人员及摧毁工程结构物。

由于这种混合气体比空气重,在引爆前可能钻进壕沟、洞穴、地下掩体、地下室,或由通风孔进入室内、电站,并在防护结构物内部爆炸,并耗尽周围的氧气。比如在越南战争和阿富汗战争中使用的"雏菊剪"
(Daisy Cutters) BLU-82 航弹，重 15000lb
(6.8t)，见图 2.11。爆炸时，所产生的峰
值超压在距爆炸中心 100m 处可达
1.35MPa，爆炸还能产生 1000～2000℃ 的
高温，持续时间要比常规炸药高 5～8 倍。
同时它会迅速将周围空间的氧气耗尽，产
生大量的二氧化碳和一氧化碳，爆炸现场
的氧气含量仅为正常含量的 1/3，而一氧化

图 2.11　"雏菊剪"（Daisy Cutters）BLU-82 航弹

碳浓度却大大超过允许值，造成局部严重
缺氧、空气剧毒。由于 BLU-82 航弹是非制导炸弹，在实战中，这种巨型炸弹本身所造成
的杀伤威胁远远小于给对方士兵带来的空前恐惧。

　　2002 年 3 月 11 日，美国在佛罗里达州南部 Eglin 空军基地，成功地进行了新型燃料
空气炸弹 MOAB（Massive Ordnance Air Blast Bombs——大型燃料空气炸弹）的首次实
弹试验。它由 C-130 大力神运输机载运，在投掷后由 GPS 精确引导至目标区，先在目标
上方初次引爆，散发出大量由炸药和油气混合的可燃性雾气，然后点燃，瞬间造成巨大爆
炸冲击波，形成蘑菇云，并耗尽空气中的氧气，在数百平方米以内的建筑物和人员将遭到
严重损伤。该炸弹重 21 000lb，比"雏菊剪"（Daisy Cutters）还要重将近一半，为此，
美空军给其赋予了另一个称呼——"炸弹之母"，见图 2.12。由于这种新型燃料空气炸弹
MOAB 威力大、精确制导，不仅对地面目标将造成巨大威胁，而且对地下目标，尤其是
浅埋目标和工程口部也将造成严重的毁伤。

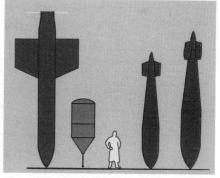

图 2.12　炸弹之母 MOAB

　　另外，在阿富汗战争中美国首次研制并使用的专门对付洞穴和山洞内敌人的类似燃料
空气弹的新型弹种——温压弹，代号为 BLU-118B。温压弹是在燃料空气炸弹的基础上研
制出来的，是燃料空气炸弹的高级发展型。它采用含有氧化剂的固体药剂，当固体药剂呈
颗粒状在空气中散开后，形成的爆炸杀伤力比燃料空气炸弹更强。在有限的空间里，温压
弹可瞬间产生高温、高压和气流冲击波，对藏匿地下的设备和系统可造成严重的损毁。该
弹使用与洛克希德·马丁公司生产的 BLU-109 炸弹相同的钻地战斗部，只是用在有限空
间内杀伤力更强的温压炸药替代了高能炸药。BLU-118B 既可以垂直投放在洞穴和地道的

入口处爆炸,也可以在垂直投放后穿透防护层在洞穴和地道内部爆炸,主要用于摧毁工程口部防护设施并杀伤工程内部设备与人员。

5) 燃烧弹

燃烧弹弹内装填的是凝固汽油、胶状燃料等混合燃烧剂,有的燃烧弹很小,仅 4~10lb 重,集中装于一个大弹体内,称为子母弹;下落接近地面时再分散开落下引燃。燃烧弹虽然不具备对目标的侵彻爆炸能力,但燃烧的高温可造成野战木质结构及地下工程口部受损以及城市大火等灾害。

4. 导弹

导弹是由战斗部、动力装置和制导系统组成的飞行器。战斗部可以装填核装料、高能炸药、化学毒剂或带细菌的生物体等。动力装置实际上就是一枚火箭,可将战斗部运送到指定区域。制导系统是为了将导弹精确引导到预定目标上。不全部具备上述三要素的武器都不是导弹。例如制导航弹没有动力装置,运载火箭没有战斗部,鱼雷不在空中飞行不是飞行器,故都不能称为导弹。

导弹按作战使用可分为:战略导弹和战术导弹。

导弹按发射点和目标位置可分为:空对空导弹、空对地导弹、地(舰、潜)对地导弹、地对空导弹等。

装有常规战斗部(炸药)的导弹对防护结构的破坏作用,与炮弹及航弹类似。

表 2.4 为美国主要对地战术导弹的有关资料。

美国主要对地战术导弹   表 2.4

导弹种类	型号	发射重量(kg)	战斗部	制导方式	射程(km)	命中精度(CEP)(m)
空对地导弹	AGM-84E 斯拉姆	630	220kg 高爆弹头	惯性+GPS+红外	110	—
	AGM-123	582	454kgMK83 炸弹	半主动激光	7	—
	AGM-130A	1323	890kgMK84 炸弹	电视或红外	45	—
	AGM-130C	1353	BLU-109/B 硬目标侵彻弹	电视或红外	45	—
巡航导弹	BGM-109C 战斧	1192	454kg 高爆弹头	惯性+地形匹配	1300(舰射) 920(潜射)	3~9
	BGM-109D 战斧	1192	BLU-97/B 多用途子弹药	惯性+地形匹配	1300(舰射) 920(潜射)	3~9
	AGM-86C/D/E	1360	450kg 高爆弹头/穿甲弹头	惯性+GPS	2000	10
弹道导弹	ATACMS	1680	多种弹头	惯导+雷达	300	30
	NTACMS	1680	多种弹头	惯导+雷达	300	30

自 1991 年海湾战争以来的几场高技术局部战争表明,巡航导弹由于命中精度高、导弹的雷达有效反射面小、对方不易发现和拦截,对地面高价值目标及地下防护工程均产生

了巨大的威胁。

典型巡航导弹，例如"战斧"巡航导弹，是一种能全天候作战、并以亚音速飞行的巡航导弹。"战斧"巡航导弹主要攻击对政治、军事、经济有重大作用的目标，地下指挥所在军事上具有重要作用，因而也在其打击之列。"战斧"巡航导弹是美国海军先进的全天候、亚音速、多用途巡航导弹，从发射方式上可以分为海射（BGM）和空射（AGM）两种，其中海射版本可从水面舰只或潜艇上发射，用于攻击敌方机场、指挥中心、防空阵地、桥梁、隧道、油库等地上与地下目标。海射"战斧"巡航导弹长度为 5.56m，重量为 1192.5kg，直径为 51.81cm，速度为 240m/s（0.7Ma），攻击最大距离为 1300km，制导系统是惯性加地形匹配等，战斗部 C 型为高爆炸药、D 型为 BLU-97/B 多用途子弹药，命中精度 CEP 约 9m BGM-109C/D 巡航导弹是常规威慑和远程精确打击的重要武器。1991 年海湾战争中，"战斧"导弹初显身手便声名大震。此后，美海军对"战斧"导弹的制导方式及战斗部进行了不断改进，并多次用于实战。比如，在"战斧"BLOCK Ⅳ中研发了新的 1000lb 级 WDU-43/B 侵彻战斗部，其侵彻能力比 2000lb 的 BLU-109/B 增加了 50%以上。此外，该巡航导弹末端攻击目标时可以拉升然后再俯冲攻击目标，末端攻角接近 90°，命中目标表面的速度约 320m/s。美军在 2017 年 4 月 7 日凌晨发起的动用"战斧"BLOCK Ⅳ袭击叙利亚沙伊拉特空军基地作战行动中，所发射的 59 枚巡航导弹中，有 42 枚携带的侵彻爆炸战斗部摧毁了该机场的 24 座单机掩蔽库、10 座半地下弹药库、7 座地下油库。图 2.13 为战斧巡航导弹命中目标的景象图。

图 2.13　战斧巡航导弹命中目标的景象图

AGM-86 空射巡航导弹是美国波音公司为空军于 1986 年开始研制的，用于防空区外发射，攻击敌方境内纵深战略目标。导弹采用惯性加全球定位制导，射程约 1300～2500km，速度约 0.7Ma，弹长 6.32m，弹径 0.60m，翼展 3.66m，主要装备于 B-52 型轰炸机。它可携带一枚 450kg 爆破弹头或 2000lbMK84 低阻式爆破弹头或 2000lb 侵彻爆破弹头 BLU-109/B。1991 年海湾战争中首次使用。之后，多次用于对波黑、科索沃及阿富汗战争中的空袭作战。其常规型有 C、D 型两种，C 型战斗部为高爆炸药，D 型系穿甲型，弹头为穿甲弹，可用于打击各类地上与地下目标。目前 AGM-86C/D 常规空地巡航导弹正在不断改进之中，重点是提高抗干扰能力、命中精度和侵彻能力。新的 AGM-86D/E 空射巡航使用的 1200lb 级 AUP-3M 侵彻爆炸战斗部，其侵彻能力比 2000lb 的 BLU-109/B 增加了 50％以上，与"战斧"BLOCK Ⅳ 中新的 1000lb 级 WDU-34/B 侵彻战斗部相当。此外，该巡航导弹可以垂直打击目标表面。

5. 高超声速弹药

20 世纪 90 年代以来，随着新型弹体材料和推进技术（如超燃冲压发动机、火箭或者二级加速等）的发展，为了提高对深层化和坚固化军事目标的毁伤效能，美、英、法、德、俄、中等国均开始了新型高超声速和超高速钻地弹的研发工作。最典型的美军高超声速和超高速武器就是 X-系列高超声速巡航导弹（图 2.14）和天基动能武器（图 2.15）。天基动能武器系统由位于低轨道的两颗卫星平台组成，其中一颗卫星搭载名为"上帝之杖"的钨、钛或铀金属棒，直径 30cm、长 6.1m、重量达数吨。通过卫星制导将金属棒从太空发射，不依靠任何弹药，利用小型火箭助推和自由落体产生的巨大动能，对目标进行纯物理垂直攻击。

图 2.14　X-51A 高超声速飞行器

图 2.15　天基动能武器

高超声速武器和超高速武器特点主要有：①攻击速度快（着地速度可达到 3km/s）；②破坏力强，对地下重要目标带来前所未有的威胁；③高速、攻击角度和飞行轨迹让传统的空中和导弹防御系统很难拦截，很难被战斗机和地空导弹击落。

常规声速钻地弹侵彻普通混凝土靶体的侵彻深度大约为 1 倍弹长。根据实验数据，速度达到近 4Ma 时，弹体侵彻 35MPa 混凝土深度可以达到 9.4 倍的弹体长度；根据美军 Sandia 实验室实验数据，速度达到近 4Ma 时，弹体侵彻 21.6MPa 砂浆靶深度可以达到 12 倍的弹体长度；美军 Lawrence Livermore 国家实验室基于数值仿真得到 6km/s 长杆钨合金弹体侵彻 60MPa 石灰岩深度达到 28 倍弹长。

2.1.3　常规武器对工程的主要破坏效应

常规武器对结构的破坏效应可以分为冲击侵彻和爆炸两种类型，每个类型又可分为局部破坏作用和整体破坏作用，其中又以局部破坏作用对防护工程威胁最大。

常规武器命中防护结构时，与结构发生高速撞击、装药爆炸，对结构的冲击、爆炸作用可能使结构遭到破坏。结构受到弹体撞击时破坏机理很复杂，从宏观上看，冲击作用可归纳为：局部作用和整体作用。冲击局部作用是指在冲击点附近目标材料发生的破坏现象，对于混凝土来说，冲击局部作用包括侵彻、震塌和贯穿（图2.16）。冲击整体作用是指在弹体撞击结构时将相当一部分能量传递给结构，使结构产生整体动力响应，产生变形、裂缝、甚至发生破坏。

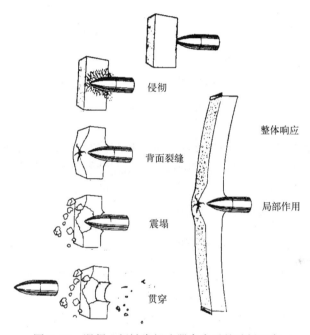

图2.16　混凝土板被常规武器命中后的破坏现象

常规武器对目标的冲击局部作用取决于下列因素：①弹体特性：重量（或质量）、口径、弹头几何形状、长径比、壳体材料、引信等；②目标特性：材料性质（强度、硬度、密度、延性、孔隙率等）、结构特征（厚度、是否有抗震塌措施等）；③命中条件：命中速度（着速）、命中角（或弹着角）、攻角。

脆性材料（如混凝土）和延性材料（如钢材）的局部破坏现象明显不同。如前所述，混凝土板受冲击时，正面形成冲击漏斗坑，背面形成震塌漏斗坑是其典型的破坏特征。而钢板受弹体冲击时，则形成花瓣状弹孔（图2.17）。

研究表明，撞击速度小于220~250m/s时，局部作用和结构整体响应之间一般有很强的耦合，响应时间为毫秒量级；撞击速度为450~1300m/s时，局部破坏作用是主要的，只在撞击区2~3倍弹体直径范围内受到影响，响应时间为微秒量级，在该区域内材料本构关系和波的传播通常需考虑应变速率；撞击速度为2000~3000m/s时，受撞击的区域呈现流体特征。

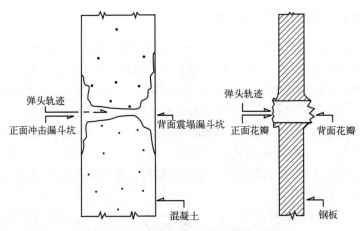

图 2.17 混凝土和钢板的贯穿现象

上述冲击局部作用都是在法向冲击或弹体命中角不大时发生的。当弹体命中角超过一定值时，弹体撞击结构后可能产生跳弹现象——弹体侵入目标很浅，形成较大的坑，并改变方向从目标表面跳出，是否产生跳弹取决于目标材料、撞击速度、入射角和攻角等因素。

常规武器装药爆炸对结构的破坏作用与弹体爆炸位置有关。弹体远离结构爆炸时，结构在爆炸压力作用下产生整体响应，其响应与作用在结构上的荷载有关。弹体靠近结构爆炸或接触爆炸时，除整体响应外结构还可能产生剧烈的局部破坏。爆炸局部破坏现象包括形成弹坑（成坑效应）、震塌，甚至结构被炸穿。

2.1.4 高技术常规武器特点及发展趋势

近年来，高技术常规武器发展迅猛，呈现出如下 6 个方面的特点与趋势：

1. 采用多种制导技术，实现精确打击

纵观近 10 多年来的高技术局部战争，各种先进制导技术越来越多地应用于空袭炸弹中，诸如电视制导、红外制导、激光制导、惯性制导、图形匹配、全球定位系统制导、毫米波制导等制导技术，使这些传统的"笨"炸弹实现了真正意义上的脱胎换骨，正在演变成智能化程度更高的"灵巧"武器。精确制导武器已成为未来战场的主战武器。

目前 GBU 系列的激光制导炸弹已发展到第三代（宝石路Ⅲ），命中精度达 1m，已接近极限。由于激光制导弹药易受天气影响，在制导方式方面已朝卫星制导及复合制导方向发展。

另外，美国空军正在研究全天候自动导引头技术，即采用卫星定位/惯性导航组合制导作为中段制导、全天候自动导引头作为末段制导的产品，达到"发射后不管"以及能在恶劣气候条件下自主寻找。导引头有多种方案，例如红外成像导引头、激光雷达导引头、合成孔径雷达导引头，力争使 CEP 达到 1m，实现真正意义上的精确打击。

2. 采用先进弹头技术，加大破坏威力和钻地侵彻能力

当前各种高效能战斗部（动能侵彻、自锻成形、定向爆炸等），采用了高强坚硬弹壳材料，提高弹头命中速度以及采用钝感炸药等技术，使它们的钻地侵彻与爆炸能力都得到了很大提高。如"地堡克星"GBU-28 激光制导炸弹和 GBU-32 联合直接攻击弹药，战斗部分别为 BLU-113（能钻混凝土 6m，钻土 30m）和 BLU-110B 型，均属"高密金属"侵彻型；GBU-27 激光制导炸弹，战斗部为 BLU-109 改型，是新研制的一种高级一体化侵彻弹头 BLU-116 型，专门针对加固硬目标而设计。该弹头使用 Ni-Co 合金钢、钨或铀作为侵彻关键部位用材，大大提高了它们的侵彻能力，对目标将产生毁灭性破坏。GBU-24（C/B）空军型、GBU-24（D/B）海军型也使用了 BLU-116 型战斗部，它在 1996 年的一次穿透试验中，穿透了 3.35m 厚的增强型混凝土结构。

　　另外，美国和俄罗斯都正在探索研发超音速和高超音速导弹，提高突防能力和快速打击能力。例如美国海军计划研制 Fast Hark 新型高速巡航导弹，见图 2.18。该导弹是一种低成本精确打击的巡航导弹，造价相当于"战斧"巡航导弹的 1/2～1/3，飞行速度 3.5～7Ma，能侵彻混凝土 5.4～10.8m，可攻击地下深处的目标。

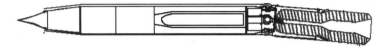

图 2.18　Fast Hark 高速巡航导弹

　　此外，除了提高弹头的命中速度外，美、英、法、德还在发展一种"复式弹头技术"来提高钻地侵彻能力。所谓复式弹头是指由一个预侵彻弹头（先导弹头）和一个主侵彻弹头（后继弹头）组成。预侵彻弹头内含一个或多个预制装药，前部装有程序近炸引信，在预先装定的标准距离起爆。主侵彻弹头一般使用动能弹。复式弹攻击原理为：预制炸药爆炸后的能量与柱状装药在轴向产生的射流速度达到 6000m/s，将目标炸开一个小洞口，主侵彻战斗部沿此洞口继续接力侵彻，最终以弹头上的延时或智能引信引爆主侵彻战斗部装药，摧毁目标，见图 2.19。与动能侵彻型相比，复式弹头减轻了重量，增加了弹着角范围（25°～90°）。

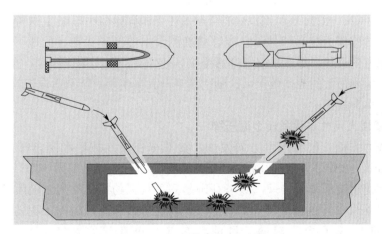

图 2.19　复式弹攻击目标原理

　　目前已研制出的复式弹有 Broach、Lancer 和 Mephisto 等型号，可侵彻混凝土 3.4～6.1m。特别需要指出的是，表面异型的偏航措施对复式弹不起作用，见图 2.20。美军计划在 AGM-86D 空对地巡航导弹中采用复式弹头。

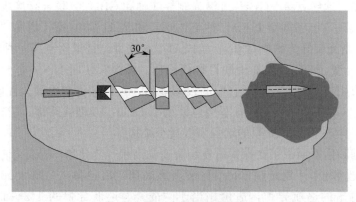

图 2.20　复式弹斜侵彻

3. 采用先进技术，发展远距离发射的制导炸弹和导弹

为了保证飞机安全，美国早在 20 世纪 90 年代就开始研究能够在目标防区外远距离发射，又能使圆概率偏差值达到有效摧毁目标要求的武器，如美空、海军的 JDAM 和 JSOW 计划。JDAM 可在离目标 24km 高处投放。JSOW 是联合防区外对地攻击武器的简称，武器代号为 AGM-154A。AGM-154A 是利用卫星定位/惯性导航（GPS/INS）组合制导的全天候、可从敌防御火力圈以外发射的远程空地攻击武器。高空投弹时，滑翔距离可达 30km，采用发动机增程时，可达 65～72km，它以 60°、125～325m/s 的速度从 75～12 000m 高度的目标区预定点撒布子弹药实施攻击。当前，美国等国家还不断采用先进推进技术和高能燃料，研制新型发动机，大幅增加导弹的射程，增加远距离作战能力。

4. 改进引信技术，提高智能化程度

在海湾战争中，空袭炸弹大多使用的引信是机械碰撞式（带时延功能）、联合可编程式等。近 10 多年以来，为提高炸弹对付加固硬目标的侵彻力，美军一直在研究一种新型的硬目标灵巧引信 HTSF（Hard Target Smart Fuse），在 GBU-15、GBU-24、GBU-27、GBU-28、GBU-37、AGM-130、JDAM、JASSM 等制导弹药中已装上这种引信。这种引信以灵敏过载传感器为核心部件，它能够精确测量出侵彻弹头穿过的地下板层及穿透距离，根据预编好的最佳引爆点来引爆穿透弹头，使弹头侵彻到最佳深度，在 1～250ms 延时后引爆，以达到最大的毁伤效果。这种引信现已大量使用，特别适合于攻击钢筋混凝土等地下坚固掩体和指挥中心。

5. 大力发展大尺寸炸弹和新型温压弹

在爆炸威力方面，朝大当量方向发展。美军早在越南战场和阿富汗战场上使用过 15 000lb 的 BLU-82 炸弹，这种炸弹并不是攻击单个目标，而是摧毁一个区域。该炸弹在阿富汗战争中使用效果非常显著，对塔利班起到了很大的震慑作用。随后又研制了带有 GPS 制导重达 21 000lb 的精确制导炸弹——炸弹之母，从而对防护工程的主体结构和口部防护设备都构成了严重威胁。目前，美空军正在研究从 B-2 上投掷 30 000lb（13 620kg）的侵彻炸弹，增加的重量能使武器在打击地下深层目标时具有更大侵彻爆炸威力。

在打击工程部位方面，不仅使用钻地武器（如 5000lb GBU-28 和 GBU-37）打击工程口部和主体结构，还使用温压弹摧毁口部防护设备，以达到杀伤工程内的装备和人员，如美国正在研制肩射式温压弹。目前肩射式温压弹项目第一阶段的工作已经完成，包括为肩射温压弹弹头加装 PBXIH-135 型炸药，重新设计引信接口，以及发动机和弹壳的设计等。第二阶段工作将主要涉及安全性能检测，并进行初始生产。肩射式温压武器最显著的优点是近距离发射，能准确攻击目标，可以为战场上的部队提供直接火力支援。有了这种武器，不但可以对付洞穴、隧道和掩体等目标，还可以摧毁城市设施，如建筑物和地下管道等。

6. 战斗部更加多样化

除了改进制导系统外，武器的战斗部也向多样化发展。根据打击目标的需要，同一武器载体既可以装载穿甲炸弹，也可装载高爆炸弹，还可以装载其他类型弹头；同一战斗部既可以装配瞬发引信，也可装配延迟引信或智能引信；既可以装载在制导炸弹中，也可以装载在巡航导弹中，以满足打击不同目标的需要。

2.2　核武器

2.2.1　概述

核武器，按发射方式分为核导弹（地地导弹、潜地导弹、巡航导弹等）以及核炸（航）弹，按射程分为洲际核弹（＞8000km）、远程核弹（4000～8000km）、中程核弹（1000～4000km）以及近程核弹（＜1000km），按功能分为一般核弹、特殊功能的裁剪-增强型核弹以及无剩余辐射弹等。特殊功能的裁剪-增强型核弹指的是为突出核武器某种效应而去掉其他核武器效应的核弹头，主要有：电磁脉冲弹（EMP 弹）、冲击波弹（ERR 弹）以及增强辐射弹等。无剩余辐射弹指的是核武器爆炸后不产生剩余核辐射或剩余核辐射很少，从而减少对核爆炸周边地区的核辐射伤害。

一般爆炸性核弹头分原子弹和氢弹两大类，中子弹在爆炸原理上属于氢弹类型。

原子弹的装料主要是铀 235 和钚 239。它们的原子核在中子的"轰击"下发生"裂变"成为质量较小的核，同时放出巨大的能量并伴随放出中子。后者又进一步引起裂变，由此一直继续下去，称为"链式反应"。原子弹的核反应是重核裂变反应的过程。链式反应的结果使全部核装料在极短的时间内释放出巨大的能量，形成冲击波、光辐射等一系列杀伤破坏因素。

氢弹的核装料为重氢化锂，在装于弹体内的小型原子弹爆炸所产生的高温高压环境下，生成氘和氚等氢原子核并立即聚合成氦，同时放出巨大的能量，称为"聚变"反应。氢弹的核反应是轻核聚变反应的过程。当氘和氚聚变成氦时，会释放出大量的高能中子（快中子），它们能使铀 238 核发生裂变，提高氢弹的爆炸威力。通常氢弹的爆炸威力比原子弹大得多。图 2.21 是原子弹和氢弹的构造原理图。

核武器的威力以"梯恩梯（TNT）当量"来衡量。例如"15 千吨（kt）梯恩梯当量"的核武器，是指核武器爆炸可释放出的能量相当于 15 千吨的梯恩梯炸药爆炸时放出的能量。工程上常以千吨作为核武器当量的质量单位。

核武器空中爆炸时，在爆炸瞬间发生强烈的闪光，继而出现光亮的火球。随后火球上升膨胀，在几秒至十余秒时间内火球逐渐冷却。在此期间还发出不可见的早期核辐射、光

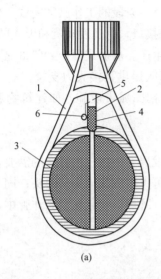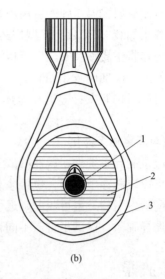

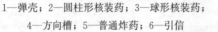

1—弹壳；2—圆柱形核装药；3—球形核装药；　　1—原子弹；2—核装药；3—弹壳

4—方向槽；5—普通炸药；6—引信

图 2.21　原子弹、氢弹构造原理图

(a) 原子弹；(b) 氢弹

辐射及强大的空气冲击波。上升的火球将地面上的尘埃掀起呈柱状上升，与火球烟云聚合成蘑菇状（图 2.22）。烟云内的物质受强大的早期核辐射而产生感生放射现象，这些烟云随风飘散下落，形成放射性尘埃，回落地面后造成在爆心下风方向的地区放射性沾染。

　　核武器在地面附近爆炸时，地面附近岩土受高温高压爆轰产物的冲击，会形成弹坑，见图 2.23，并向地内传播直接地冲击波。

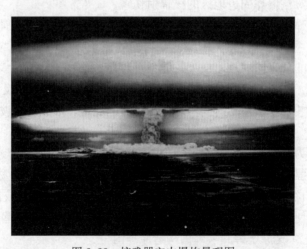

图 2.22　核武器空中爆炸景观图

　　迄今为止，历史上发生的核实战仅有两次，一次是日本广岛核爆炸。1945 年 8 月 6 日，日本广岛市天空晴朗，中午时分，六架美军 B-29 型轰炸机悄然飞抵该市，一枚带降落伞的巨型炸弹徐徐落下。不等人们反应过来，一团赤红的巨大火球已腾空而起，不久便变成一朵扭曲的蘑菇云。蘑菇云下，山崩地裂，大地颤抖。广岛核爆炸，是以铀 235 为裂

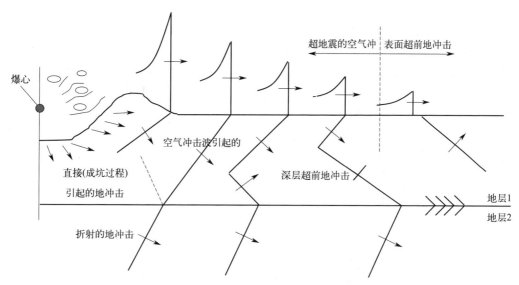

图 2.23　核武器地面爆炸产生的空气冲击波及其地冲击

变材料的原子弹，命名为"小男孩"，弹长 3.04m，弹径 0.71m，重约 4.09t，当量为 2 万 tTNT。这枚核航弹，造成广岛 7.1 万人死亡，6.8 万人受伤，城市 40％的面积成为焦土，92％的面积无法辨认原貌。

另一次是日本长崎核爆炸。1945 年 8 月 9 日，美军又向日本长崎市投下第二颗命名为"胖子"的原子弹。这枚原子弹是以钚 239 为裂变材料，弹长 3.25m，弹径 1.52m，重约 4.55t，当量也是 2 万 t TNT。核爆炸造成长崎市 3.6 万人死亡，4.2 万人受伤，毁坏房屋 2 万余栋，市区 1/3 成为废墟。

2.2.2　对工程的主要破坏效应

1. 光辐射（热辐射）

核爆炸时，在反应区内可达几千万度高温，瞬即发生耀眼的闪光，时间极短，主要是低频紫外线及可见光。闪光过后紧接着形成的明亮火球，其表面温度可达 6000℃以上，近似太阳表面的温度。从火球表面辐射出现光和红外线，时间约 1～3s，光辐射的杀伤破坏作用，主要发生在这一阶段。

直视核爆炸闪光，可使人员眼睛造成暂时失明的闪光盲。光辐射能引起人体受照面直接烧伤。眼睛直视，会造成眼底烧伤失明的永久性伤害。由于光辐射作用时间很短，人体表面的浅色衣服、建筑物表面涂成浅色时，常可减轻直接烧蚀。但在城市由于可燃建筑物密集，将引起严重的城市大火。光辐射对于地下防护结构而言，不致构成威胁，只需注意减少易燃部分暴露在外部，并对易燃物的暴露部分涂以白涂料或防火涂料，可有效地减少燃烧的危害。光辐射引起的城市大火会威胁人防工程的安全，应采取综合防火措施来解决。地下工程具有良好的防火功能，但应注意出入口的防火、防堵，抵御大火引起的热环境所需的内部通风、空调、给氧等。

光辐射的强度用"光冲量"表示。光冲量是指火球在整个发光期间与光线传播方向垂直的单位面积上的热量，单位以"cal/cm^2"表示。空中爆炸时，光辐射能量约占总能量的 35%。

2. 空气冲击波

核爆炸时，核反应在微秒级时间内放出巨大的能量，在反应区内形成几百亿个大气压的高压和几千万摄氏度的高温。核武器空中爆炸时，高温高压的爆炸产物强烈压缩周围空气，从而形成空气冲击波向外传播。冲击波是核武器爆炸的主要破坏杀伤因素。冲击波的主要特征是在波阵面到达处压力骤然跃升到最大值，压力沿空间的分布是朝向爆心方向逐渐减少，并形成负压区，故空气冲击波在大气中的传播包括两种压力状态的传播：压缩区和稀疏区（负压区），见图 2.24。

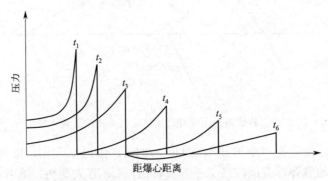

图 2.24 在相继的时刻，空气中的超压随距离的变化

冲击波到达空间某位置时，该处空气质点骤然受到强烈压缩而压力上升。压力超过大气压力的部分称为"超压"。同时还使空气质点获得一个很大的速度，向冲击波的前进方向运动。这种由于空气质点高速运动冲击所能产生的压力称为"动压"。动压的作用只有当空气质点运动受阻时才会表现出来。暴露于地面的人体或建筑物等，受冲击波作用时，冲击波的超压将使人体及建筑物受到挤压作用；动压将使人体和建筑物受到冲击和抛掷作用。由于冲击波的作用时间长达零点几秒至一秒以上，故它可以绕过障碍物，从出入口、通风口等孔洞进入工程内部而使人员或设备受到损伤。

空气冲击波沿地面传播时，一部分能量传入地下而在地层内形成地冲击，称为感生或间接地冲击，工程中又称岩土中的压缩波，进而破坏岩土中的防护工程和其他地下工程。

空中核爆炸所释放的能量约有 50%~60% 形成了冲击波，因此空气冲击波是对人员和防护工程主要的破坏杀伤因素。

3. 早期核辐射

早期核辐射主要是由爆炸最初十几秒钟内放出的 α 射线、β 射线、γ 射线和中子流。其中，α、β 射线穿透力弱，传播距离近，在早期核辐射中对有掩蔽的人员危害不大。

早期核辐射（γ 射线和中子）具有下列特点：①穿透力强。γ 射线和中子能穿透较厚的物质层，能透入人体造成伤害。②引起放射性损伤。它能引起机体组织电离，使机体生理机能改变形成"放射病"，严重者可以致死。早期核辐射还能使电子器件失效、光学玻璃变暗、药品变质等，从而使指挥通信系统、光学瞄准系统、战时医疗工作受损。③传播时发生散射。早期核辐射刚发生时以直线传播，但它在通过空气层时与空气分子碰撞而改变传播方向称为"散射"，这种作用会使隐蔽在障碍物后的人员受到伤害。④中子会造成其他物质发生感生放射性，例如土壤、灰尘、兵器、食物等易吸收中子而变成放射性同位素。它们在衰变过程中会发出 β 射线和 γ 射线，使人员受伤害。⑤早期核辐射作用时间很短，仅几秒到十几秒钟。

核防护中核辐射的度量单位称为"戈瑞（Gy）"，1Gy 表示每千克物质吸收 1J 辐射能量。

对于防护结构设计，必须核算结构防护层对早期核辐射的削弱能力，使之进入工程内的剂量不大于允许标准值。各种介质材料对于早期核辐射均有一定削弱能力，几种常见材料对早期核辐射的削弱效果见表 2.5。

几种物质对早期核辐射的削弱效果　　　　　　　　　　表 2.5

削弱效果	厚度(cm)					
	钢铁	混凝土	砖	木材	土壤	水
剩下十分之一	10	35	47	90	50	70
剩下百分之一	20	70	94	180	100	140
剩下千分之一	30	105	141	270	150	210

4. 放射性沾染（剩余核辐射）

核爆炸产生的大量放射性物质，绝大部分存在于火球及烟云中，主要是核裂变碎片及未反应的核装料。当火球及烟云上升膨胀时，吸进来的土壤及其他物质在中子照射下变成放射性同位素（感生放射性物质）。它们随风飘散下落，又称为核沉降，在地面及附近空间形成一个被放射性物质污染的地带。此外，在核爆炸早期核辐射作用下，地面物质也会产生感生放射性。这些总称为放射性沾染。

放射性沾染对人体的危害，主要是由于放射性物质放射出 β 射线（粒子）和 γ 射线。人体皮肤接触放射性物质或吸入体内导致射线病是主要的受害形式，病害与早期核辐射相似。放射性沾染危害的作用时间可长达数周以至几个月。

防护工程对其防护的主要措施是通过防止放射性物质从出入口、门缝、孔洞、进排风口进入工程内部。为此，要设置防护密闭门、密闭门、排气活门，必要时采取隔绝式通风等措施。

5. 核电磁脉冲

核爆炸时伴随有电磁脉冲发射。电磁脉冲的成分大部分是能量位于无线电频谱内的电磁波。其范围大致在输电频率到雷达系统的频率之间，与闪电和无线电广播台产生的电磁波相似，具有很宽的频带。

近地核爆炸和高空核爆炸产生电磁脉冲的机制不同。高空核爆炸由于源区的位置很高，因而干扰的脉冲场可能影响地球很大的范围，可达几千千米。地下核爆炸中也会产生电磁脉冲，但由于岩土的封闭作用使得武器碎片的膨胀被限制在很小的范围内，因而电磁脉冲的作用范围较小。

电磁脉冲可以透过一定厚度的钢筋混凝土及未经屏蔽的钢板等结构物，对位于防护工程内的电气、电子设备系统造成干扰或损坏。对指挥通信工程的 C^4ISR（指挥、控制、通信、情报）系统构成严重的威胁。为抗御核电磁脉冲的破坏作用，除这些电子、电气设备自身在线路结构上考虑抗干扰及屏蔽措施外，在工程结构上也应采取必要的屏蔽措施。最有效的办法是用钢板等金属板将需要屏蔽的房间乃至整个工程结构封闭式地包裹起来并良好接地。对于一般的装备及人员，电磁脉冲不致造成危害。

6. 直接地冲击

直接引起的地冲击（简称直接地冲击），是指核爆炸由爆心处直接耦合入地内的能量所产生的初始应力波引起的地冲击。对于完全封闭的地下核爆炸，它是实际存在的唯一的地冲击形式；对于空中核爆炸一般不存在直接引起的地冲击；对于触地爆或近地爆，直接引起的地冲击是爆心下地冲击的主要形式。

对于重要的国防战略工程要求抗核武器触地爆，直接地冲击是主要的毁伤破坏因素。人防工程均以考虑核武器空中爆炸为主，一般不考虑直接地冲击对工程的毁伤作用。

7. 冲击与震动

直接或间接冲击有时虽然没有造成结构破坏，但可使防护结构产生震动（震动位移、速度、加速度）。当其值超过人员或设备可以耐受的允许限度时，会造成人员伤亡和设备损坏。因此，对于重要的国防、人防指挥工程或有重要仪器设备的防护工程，需要考虑工程的隔震与减震设计。

2.2.3 爆炸方式

上节中所述的核武器爆炸后产生的各种杀伤破坏因素，并非每一次（或每一种类型）的核爆炸都会对防护工程的毁伤产生重要影响。究竟哪些核武器效应在防护工程设计中必须重视，这主要取决于核爆炸时核武器与地表的相对位置。区分核武器的爆炸方式，主要以"比例爆高（H_S）"划分。比例爆高定义为 $H_S = H / \sqrt[3]{W}$，其中 H 为爆炸高度（m），W 为核武器 TNT 当量（kt）。根据比例爆高的大小，可分为空中爆炸、地面爆炸和地下爆炸。

1. 空中爆炸（$H_S > 40 \text{m/kt}^{1/3}$）

空中爆炸是指火球不与地面接触的一种核爆炸。几乎不产生弹坑效应。空气冲击波、光辐射、早期核辐射、放射性沾染和电磁脉冲效应主要取决于爆炸高度。其中空气冲击波是对防护工程主要的破坏因素。地冲击效应主要是由空气冲击波的能量与大地耦合产生的间接地冲击，一般强度不大。一次典型的空中核爆炸（$120 \text{m/kt}^{1/3} < H_S \leqslant 300 \text{m/kt}^{1/3}$）各种杀伤破坏因素所占总能量的比例见图 2.25。

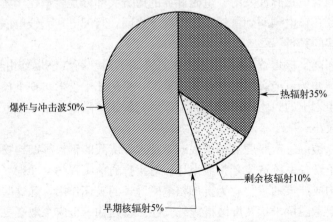

图 2.25 空中核爆炸各杀伤破坏因素所占总能量的比例

高空核爆炸（$H_S > 300\text{m/kt}^{1/3}$）是在大气层以上的核爆炸。由于空气稀薄，使得核爆炸能量主要以光辐射而很少以冲击波的形式出现。高空爆炸对地面及地下工程不致引起破坏，但电磁脉冲则是重要的破坏原因。

军事作战上对通常预设防御地带或阵地工程，一般采用核武器空中（$120\text{m/kt}^{1/3} < H_S \leq 300\text{m/kt}^{1/3}$）或低空（$40\text{m/kt}^{1/3} < H_S \leq 120\text{m/kt}^{1/3}$）爆炸；对城市人防工程一般采用空中爆炸；高空爆炸则主要用于破坏敌方的信息指挥系统。

2. 地面爆炸（$0 < H_S \leq 40\text{m/kt}^{1/3}$）

火球与地表接触的爆炸称为地面爆炸。核弹的端部或边缘与地面直接接触时又称触地爆炸（$H_S = 0$）。地面爆炸时，前述的诸种爆炸效应均存在，但是空气冲击波和地冲击效应显得更为突出。放射性沾染比空爆时严重。这是因为地爆时掀起更多的地面物质及尘埃带到空中，并变成具有强烈的放射性物质。对于坚固设防地域常采用核武器地面爆炸方式。对于坚固的地下军事工程则可能采用触地爆方式，因为触地爆产生的强烈的地冲击是摧毁埋设地内坚固防护工程的有效手段。

3. 地下爆炸（$H_S < 0\text{m/kt}^{1/3}$）

地下核爆炸是核装料重心位于地表以下的一种核爆炸方式。地下爆炸包括两种情况，即近地表（浅层）爆炸或完全封闭式爆炸。完全封闭式爆炸时火球不冒出地表面。随着地下爆炸埋置深度的增加，爆炸的能量越来越多地消耗于形成弹坑和直接地冲击效应方面，而空气冲击波和辐射效应却相应地降低。封闭式地下爆炸则不产生空气冲击波效应。

图2.26是等效当量系数与比例爆炸深度的关系。由图2.26可知，爆炸深度增加几米，耦入地下的爆炸能量将增加一个数量级。

军事作战上将核武器地下爆炸又称为钻地爆（$H_S < 0$）。要使作战的核武器投掷到敌方并钻入地下爆炸，需要解决一系列技术难题。据资料称美国和俄罗斯已经解决核武器浅层钻地爆的技术问题，但目前还难以解决核武器封闭式钻地爆的技术难题。从军事理论上讲，核武器钻地爆主要用于攻击深埋地下的导弹发射井和特别坚固的战略防护工程。

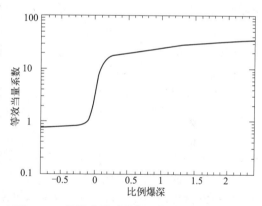

图2.26　等效当量系数与比例爆炸深度的关系

2.2.4　核武器的发展趋势

近年来，美国对提高核武器质量，增加核武器品种，发展新型战略、战术核武器十分重视。其中一个很重要的发展目标是：既能有效摧毁深地下指挥中心等坚固目标，又能最大限度地减小超杀和政治风险，增强核武器的战场实用性。近年来核武器的主要特点和发展趋势如下：

1. 小型化

美国近来出现了从法律方面推进小型核武器研发的动向。美国国会最近通过了一项法律，要求国防和能源部"着手研究如何摧毁敌军事工程等坚固、位于地下深处的目标"。美国国防部认为，大力发展爆炸当量为几百至几千吨的小型核武器系统，可以减少超杀，使核武器变得更容易使用。

2. 钻地化

目前，美国已部署了 B61-11 核钻地弹，可钻岩石 3～6m，爆炸当量为 0.3～340kt，能破坏 100m 范围内的坚硬岩石。目前，美国还在大力研制一种钻地更深的新型钻地弹，即 B61-12，以有效摧毁 300m 深处花岗岩中的地下工程而又不伤及附近居民。美国国防部希望能源部武器实验室能够研制这种钻地更深的核武器。

3. 精确化

精确化是核武器小型化和钻地化后的必然要求。没有精确化，小型化和钻地化核武器就不能发挥应有的威力。美国民兵Ⅲ等洲际导弹和三叉戟Ⅱ等潜射弹道导弹以及核炸弹的命中精度为 90～150m，而 B61-12 可以从战斗机或轰炸机上发射，命中精度可达 30m 以内。

4. 实用化

美国国防部认为，必须研发杀伤力相对较小而实用性好的小型核武器。美国"国防技术领域计划"中指出，要开发更多可供选择的核武器品种，使核武器实用化。例如核电磁脉冲弹，既可大规模毁坏计算机和电子、电气设备，瘫痪 C^4ISR 系统，又不会杀伤广大居民，适合于战争中使用。又如钻地核弹，爆炸能量大部分耦合于地下，对深地下目标破坏威力很大，而对地面目标的破坏效应则很小，适合于战场上使用。因此，实用化是核武器发展的一个重要趋势。

5. 常规化

核武器常规化是指研发第四代核武器。它以核武器的原理为基础，所用的关键研究设施是惯性约束聚变装置，因此它的发展不受全面禁止核武器试验条约的限制。在军事上，由于这类武器不产生剩余核辐射，又可作为"常规武器"使用。为了争夺核优势，美国将利用其技术优势大力发展这种常规化的第四代核武器（如干净的聚变弹等）。

总之，核武器朝小型化、钻地化、精确化、实用化和常规化方向发展，实施大规模核打击的可能性大大减少，而实施"外科手术式"的有限核打击的可能性却有所增加。

思考题

2-1 按照发射方式，对防护结构产生杀伤破坏作用的常规武器主要有哪些？

2-2 简述高技术对地常规武器的特点及发展趋势。

2-3 简述核武器空中爆炸景象及产生的原因。

2-4 核武器的有哪几种爆炸方式？其杀伤破坏特点是什么？

2-5 核武器的破坏效应有哪几种？对防护工程各有什么伤害？

第3章

侵彻与爆炸的局部破坏作用

3.1 概述

3.1.1 侵彻与爆炸的局部破坏现象

无论是炮射、航空投掷，还是导弹发射，武器战斗部（也称弹丸或射弹）落地时都具有一定的动能，因此对岩土等介质和防护结构具有侵彻爆炸效应，从而对各类目标产生不同程度的冲击爆炸破坏作用。一旦弹头侵彻到介质深处再发生爆炸，将会大大提高装药爆炸耦合到介质中的能量分配比例，使地下防护结构受到严重破坏。

1. 侵彻局部作用

无装药的穿甲弹命中结构或有装药的弹丸命中结构尚未爆炸前，结构仅受冲击侵彻作用。具有动能的弹体撞击结构有两种情况：一种情况是弹体动能较小或结构硬度很大，弹体冲击结构仅留下一定的凹坑后被弹开，或者因弹体与结构成一定的角度而产生跳弹，即弹丸未能侵入结构；另一种情况是弹丸冲击并侵入结构内部，甚至产生贯穿（图3.1）。这两种结果都会使结构产生不同的破坏。

图3.1　弹丸侵彻贯穿混凝土靶体

下面以图3.2和图3.3所示的弹丸沿目标法线冲击侵彻混凝土结构为例分析其破坏特征。

1）目标厚度较大，命中速度 V_1 不大，只在目标正表面造成很小的弹痕，弹丸被目标弹回（图3.2a）。

2）目标厚度不变，命中速度稍大，即 $V_2 > V_1$，弹丸不能侵入混凝土内，但在混凝

49

土表面形成一定大小的漏斗状孔，这个漏斗状孔称为冲击漏斗坑（图3.2b）。

3）目标厚度不变，命中速度更大，即 $V_3 > V_2$，则在形成冲击漏斗坑的同时，弹丸侵入目标，排挤周围介质而嵌在一个圆柱形的弹坑内（图3.2c）。这种破坏现象称为侵彻。

4）目标厚度不变，命中速度再增大，即 $V_4 > V_3$，弹丸侵入目标更深（图3.2d）；或者命中速度不变（仍为 V_3），混凝土的厚度减薄，结构背面出现裂纹（图3.3d）。裂纹的宽度和长度随着命中速度或侵彻深度的增大而增大；或者命中速度不变，随目标厚度的减薄而增大。

5）目标厚度不变，命中速度再增大，即 $V_5 > V_4$，弹丸侵彻更深；或者命中速度不变（仍为 V_3），混凝土结构再减薄，结构背面将出现部分混凝土碎块的脱落，并以一定速度飞出，这种破坏现象称为震塌。当有较多混凝土震塌飞出后，则形成震塌漏斗坑（图3.2e及图3.3e）。

6）目标厚度仍不变，命中速度再增加，即 $V_6 > V_5$，侵彻更深；或者命中速度不变（仍为 V_3），结构厚度再减薄，则出现冲击漏斗坑和震塌漏斗坑连接起来，产生"先侵彻后贯穿"的破坏现象（图3.2f及图3.3f）。

7）目标厚度不变，命中速度足够大；或者命中速度不变（仍为 V_3），结构厚度很薄，弹丸尚未侵入混凝土内，就以很大的力量冲掉一块圆锥状混凝土块，并穿过结构。这种破坏现象称为纯贯穿（图3.2g及图3.3g）。

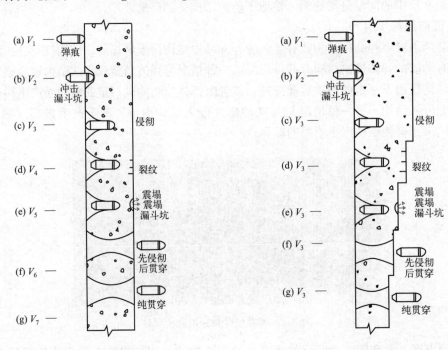

图3.2　冲击局部破坏现象（一）

目标厚度不变，命中速度逐步增大

图3.3　冲击局部破坏现象（二）

命中速度不变，目标厚度逐步减薄

从图3.2所示冲击侵彻引起的破坏现象可以看出，破坏现象都发生在弹着点周围或结构反向临空面弹着投影点周围，这与一般工程结构的破坏现象如承重结构的变形与破坏不同。由于它的破坏仅发生在结构的局部范围，故称其为局部破坏，这里是由冲击引起的，因此又称冲击局部破坏。

2. 爆炸局部作用

弹丸一般都装有炸药，在冲击作用中或结束时装药爆炸，进一步破坏结构。

当弹丸侵彻到岩土深处发生封闭爆炸时，将冲击、挤压周围介质而形成爆炸空腔，并在介质中产生爆炸波阵面。当弹丸落到岩土介质表面进行触地爆炸时，将使下方岩土介质被压碎、破裂、飞散而形成可见弹坑，在地表形成空气冲击波的同时，在地下介质中也产生爆炸波阵面。

对于爆破弹，一般不考虑它侵入钢筋混凝土等坚硬材料内部爆炸，但可侵入土壤等软介质内部爆炸。对于半穿甲弹和穿甲弹则要考虑它侵入混凝土等坚硬介质中爆炸。这两种爆炸的破坏现象基本差不多，只不过侵入后爆炸的破坏威力更大些，这是因为侵入土中或结构介质内部处于填塞状态的爆炸能量不能有效逸出空中，从而提高了装药爆炸耦合到介质中的能量分配比例，所以破坏作用更大。图 3.4 所示是炸药接触爆炸时混凝土结构的破坏现象。可见，在结构迎爆面出现爆炸漏斗坑；在结构背爆面的破坏程度与结构厚度密切相关，随着结构厚度的减少，由开始时的无裂缝，继而出现裂缝、震塌、震塌漏斗坑，到最后的爆炸贯穿。

对比图 3.2 与图 3.4 情况发现，爆炸局部破坏现象与冲击局部破坏现象十分相似，破坏仅发生在迎爆面爆点和背爆面爆心投影点周围，故称为爆炸局部破坏。此外，从图 3.2 和图 3.4 所示的冲击和爆炸局部破坏现象的观察还可以发现，局部作用和结构的材料性质关系密切，而与结构形式（板、刚架、拱结构等）及支座条件关系不大。其作用原理是：当冲击或爆炸发生后，在冲击点或爆心附近将产生压缩波，压缩波一方面在冲击点或爆心附近产生冲击或爆炸漏斗坑，另一方面在结构背面反射产生拉伸波并使材料质点获得了极高的速度，在背面产生剥离和震塌破坏。此外，由于结构厚度方向往往小于跨度方向，压缩波还未传到结构的支座就在结构背面产生了破坏，因此与结构的形式和支座条件无关。

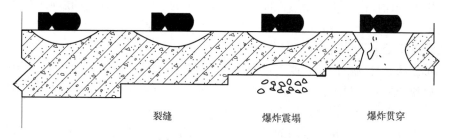

裂缝　　　　　　　　爆炸震塌　　　　　　　爆炸贯穿

图 3.4　爆炸局部破坏现象

3.1.2 整体破坏作用与局部破坏作用

结构在遭受炮航弹等常规武器的冲击与爆炸作用时，除了上述的开坑、侵彻、震塌、贯穿等局部破坏外，弹丸冲击、爆炸时还会对结构产生压力作用，一般称冲击或爆炸动荷载。在冲击、爆炸动荷载作用下，整个结构都将产生变形和内力，这种作用就称为整体作用；如梁、板将产生弯曲、剪切变形，柱的压缩及基础的沉陷等。整体破坏作用的特点是使结构整体产生变形和内力，结构破坏是由于承载力不够或出现过大的变形、裂缝，甚至造成整个结构的倒塌。破坏点（线）一般发生在产生最大内力的地方。结构的破坏形态与结构的形式和支座条件有密切关系。例如等截面简支梁在均布动荷载作用下最大弯矩发生在梁的中间位置，如果梁发生弯曲破坏，那么破坏点应在梁的中部（图 3.5）。

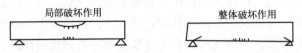

图 3.5　炮航弹命中简支梁时的局部破坏作用和整体破坏作用

从力学的观点看，局部作用是应力波传播引起的波动效应，而整体作用是动荷载引起的震动效应。

常规武器爆炸可分为三种情况：①直接接触结构爆炸；②侵入到结构材料内爆炸；③距结构一定距离爆炸。前两种情况对结构的破坏一般是以局部作用为主，而距结构一定距离爆炸时，结构可能产生局部破坏，也可能同时产生局部破坏和整体破坏，这取决于爆炸的能量、爆炸点与结构的距离以及结构特性等因素。

因此，在设计结构时，若考虑常规武器直接命中作用，原则上需同时考虑这两种破坏作用，以最危险的情况来设计结构。一般来说，跨度小、构件厚的结构，局部作用起决定影响；反之，跨度大、厚度薄的结构，整体作用常起控制作用。若为常规武器非直接命中，则一般只需考虑整体作用。

本章介绍局部破坏作用计算的基本内容。结构抗整体作用的计算，将在以后的有关节中介绍。

3.2　侵彻局部破坏作用计算方法

3.2.1　主要影响要素分析

在防护工程设计中，要避免结构被常规武器贯穿或产生某种程度的震塌破坏。侵彻深度是衡量是否会发生上述破坏现象的重要指标，所以在抗冲击局部破坏的问题设计中，侵彻深度的计算是至关重要的。

弹丸对介质材料的侵彻是高速飞行物体与目标物（结构）相撞击的结果。当弹丸有足够大的质量和速度时，目标物介质受到很大的冲击力，以至于弹着点附近材料间的联系被破坏，同时被弹丸向四周排并进而压缩邻近介质，于是弹丸进入介质内部运动。弹丸撞击侵入介质的过程是一个相互作用的过程，弹丸不断受到介质的抗力作用。这种抗力称之为侵彻阻力，这就是作用在弹丸上的反力。弹丸对介质的侵彻过程，也是其克服介质阻力在介质内部运动的过程。

影响侵彻过程的因素很多，主要有以下三个方面：

1. 命中条件

命中条件主要指的是弹丸的命中速度和命中角。命中速度为弹丸命中目标时的飞行速度，命中角为弹丸命中目标时弹丸轴线和目标表面法线的夹角。另外，弹丸的飞行方向（弹道）与弹丸轴线还有一个夹角，这个夹角被称作攻角（图 3.6）。

一般来说，弹丸命中速度大，命中时动能和动量就大，侵彻深度就越深。

弹丸侵入介质后，介质被排开、挤压。反过来，弹丸受到介质的阻力。该阻力分布在弹丸周围，而且是很不均匀的。由于阻力方向、弹丸飞行方向以及弹丸轴线方向并不一致，必然影响到弹丸的运动轨迹。若命中角度为 0°，即垂直命中时，则阻力方向、弹丸飞行方向以及弹丸轴线方向基本一致，即弹丸不偏转或偏转很小，此时侵彻深度最大。

由此可以看出，弹丸的命中角、命中速度对弹丸的运动有重要影响。

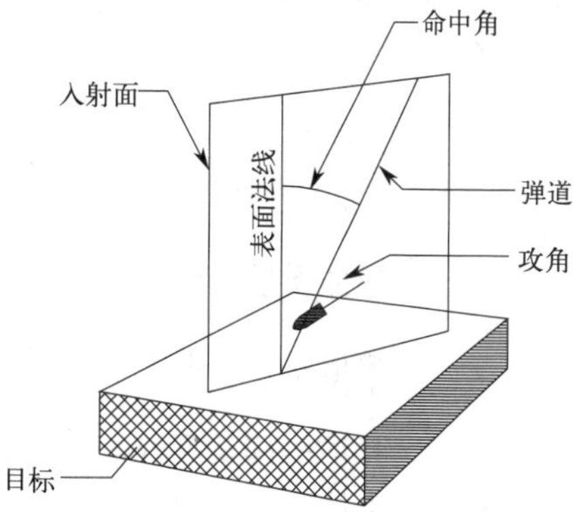

2. 弹丸形状及质量

弹丸的形状、质量对介质阻力及侵彻深度有较大影响。弹头尖锐有利于排开介质，受到的阻力也小；弹丸的直径大阻力就大，弹丸的直径小阻力也小；此外，弹丸质量大，由于命中时动能和动量大，侵彻深度就大。

3. 介质性质

不同的介质，由于其力学性能差异，对弹丸侵彻的阻力及变化规律也不同。对于颗粒状砂土，密实度、胶结程度是重要指标；对于岩石，无侧限抗压强度、岩体节理裂隙发育程度等是重要指标；对于混凝土类材料，除了要考虑其强度，还应考虑到其多种材料组成的非均质因素。一般情况下，完整性好、岩石质量好的岩体，其抗侵彻能力就好；节理裂隙发育、严重风化的岩体和密实、干燥胶结的砂砾次之；松散粉砂和潮湿黏土的抗侵彻能力最差。

当然，弹丸的侵彻能力还与弹壳的材料、厚度有很大的关系。

弹丸对混凝土或钢筋混凝土等目标的侵彻，是一种十分复杂的迅速变化的力学现象，目标物及弹体的断裂破坏形式及机理也是多种多样的。对侵彻问题的完整描述要考虑下列主要因素：应力波传播、材料在高应变速率下的特性、材料的大变形、材料硬化与软化、流体的动力流动、热及摩擦效应、断裂的形成及发展。要想完全从理论上进行解析分析是非常困难的。

目前理论分析主要是在保持侵彻现象的基本物理特征后做出简化、假定，并得出弹丸受到的介质阻力，再根据牛顿第二定律，建立起弹丸侵彻的运动方程，对其进行求解。主要的理论分析方法包括球（柱）形空腔膨胀理论、正交层状模型、微分面力法、磨蚀杆模型和 Amini-Anderson 模型等。

当前在防护工程实践中，通常是在一定理论分析基础上，主要通过试验，建立半理论半经验或经验型的侵彻计算公式。国内外关于侵彻混凝土、土壤和岩石等介质的经验公式近 50 种，常用的有别列赞公式、NDRC 公式、Young 公式等。

3.2.2　侵彻深度的计算

1. 单层介质侵彻深度

1）别列赞公式

该计算公式是俄国于 1912 年在进行大量实弹射击试验后总结出的，其比较简单，对

图 3.6　弹丸命中目标的几何图示

土壤、混凝土和岩石都适用，且较符合实际情况，因而得到较广泛的应用。计算公式形式如公式(3-1)：

$$h = \lambda K \frac{m}{d^2} V \qquad (3\text{-}1)$$

式中　d——弹体直径（m）；

　　　m——弹体质量（kg）；

　　　λ——弹形系数，取 $\lambda = 1 + 0.3\left(\dfrac{l_r}{d} - 0.5\right)$；

　　　l_r——弹体头部长度（m）；

　　　K——土体阻力系数材料有关。

2）改进别列赞公式

我国于 20 世纪 50 年代对别列赞公式经过了较大规模的实弹试验验证，并进行了必要的修正，最终给出式(3-2) 的形式，这也是我国防护工程目前使用的侵彻计算公式的形式。

$$h_q = \lambda_1 \lambda_2 K_q \frac{P}{d^2} V K_b \cos\alpha \qquad (3\text{-}2)$$

式中　h_q——侵彻深度（m）；

　　　λ_1——弹形系数；

　　　λ_2——弹径系数，反映了弹体侵彻的比例换算关系，与弹体的直径和破坏块体大小有关；

　　　P——弹丸质量（常称为弹重）（kg）；

　　　d——弹径（m）；

　　　V——命中速度（m/s）；

　　　α——命中角（°）；

　　　K_b——弹的偏转系数，在土壤、回填石渣、干砌块石及抗压强度 $R_a \leqslant 15\text{MPa}$ 的岩体中，取 $K_b = 1$；

　　　K_q——介质材料侵彻系数，取值可以查阅相关规范。

由于该公式是我国规范现行公式，下面详细讨论式中各量的物理意义。

（1）侵彻深度

h_q 表示自弹丸尖部到目标物表面的垂直距离，图 3.7 表示了各种地形坡度或目标表面情况下 h_q 所代表的侵彻深度。

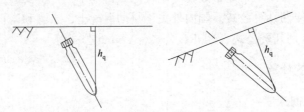

图 3.7　不同地形时的 h_q 侵彻深度

（2）弹形系数

试验发现，在弹径相同时，弹头形状（图 3.8）尖的侵彻深度大，反之则小。对于此种现象，用修正系数 λ_1 表征，其计算公式与别列赞公式中 λ 相同，也可以查规范相关表格确定。

（3）弹径系数

基本公式中，弹径 d 已反映了弹径对侵彻深度的影响。但由于建立公式时的试验用弹丸直径的局限性，使得式(3-2) 在反映与试验用弹丸直径相近的弹丸侵彻深度时比较准确，而偏离试验用弹丸直径过大时，则误差较大。研究表明，用来计算大口径弹丸侵彻深度，得到的结果偏小，用来计算小口径弹丸得到的结果就偏大。因此，对直径过大过小的弹丸还需作补充修正，总体来说，该系数随着弹径的增大而增大，具体数值可查阅相关规范。

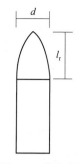

图 3.8　弹头形状

（4）侵入弹道弯曲的修正

就力学分析而言，弹道弯曲是由于弹丸飞行方向、阻力方向、弹丸轴线方向三者不一致，使弹丸受到一个横向推力和转动力矩，从而发生了弹丸旋转致使弹道弯曲。根据实验及实战观察发现，航弹在侵入介质中都会产生弹丸偏转和弹道弯曲，仅是程度不同。一般来说，着靶速度越高，弹体偏转越小，命中角越大，弹体偏转越大。

（5）命中角 α

命中角是表示弹丸命中介质瞬间弹丸轴线与介质表面法线的夹角。在炮航弹等常规武器资料中，有时标明的是弹着角 β，β 是弹丸轴线与大地铅垂线间的夹角。它们之间的关系及 α 的取法如图 3.9 所示。

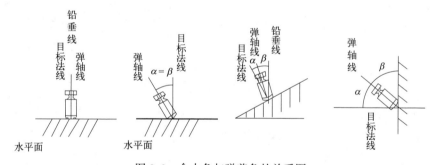

图 3.9　命中角与弹着角的关系图

（6）介质材料侵彻系数 K_q

侵彻系数和材料的综合抗侵彻性能有关，比如混凝土材料，如强度、是否含钢筋、粗骨料强度等因素有关，其取值可以直接查阅相关规范。对混凝土和钢筋混凝土，介质材料的影响有以下规律：

①当混凝土或钢筋混凝土中粗骨料抗压强度一定时，侵彻系数 K_q 随混凝土强度提高而减小。例如：混凝土强度由 30MPa 提高到 60MPa 时，K_q 值约减少 20%。

②当混凝土或钢筋混凝土的强度一定时，混凝土粗骨料强度越高，侵彻系数越小。例如：粗骨料强度由 80MPa 提高到 230MPa 时，K_q 值约减少 21%。

③当混凝土强度一定时，少筋或标准的典型配筋的混凝土的侵彻系数较素混凝土略有

减小，粗骨料强度低者减小的幅度要大些。例如：粗骨料强度 230MPa 和 120MPa 时，钢筋混凝土的 K_q 值分别约为同一强度等级素混凝土的 0.95 和 0.86。

④混凝土强度等级相同时，少筋和标准的典型配筋混凝土的 K_q 值没有明显差别，数据的离散度较大，前者的裂缝开展较严重一些。

3）Young 公式

美国桑地亚国家实验室于 1960 年开始研究土中的侵彻，在多达 3000 余次试验数据的基础上，总结并于 1967 年给出了侵彻深度计算的经验公式，称为 Young 公式。以后 Young 公式在新的试验数据基础上又进行了数次修订，得到侵彻岩石、混凝土和土壤的统一公式如下：

当 $v < 61$m/s 时：

$$h = 8 \times 10^{-4} SN \left(\frac{m}{A}\right)^{0.7} \ln(1 + 2.15 \times 10^{-4} v^2) \tag{3-3}$$

当 $v \geq 61$m/s 时：

$$h = 1.8 \times 10^{-5} SN \left(\frac{m}{A}\right)^{0.7} (v - 30.5) \tag{3-4}$$

式中　h——侵彻深度（m）；

v——弹体速度（m/s）；

m——弹体质量（kg）；

A——弹体横截面面积（m²）；

N——弹头形状影响系数，按公式(3-5)～式(3-7) 计算。

弹头形状影响系数的计算：

卵形弹头：

$$N = \frac{0.18L_n}{d} + 0.56 \tag{3-5}$$

或

$$N = 0.18(CRH - 0.25)^{0.5} + 0.56 \tag{3-6}$$

锥形弹头：

$$N = \frac{0.25L_n}{d} + 0.56 \tag{3-7}$$

式中　L_n——弹头部（卵形区或锥形区）的长度（m）；

d——单体直径（m）；

CRH——弹头表面曲率半径与弹体横截面直径的比值。

Young 公式对介质具有广泛的适用范围，其对土、岩石、混凝土等皆可使用。其中 S 为可侵彻性指标，与介质材料本身有关。对于砂土，一般情况下，密实胶结砂取 $S=2$，冻土取 $S=3$，中度胶结砂与干黏土取 $S=5$，松散粉砂取 $S=10$。对于岩石中，完整岩体取 $S=0.6$，中等风化岩石取 $S=0.9$，严重风化岩体取 $S=1.5$。对于钢筋混凝土，S 按下式计算：

$$S = 0.085K_b(11 - \varphi)(t_c h_c)^{-0.06}(35/f'_c)^{0.3} \tag{3-8}$$

式中　φ——钢筋混凝土中体积含量（%）；

t_c——混凝土的凝固时间（年）；当 $t_c > 1$ 时，取 $t_c = 1$；

h_c——目标厚度（m），若 $h_c > 6$，取 $h_c = 6$；

f'_c——混凝土单轴抗压强度；

K_b——目标宽度影响系数，按式（3-9）计算。

$$K_b = (\eta/B)^{0.3} \tag{3-9}$$

式中　B——目标宽度；

　　　η——依据靶体材料和尺寸取值，钢筋混凝土取值为 20，素混凝土取为 30，对厚度 $0.5 \sim 2m$ 薄目标，η 值应减少 50%。

4）NDRC 公式

1946 年，美国国防研究中心（National Defend Research Center）建立了混凝土侵彻计算公式，即 NDRC 公式：

$$\frac{h}{d} = \begin{cases} 2\left[\dfrac{KNw}{d^{2.8}}\left(\dfrac{V}{1000}\right)^{1.8}\right]^{0.5} & \dfrac{h}{d} \leqslant 2 \\[4mm] 1 + \dfrac{KNw}{d^{2.8}}\left(\dfrac{V}{1000}\right)^{1.8} & \dfrac{h}{d} > 2 \end{cases} \tag{3-10}$$

式中　h——侵彻深度（in）；

　　　d——弹体直径（in）；

　　　N——弹头形状系数；

　　　K——混凝土的侵彻系数，与介质材料强度有关，按公式（3-11）取值，单位为 "$1/\text{psi}^{0.5}$"；

　　　w——弹体重量（lb）；

　　　V——冲击速度（ft/s）。

$$K = \frac{180}{f_c^{0.5}} \tag{3-11}$$

5）ACE 侵彻公式

1946 年，美国的陆军工程兵（The Army Corps of Engineers）统计二战经验数据，并拟合得到 ACE 公式：

$$\frac{h}{d} = 282 \frac{w}{d^{2.785} f_c^{0.5}}\left(\frac{V}{1000}\right)^{1.5} + 0.5 \tag{3-12}$$

式中　h——侵彻深度（in）；

　　　w——弹体重量（lb）；

　　　d——弹体直径（in）；

　　　f_c——混凝土无侧限抗压强度（psi）。

ACE 公式的适用范围：$m = 0.02 \sim 1000\text{kg}$，$V = 200 \sim 1000\text{m/s}$，$d = 11 \sim 155\text{mm}$，$f_c = 26.5 \sim 43.1\text{MPa}$。

6）核防护署计算公式

美国核防护署提出混凝土侵彻公式：

$$h = \begin{cases} \dfrac{29.6(Nw)^{0.5}V^{0.9}}{d^{0.4}f_c^{0.25}} & h \leqslant 2d \\[3mm] \dfrac{220NwV^{1.8}}{d^{1.8}f_c^{0.5}} + d & h > 2d \end{cases} \tag{3-13}$$

式中　h——最大侵彻深度（in）；

　　　f_c——混凝土压缩强度（psi）；

　　　N——弹头形状系数，按式（3-14）计算；

　　　w——弹重（lb）；

　　　d——弹径（in）；

　　　V——命中速度，单位为"1000fps"。

$$N = 0.72 + 0.25(CRH - 0.25)^{0.5} \tag{3-14}$$

7）TM5-855-1 公式

美国陆军防护手册（TM5-855-1）中根据岩石的 RQD 以及材料特性等为参数的侵彻试验数据，在 Bernard 公式基础上进行修正，得到侵彻岩石的经验公式：

$$h = 6.45\frac{W}{d^2}\frac{V}{(\rho f_c)^{0.5}}\left(\frac{100}{RQD}\right)^{0.8} \tag{3-15}$$

式中　h——侵彻深度（in）；

　　　d——弹径（in）；

　　　W——弹体重量（lb）；

　　　V——命中速度（ft/s）；

　　　ρ——被侵彻的介质材料密度（lb/ft³）；

　　　f_c——岩石无约束抗压强度（lb/in²）；

　　RQD——岩石质量指标。

2. 多层介质侵彻深度

由于现代高技术常规武器的命中精度和钻地能力的提高，防护工程通常要采用多种材料组成的复合式防护层，弹丸就会侵彻多层介质材料。现以改进别列赞公式讨论两层介质侵彻情况，更多的材料层情况不难通过类推得出。

1）不同介质中侵彻深度的换算

现假定不考虑弹丸在介质的偏转，讨论同一弹种以相同的方式，相同的命中角和命中速度分别命中两种不同介质材料时，它们的侵彻深度之间的关系。

按照式（3-2），若不考虑偏转，对介质 1、2 侵彻深度分别为：

$$h_{q1} = \lambda_1\lambda_2 K_{q1}\frac{P}{d^2}V\cos\alpha \tag{3-16}$$

$$h_{q2} = \lambda_1\lambda_2 K_{q2}\frac{P}{d^2}V\cos\alpha \tag{3-17}$$

因其他条件相同，仅介质不同，故有如下的侵彻深度比值：

$$\frac{h_{q1}}{h_{q2}} = \frac{K_{q1}}{K_{q2}} \tag{3-18}$$

由此可见，在忽略弹丸在介质中偏转的情况下，同一弹种以相同条件侵彻不同介质时，侵彻深度仅与材料侵彻系数成正比。这样，就可以利用已知材料的侵彻系数和侵彻深度，求其他已知侵彻系数的材料侵彻深度，或进行两种材料抗侵彻的等效厚度换算。

2）在两层介质中的总侵彻深度

如某防弹层结构由两层介质构成，第一层厚度为 h_1，材料侵彻系数为 K_{q1}，第二层厚度为 h_2，材料侵彻系数为 K_{q2}；若第二层 h_2 较厚不被穿透，现讨论弹丸命中后的总侵彻深度。

显然上述条件 $h_{q1} > h_1$，因此解题关键是求出弹丸在第二层介质中的侵彻深度。

设想仅有第二种介质，则在该材料层中的侵彻深度：

$$h_{q2} = \lambda_1 \lambda_2 K_{q2} \frac{P}{d^2} V \cos\alpha \tag{3-19}$$

由于有第一层介质 h_1 厚度的存在，应根据式（3-19）把第一层介质 h_1 厚度换算成第二层介质的厚度，可得到实际在第二层介质中的侵彻深度：

$$h'_{q2} = h_{q2} - h_1 \frac{K_{q2}}{K_{q1}} \tag{3-20}$$

两层介质中的总侵彻深度：

$$h_q = h_1 + h'_{q2} = h_1 + h_{q2} - h_1 \frac{K_{q2}}{K_{q1}} \tag{3-21}$$

上述讨论为 $h_2 > h'_{q2}$ 的情况。若 $h_2 < h'_{q2}$，弹丸将侵入第三层介质。按上述思路可推导出如下的多层介质彻的侵深度的计算方法：

$$h_q = \sum_{i=1}^{n-1} h_i + h'_{qn} = \sum_{i=1}^{n-1} h_i + h_{qn} - \sum_{i=1}^{n-1} h_i \frac{K_{qn}}{K_{qi}} \tag{3-22}$$

式中　h_i——第 i 层介质材料厚度（m）；

h_{qn}——对第 n 层介质材料侵彻深度（m）；

K_{qn}——第 n 层介质材料的侵彻系数；

K_{qi}——第 i 层介质材料的侵彻系数。

如前所述，侵彻弹丸对有限厚度的构件冲击时，可能出现侵彻、震塌、贯穿等局部破坏现象。由于各种防护结构构造类型不同，设计结构抗冲击侵彻局部破坏作用所依据的设计极限状态和标准也不同。因此，各种防护结构抗冲击局部作用防护层厚度的计算，将在以后各章中结合具体的防护结构设计介绍。

3.3　爆炸局部破坏作用计算方法

3.3.1　概述

炸药在爆炸瞬间，由化学反应变成体积大小相同的高温高压气体（称为爆轰产物）。其压力高达 2×10^4 MPa，温度高达 3350K，速度可达 1750m/s。这样的高温、高压气体作用于周围介质时，介质将受到巨大的冲击，产生很大的变形速度，使介质向外迅速膨胀、破碎及飞散。

1. 炸药在无限介质或半无限介质中爆炸破坏现象

炸药在无限介质中爆炸时，装药周围介质同时受到爆轰产物的作用。爆轰后直接与装药接触的介质受到强烈的冲击压缩作用。介质受瞬时高压、高温、高速作用后形成一个空腔，这个范围称为压缩范围，压缩范围的半径称为压缩半径。

随着与爆炸中心距离的增大，爆炸能量将向几何空间扩展传给更多的介质，爆炸压力迅速下降。当压缩应力值小于岩土等介质材料的抗压极限强度时，介质就不再被压碎或破坏。但我们还应看到，介质不仅受到压缩应力，而且也受到拉伸应力。这是因为岩土介质在向四周传播的爆炸压力波作用下，发生径向运动时，其环向就要受到拉应力的作用。如果拉应力超过介质的抗拉极限强度，介质就会产生径向裂缝。由于岩土的抗拉极限强度远小于抗压极限强度，所以在压缩范围外就出现了比压缩范围大得多的、以产生裂缝为主的破坏区，其半径称为破坏半径。

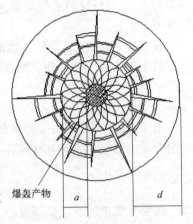

图 3.10 炸药在无限介质中爆炸的破坏示意图
a—压缩半径；d—破坏半径

径向裂缝形成后，由于裂缝端部应力集中效应，可使裂缝进一步扩大延伸到较远处。但岩土的抗拉强度大于环向拉伸应力时就不再形成裂缝。

因为爆心周围形成了空腔，所以在卸载时介质会向爆心方向作微小膨胀，产生拉伸应力，结果又形成很多环形裂缝。装药爆炸就呈现图 3.10 所示的破坏形状。在破坏区域之外，介质将产生非线性变形，更远的区域只发生线性（弹性）变形。

如果用与在无限介质中同样的球形装药，放在半无限介质表面爆炸，那么会发现，其爆炸压缩及破坏区域比无限介质中要小得多，这是因为部分爆炸能量泄入空气中去了。

2. 炸药在有限厚度介质中爆炸破坏现象

对于图 3.4 所示的情况，除了正面发生压缩漏斗坑外，还要在介质背面发生破坏。这是由于爆炸波传至自由背面产生反射拉伸波。当爆炸是发生在混凝土、岩石等脆性材料中时，由于材料的抗拉强度低，于是在自由背面处会发生碎块崩落飞出去。碎块具有一定速度，具有杀伤作用。这种现象叫爆炸震塌破坏现象。震塌破坏现象用震塌半径来度量。

3.3.2 压缩半径

试验和量纲分析理论均表明，球形集团装药对介质材料的压缩半径与装药质量的三次方根成正比。当装药置于地表面上时，通过试验得出以下计算公式。

在介质表面爆炸条件下：

$$r_a = K_a \sqrt[3]{C} \tag{3-23}$$

式中　r_a——压缩半径（m）；

　　　C——等效梯恩梯（TNT）装药量（kg）；

　　　K_a——介质材料的压缩系数，具体取值可以查阅相关规范。

在完全填塞条件下，当装药埋于地表面以下一定深度爆炸时，由于泄放于空气中的爆炸能量减少，爆炸作用效果将增强，即 r_a 增大。埋置越深，则 r_a 越大。但埋深到一定程度后，已处于完全封闭的爆炸状态，此时再没有爆炸能量泄入空气中，这种封闭爆炸状态时的最小埋深称为完全填塞深度 $\bar{h}_0$。装药埋深在等于或大于完全填塞深度（$h_0 \geqslant \bar{h}_0$）时爆炸，都可以视为在无限介质中爆炸。试验表明，在软弱介质完全填塞条件下爆炸的 r_a 是在介质表面爆炸时的 1.65 倍，即：

$$r_a = 1.65 K_a \sqrt[3]{C} \tag{3-24}$$

工程实践中，常规武器弹丸命中时装药埋深可能在表面爆炸和完全填塞状态之间。装药埋深 h_0 如由地表面到 $\bar{h}_0$ 的范围内变动，填塞状态也将不断变化，压缩半径 r_a 则由表面爆炸逐渐增大到完全填塞时的值。现用填塞系数 m 来表示填塞条件不同时引起的爆炸作用效果的差异。因此，常规武器爆炸时，对单层介质材料的压缩半径 r_a 的基本公式可写为：

$$r_a = m K_a \sqrt[3]{C} \tag{3-25}$$

式中 m——填塞系数。

3.3.3 破坏半径

试验和量纲分析理论均表明，球形集团装药对介质材料的破坏半径与装药质量的三次方根成正比。

常规武器爆炸时，对单层介质材料的破坏半径 r_p 的计算公式为：

$$r_p = m K_p \sqrt[3]{C} \tag{3-26}$$

式中 r_p——破坏半径（m）；

C——等效梯恩梯（TNT）装药量（kg）；

K_p——介质材料的压缩系数。

3.3.4 不震塌厚度的计算方法

结构不震塌厚度为结构构件内表面发生不震塌的临界厚度，即按照规定不发生震塌破坏的震塌半径。

1. 单层材料结构

试验及量纲分析理论表明，震塌半径 r_z 与炸药量的立方根成正比，r_z 可按下式计算：

$$r_z = m K_z \sqrt[3]{C} \tag{3-27}$$

式中 K_z——介质材料的不震塌系数，其他符号同前。

钢筋混凝土的震塌系数，按工程要求不同而定，见表 3.1。

震塌半径的含义是：在按式(3-27)计算结构自由背面到装药中心的距离时，当其值等于按一定 K_z 值（表 3.1）算得的数值时，结构自由背面会产生相应的震塌破坏情况。

钢筋混凝土抗爆炸局部破坏分级表　　　　　　　　　　表 3.1

破坏级别	K_z	结构内表面破坏现象
Ⅰ	0.42	有细微裂缝，其长度和宽度都很小，锤击无空声
Ⅱ	0.38	裂缝宽度、长度均较大，锤击墙面有空声
Ⅲ	0.35	出现环形裂缝，有时环形较完整，有时只有一部分，有少量混凝土块沿环形裂缝脱落

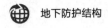

地下防护结构

续表

破坏级别	K_z	结构内表面破坏现象
IV	0.32	菱形网破裂,有少量混凝土块震塌,没有菱形网之碎石混凝土发生混凝土脱落
V	0.29	产生震塌漏斗坑,混凝土大块被震塌,碎块以高速向后飞散

注:混凝土抗爆炸局部破坏不震塌系数取相同破坏级别钢筋混凝土 K_z 的1.25倍。

2. 块石(土)和钢筋混凝土两层材料结构

对于有块石(土)等回填层的钢筋混凝土防护结构,当常规武器弹丸在回填层爆炸时(图3.11)且 $H<0.6r_p$ 时,结构内表面不震塌临界厚度按式(3-28)计算。

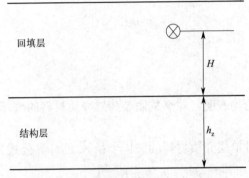

图3.11 装药在回填介质中爆炸

$$h_z=mK_{z2}\sqrt[3]{C}-H\frac{K_{p2}}{K_{p1}} \tag{3-28}$$

式中 h_z——结构层(钢筋混凝土)介质厚度(m);

  K_{z2}——结构层介质的不震塌系数;

  H——装药中心至第一层介质下表面的距离(m)。

3.3.5 装药形状对爆炸破坏效应的影响

以上讨论的均是球形装药,但常规武器弹丸内的装药实际上不是球形装药,一般具有圆锥形头部的柱状装药。装药的高径比(l_0/d_0)在2~6倍左右。装药和目标的相对位置(垂直、平卧或与目标成一定角度)不同时,对目标的破坏效果不同,下面分别讨论。

1. 装药垂直目标表面爆炸

试验发现,柱状装药垂直目标表面爆炸,l_0/d_0 由1增加到2时(图3.12),爆炸漏孔坑深度仅增加11%~17%。当 $l_0/d_0=3$ 以上时,爆坑深度增加就很少了。由此说明,对目标的破坏起有效作用的装药,主要是贴近目标表面的高度与直径相当或稍高一些的那一段装药。这部分的高度称为"有效装药高",其重量称为"有效装药量"。

试验表明,对于无弹壳的柱状装药在混凝土、黏土和砂土表面爆炸时,有效装药高为 $1.8d_0$。对于有弹壳的炮航弹等常规武器,设计中可取高为弹丸装药直径的那一段炸药作为有效装药。

因此,柱状装药垂直目标表面爆炸时,有效装药量可按下式计算:

62

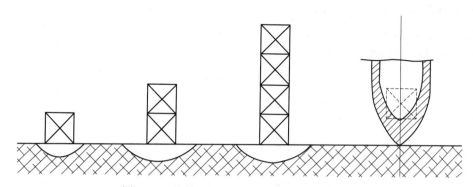

图 3.12　装药形状（垂直）对爆炸效果的影响

$$C_x = \gamma S h_x = \frac{1}{4} \gamma \pi d_0^2 h_x \qquad (3\text{-}29)$$

式中　C_x——有效装药量（kg）；

　　　S——圆柱面面积（m^2）；

　　　h_x——装药有效高度（m）；

　　　γ——炸药密度（kg/m^3）。

于是，对常规武器弹丸，则有：

$$C_x = \frac{1}{4} \gamma \pi d_0^3 \qquad (3\text{-}30)$$

此时，$d_0 = d - 2\delta$，d 为弹径（m），δ 为弹壳厚度（m）。

将 C_x 转换为等效 TNT 药量后取代压缩半径、破坏半径及震塌半径公式中的 C 后就得到有效装药量计算的压缩半径、破坏半径及震塌半径。

2. 装药平行于目标表面爆炸

试验表明，平行于目标表面的装药，当装药长度增加时爆炸漏斗坑的深度也随之增加，但当 $l_0/d_0 \geqslant 3.5$ 以后爆坑深度就不再增加（图 3.13）。当 $l_0/d_0 < 3.5$ 时，圆柱形装药平行目标爆炸形成的爆坑，与同重量的集团装药爆炸形成的爆坑相近。实弹试验也取得大致相同的结果。

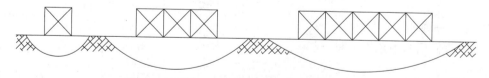

图 3.13　装药形状（平卧）对爆炸效果的影响

因此，有：

1）当 $l_0/d_0 \geqslant 3.5$ 时，取有效装药长度 $l_x = 3.5 d_0$；

2）当 $l_0/d_0 < 3.5$ 时，取全部装药量进行计算，即所谓按集团装药计算。

按有效装药计算时，有效装药量按下式计算：

$$C_x = \frac{3.5}{4} \gamma \pi d_0^3 \qquad (3\text{-}31)$$

3. 装药与目标成一定角度时

当 $l_0/d_0 \geqslant 3.5$ 时按有效装药量，有效装药量按下列公式计算：

1）命中角 $\alpha \leqslant 15°$ 时，按装药垂直目标计算

$$C_x = \frac{1}{4} \gamma \pi d_0^3 \tag{3-32}$$

2）命中角 $15° < \alpha \leqslant 90°$ 时

$$C_x = \frac{1}{4} \gamma \pi d_0^3 (1 + 2.5 K_b \sin\alpha) \tag{3-33}$$

式中 K_b——偏转系数。

当 $l_0/d_0 < 3.5$ 时，按集团装药，取全部装药量计算。

通过对常见炮航弹装药尺寸的分析表明，除部分低阻式爆破弹 l_0/d_0 在 4~5 左右，其他弹种的 l_0/d_0 一般都不超过 3.5。因此除低阻式爆破弹必要时可按有效装药计算，其他弹种则可按集团装药处理，而对于 l_0/d_0 较大的其他新型弹种，则按照本节规定计算有效装药量。但在土壤中爆炸由于填塞的影响，炮航弹等常规武器按集团装药计算，包括低阻式爆破弹也宜视为集团装药，这样做是偏于安全考虑的。

3.3.6 装药中心高度的计算

计算压缩半径、破坏半径及震塌半径都是从装药中心算起的。对于无弹壳装药，装药中心就是其几何中心。而常规武器弹丸都包有弹壳，且头部为卵圆形或锥形的近似圆柱状装药。其装药中心 e 高度可近似按下列方法确定。

1. 常规武器装药按集团装药计算

当常规武器垂直于目标表面爆炸时：

$$e = \frac{l}{2} \tag{3-34}$$

式中 l——弹体长。

当常规武器平卧于目标表面爆炸时：

$$e = \frac{d}{2} \tag{3-35}$$

式中 d——弹径。

当常规武器命中角为 α 时：

$$e = \frac{l}{2} \cos\alpha \tag{3-36}$$

当常规武器命中角为 α 且侵入目标时：

$$e = \frac{l}{2} K_b \cos\alpha \tag{3-37}$$

2. 常规武器装药按有效装药计算

当垂直于目标爆炸时：

$$e = 1.0 d_0 \tag{3-38}$$

当平卧于目标爆炸时：

$$e = \frac{d}{2} \tag{3-39}$$

以上介绍了爆炸局部破坏作用的有关基本原理和基本计算公式，防护结构各部分构件抗爆炸局部破坏作用的具体设计计算，将在以后的相关章节中介绍。

3.4　防护工程抗侵彻与爆炸作用的材料与技术

面对侵彻能力越来越强、爆炸威力越来越大的常规武器作用，采用混凝土等传统工程材料或技术措施等难以与之有效抗衡，必须研究抗侵彻与爆炸作用能力强的新材料和新技术。试验研究表明，一方面，提高材料的强度、硬度和韧性能有效增加其抗侵彻爆炸能力。另一方面，采用新技术，如先进的结构技术、偏航技术、引爆技术等，也可以极大地增强抗侵彻爆炸能力。下面介绍近年来抗侵彻与爆炸作用的一些新材料与新技术。

3.4.1　抗侵彻与爆炸作用的材料

1. 高强混凝土

研究表明，混凝土强度是影响弹体侵彻深度的一个重要因素。随着混凝土强度提高，可有效减小弹体侵彻深度，但降低幅度越来越小（图 3.14），图中相对侵彻深度是对不同强度混凝土的侵彻深度与对 30MPa 混凝土的侵彻深度的比值。

从图 3.14 中可以看出，在 30～150MPa 范围内，弹体相对侵彻深度从 1.0 降低到约 0.4，也即侵彻深度降低比较明显；然而当抗压强度超过 150MPa 时，弹体相对侵彻深度显著减小。另外，随着高强混凝土的抗压强度提高的同时，其脆性也相应增强。因此，对于混凝土材料来说，抗侵彻性能并不是越高越好。

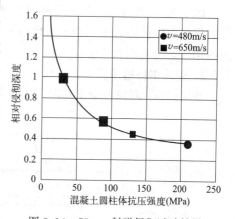

图 3.14　75mm 射弹侵彻试验结果

2. 钢纤维混凝土

普通混凝土存在两个明显的缺点：一是抗压性能好而抗拉性能差，抗拉强度通常约为抗压强度的 1/10 左右；二是韧性不足，达到极限强度后很快破坏。钢纤维的掺入弥补了普通混凝土的不足，大幅度提高了混凝土的抗拉和韧度，可有效阻止了因侵彻爆炸作用而产生的混凝土完全破坏与粉碎。同时，由于纤维的存在，混凝土中的裂缝会因纤维的拉拔作用和粘结脱离作用而不能自由扩展，结果在材料发生完全开裂之前，吸收了大量的能量。

钢纤维混凝土随着钢纤维体积含量的提高，抗压强度、抗弯强度和韧性均有不同程度提高，且不同外形钢纤维增强与增韧效果有差异，其中端钩形和长直形较好。由于高含量钢纤维混凝土具有较高的抗压强度和良好的延性，其抗侵彻爆炸能力要优于普通混凝土和钢筋混凝土。

3. 水泥灌注纤维混凝土 SIFCON

当掺入到混凝土中的钢纤维含量较高时，便难以采用正常的搅拌施工方法。美国空军武器实验室研发了新的施工工艺，即先将钢纤维散布于模板内，然后灌注水泥砂浆成型。采用这种施工工艺得到的钢纤维混凝土即被称为水泥灌注纤维混凝土（Slurry Infiltrated Fiber Concrete，简称SIFCON）。用这种方法可以得到较高的钢纤维密度，其钢纤维体积含量最高可达27%，一般为5%～20%。

试验表明，相对于普通混凝土或钢筋混凝土，水泥灌注纤维混凝土钢纤维体积含量较高，可以极大地改进混凝土的强度和延性，也使得其断裂性能明显提高，可比普通混凝土提高两个数量级，从而吸收更多的冲击爆炸能量；具有很强的抗裂缝扩展能力，能阻止混凝土开裂，消除剥落，降低破坏范围和破坏程度。

4. 活性粉末混凝土 RPC

活性粉末混凝土是继高强、高性能混凝土后，于20世纪90年代由法国BOUYGUES公司率先开发出的一种超高强、高韧性、高耐久、体积稳定性良好的新型水泥基复合材料。该复合材料通过使用硅粉替代粗骨料、增加组分细度提高材料密实度、采用高效减水剂降低水胶比和孔隙率、掺入微细钢纤维以及添加活性粉末增加反应活性以增强纤维和基体材料间的粘结力。因此该新型水泥基复合材料就被称为活性粉末混凝土（Reactive Powder Concrete，简称RPC）。

目前，国内外应用微硅粉及其他辅助材料，用普通高强度等级水泥配制出了活性粉末混凝土，其28d抗压强度可以达到200MPa，有的甚至高达600～800MPa，其中200MPa左右的RPC已在实际工程中得到了应用。

由于RPC具有较高甚至超高的强度以及优良的韧性，其抗侵彻爆炸能力强。如曾进行的模拟大口径弹对200MPa活性粉末混凝土大型靶体的侵彻试验中，RPC的抗侵彻能力约是普通混凝土的3倍。

5. 钢球钢纤维混凝土

所谓钢球钢纤维混凝土，在钢纤维混凝土上部区域铺设一层或数层的钢球（图3.15）。

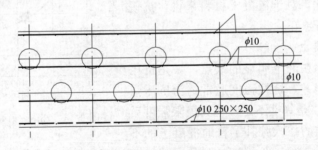

图3.15 钢球钢纤维混凝土示意图

试验结果表明，含钢球的钢纤维混凝土抗侵彻性能要大大优于钢筋混凝土，含钢球的钢纤维（平直型）混凝土抗弹体侵彻深度比同强度等级的钢筋混凝土减小35%以上。这是因为钢球的存在加剧了弹体的偏转和滞速，对减小侵彻深度具有重要的作用；另外钢纤维的存在，提高了混凝土的抗裂韧性，能阻止裂纹快速发展，并阻碍弹丸旋转侵彻，从而降低破坏范围。

6. 刚玉块石混凝土

在混凝土表面布置硬度极高的刚玉块石，使得弹体在撞击时就发生破碎解体或回弹或阻止弹丸侵彻。例如，采用显微硬度为 2000～2200kg/mm^2，莫氏硬度为 9 的刚玉块石，在 125mm 炮侵彻试验中，当弹体以速度 340m/s 撞击刚玉块石混凝土靶体时，弹头破碎弹尾回弹，当弹体以速度 510m/s 撞击刚玉块石混凝土靶体时，弹体基本破碎，弹尾剩余部分回弹距离加大。

3.4.2　抗侵彻与爆炸作用的技术

1. 混凝土栅板

美国军方研究了一种混凝土栅板结构（图 3.16），用来使弹体产生偏航，降低其侵彻能力。美国海军曾于 1991 年和 1992 年用混凝土栅板做了一系列抗侵彻试验。栅板结构有方孔、圆等多种形式，混凝土增强材料包括无钢筋、含单层钢筋、双层钢筋、钢纤维、尼龙纤维等多种。试验研究了栅板的几何形状和材料对弹体旋转量的影响。纤维可以提高混凝土结构的整体性，且提高结构韧度，延长结构破坏时间，因而，提高了弹体与栅板的接触时间，使弹体旋转的反力冲量增大，导致弹体旋转量增加，弹体偏航。韧度较好的尼龙纤维混凝土比钢纤维混凝土效果好，可以吸收更多的能量。采用栅板后，混凝土量减少17％，体积减小 22％。

图 3.16　混凝土栅板结构示意图

2. 三角形中空梁板

在对防护措施的有效性（使弹体偏离、破坏、停滞）和实用性（材料、施工、造价、修复）评估基础上，美国应用研究公司认为多层三角形中空梁板的方案抗侵彻效果较好。单层三角形中空梁板见图 3.17。美国工程兵水道试验站试验结果表明，采用两层交叠的钢筋混凝土中空梁板对于弹体的偏转和滞速作用效果较好。

3. 钢棒偏航装置

在弹体撞上靶板之前设法使其偏航，能较大地影响其侵彻深度。另外，撞击时弹壳所受到的非对称应力更容易使弹体发生破坏。美国陆军工程兵水道试验站 1992 年曾用钢棒制作的偏航装置进行试验，结果表明，该装置对钻地弹偏航效果明显，特别是对长径比较小的钻地弹偏航是非常有效的，同时钢棒使弹体受到不对称荷载作用，从而促使弹体绕其重心旋转并容易造成弹体的破坏。

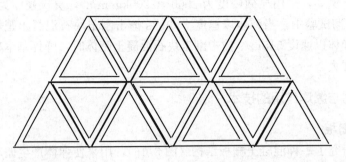

图 3.17　单层三角形中空梁板

4. 表面异形偏航板

表面异形偏航板通常由高强钢板整体压制而成，表面有突出的球体、圆锥体等形成异形（图 3.18），也有采用表面凸起的球墨铸铁（图 3.19）。

异形偏航板的抗侵彻机理与钢球层类似，但由于其是整块铸造而成，整体性好，弹丸偏转角较大，通常在 20°～35°以上，或使弹体发生破坏。但由于偏航板厚度有限，常铺设数层或铺在钢筋混凝土或钢纤维混凝土上部形成组合防弹层。

图 3.18　表面异形偏航板

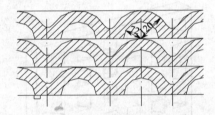

图 3.19　球墨铸铁

5. 反应式遮弹技术

反应式遮弹技术是指在靶体表面布置聚能装药探测装置，当来袭弹丸接触靶体表面时，探测装置引爆聚能装药使其产生聚能射流摧毁弹丸。通常该系统由探测装置、控制装置、聚能装药等组成。

反应式遮弹技术与传统的遮弹技术防护机理不同。传统的遮弹技术是依靠材料的物理力学性能（如介质的密度、硬度、韧性和强度）和厚度来吸收弹丸的动能，防止弹丸的侵彻，使弹丸停止在遮弹层中爆炸；而反应式遮弹技术靠的是聚能装药爆炸产生的能量引爆弹丸，达到阻碍弹丸侵彻的作用。

6. 钢板夹层混凝土结构或内贴钢板的钢筋（钢纤维）混凝土结构

由于混凝土板或钢筋混凝土板抗震塌性能较差，根据冲击爆炸震塌作用机理，在板的底部或上下表面粘贴钢板形成钢板混凝土组合结构，可显著提高其抗侵彻爆炸能力。

工程实践表明，结构内衬钢板，即在结构内表面粘贴或用锚杆（抗剪销钉）锚上一层钢板是提高已建工程结构抗爆炸震塌效应的一种行之有效的方法（图 3.20）。此外，内贴钢板还具有阻碍爆炸冲击产生的塞块或碎块的运动，防止爆炸震塌块飞散的作用。

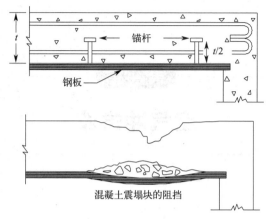

图 3.20　内贴钢板的钢筋混凝土结构

思考题

3-1　简述冲击、爆炸对混凝土板的局部破坏现象。

3-2　试说明整体破坏作用与局部破坏作用的区别。

3-3　影响冲击侵彻深度的主要参数是什么，各有什么物理意义？

3-4　常规武器冲击与爆炸对结构破坏作用的区别是什么？

计算题

3-1　整体式小跨度结构防护工程，顶板材料为 C40 钢筋混凝土，顶板厚度 3m，MK83（表 3.2）侵彻深度为 0.7m，试问顶板是否可以满足不震塌（震塌系数取 0.42）厚度要求。

计算题 3-1 用表　　　　　　　　　　　　　　　　　　　　表 3.2

弹型	弹质量 P(kg)	弹径 d(m)	弹体长 L(m)	装药量 C_0(kg)	当量系数 β	L_r/d	弹壳厚 (cm)
MK83	447	0.356	1.86	202	1.35	1.94	2.0

提示：首先计算侵彻深度、考虑填塞系数下的震塌。

第4章

空气冲击波

4.1 概述

4.1.1 基本概念

1. 声波

如果大气中空气的状态参数（压力 P_0、密度 ρ_0、温度 T_0、质点速度 u_0）没有变化，则空气质点间处于相对静止状态。倘若由于某种原因，局部空气介质状态参数发生变化（扰动），例如由原来的 P_0、ρ_0 增加到 P、ρ，于是这部分空气就要向外扩张，即在合力 P-P_0 作用下向外运动，如图 4.1 所示，从而使得周围相邻的空气介质也受到压缩。被压缩的空气又要向外扩张，又压缩相邻的空气，这样就会连续不断地把空气压缩和运动状态传播出去。这种压缩和运动状态（扰动）在空气中的传播称为空气中的波。在固体和其他流体中也存在类似的波动现象。如果这种波引起介质压力与密度的变化很微小，以致介质在这种压力作用下，其应力应变关系保持线性，则称这种波为弹性波或弱波。空气中传播的声波就是一种弹性波，故有时弹性波也称为广义声波或简称声波。

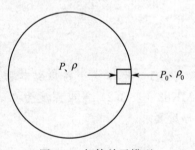

图 4.1　气体单元模型

理论与实验表明：在非线性弹性介质中，声波的传播速度是与介质的状态有关，在压缩比较大（压力和密度比较大）的介质中，声波的传播速度也比较大，反之则较小。标准大气条件下空气中声波的传播速度为 340m/s。

2. 空气冲击波

若空气中有一有限区域，其压力较周围大气压力的变化不是无限小，而是一个有限幅度的压力扰动，这种扰动的传播就会在空气中形成空气冲击波。也就是说有限幅值的压力波在空气中传播会产生冲击波。空气冲击波是一种局部空气前边界处形成压力（密度、质点速度）的突跃（强间断）状态的传播过程。参数突变区域的前边界，称为冲击波的波阵面。空气冲击波具有陡峭波阵面，压力陡然增加到最大。

空气冲击波的产生，相对于空气中的声波，是由于有限幅值的压力波在空气中传播的结果。由于它的幅值已不是如声波那样可看作为无限小，在有限幅值的压力作用于空气介质时，空气的应力变形状态已不保持为弹性，因而不符合胡克定律。由于空气的状态方程有如图 4.2 所示的基本形态，由此导致了冲击波的产生。也就是说，有限幅值的压力波在空气中传播必然导致产生冲击波的根本原因是空气的状态方程所决定的，只要状态方程的曲线上凹，有限幅值压力波的传播，就会导致冲击波的产生。而水等流体也具有类似的状态方程，有限振幅的波在水中传播时也会产生水中冲击波。而非饱和土一般不具有这种特性，因而在非饱和土中不会产生土冲击波。由于饱和土具有与水类似的状态方程，因而将产生土冲击波，这在后面的章节里还要详细分析。

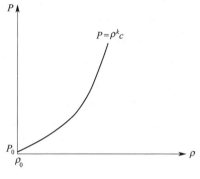

图 4.2　空气的状态方程曲线

4.1.2　空气冲击波的产生

炸药爆炸或核爆炸都会产生空气冲击波。

1. 化学爆炸

炸药点火后，炸药几乎瞬时转变成高温、高压的气体，爆轰产物猛烈膨胀，压缩周围空气介质，并推动周围空气向外运动。如上所述，经过很短的时刻，就形成压力突跃的阵面，即此强扰动以激波形式在空气中传播。爆轰产物的膨胀，不断地供给冲击波以能量，推动冲击波以一定的速度向前传播。随着爆轰产物的膨胀体积越来越大，其能量分布在更大的范围内，能量密度就逐渐变小，因而爆轰产物的压力、温度和运动速度不断下降，随之供给冲击波的能量也逐渐减小，当爆轰产物内的压力下降到与大气压力差不多，就不再继续膨胀，以后冲击波就脱离爆轰产物向前运动而在尾部形成稀疏区，稀疏区中的压力低于大气压力；同时，随着空气冲击波的不断向前传播，空气冲击波波阵面面积越来越大，同时被压缩了的空气层越来越厚，因而能量密度也逐渐变小，冲击波阵面的压力就不断下降，其波阵面的传播速度也随之降低。图 4.3 为不同时间点上冲击波压力随距离的变化。

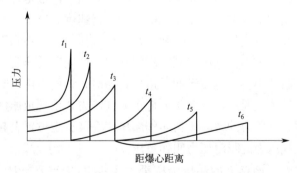

图 4.3　不同时间点上冲击波压力随距离的变化

2. 核爆炸

核反应释放的巨大能量使质量不大的弹体蒸汽的温度迅猛上升到数千万摄氏度，压力也相应上升到数百亿个大气压。在这样的高温、高压状态下，弹体物质变成电子和几乎无电子的裸核组成的高温、高压等离子体。该等离子气团在以极高速度向外膨胀的同时，向周围放出软 X 射线为主的热辐射，使冷空气加热和增压。这个初始的灼热的空气区迅速向外扩张。冷空气对软 X 射线是如此的不透明，以致在外部冷空气和内部热空气之间保持了一个颇为陡峻的快速向外膨胀的阵面，这个阵面便是辐射波的阵面。辐射波阵面内高温、高压的灼热空气是一个温度大致均匀的对称火球（等温球）。火球一面向外发生光辐射，一面快速向外膨胀，同时温度和压力下降。当火球内部温度下降到 80 万℃后，形成一个大约以 40~50km/s 的速度向四周传播的冲击波。对于一枚一百万吨级的核弹，这发生在距弹体约 31m 的半径上。这时的冲击波阵面仍然发光，而且就是火球的阵面。过后，冲击波脱离火球以冲击波的运动规律向前传播出去，如图 4.4 所示。

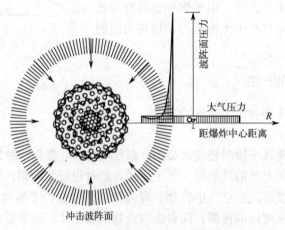

图 4.4　核爆炸冲击波的形成

4.1.3　空气冲击波基本特性

1. 有超压也有负压

冲击波在均匀大气中以超音速（大于未扰动大气中的声速）向四周传播时，好像是一个双层球体。外层是压缩区，其前边界称冲击波的波阵面；内层是稀疏区。冲击波在空气中传播，被它不断俘获的空气将受到压缩、稀疏并获得速度。冲击波波阵面到达未扰动空气的某一固定点时，该点空气的压力在瞬间（在理想气体状态下不到百万分之一秒）即由大气压力增加到压力最大值，空气质点同时瞬间获得一个向前的速度。然后随着压缩区的通过，该点处压力不断减小。当压缩区的后边界到达时，该压力恢复到大气压力，质点速度也逐步降低。随后稀疏波通过，空气压力低于大气压力，出现负压区。

我们把超过周围大气压力的瞬时压力叫作超压，在某给定位置上超压的最大值称为超压峰值。低于周围大气压力的瞬时压力叫作负压。

因为压缩区通过时，该点上的超压 ΔP 都大于零（$\Delta P = P - P_0$，P 为空气绝对压力，P_0 为周围大气初始压力），故压缩区通过的时间称为冲击波的正压作用时间 t_+，当稀疏波通过时，空气压力低于大气压力，稀疏波通过的时间称负压作用时间 t_-。在负压作用时，空气质点获得一个与前进方向相反的速度，如图 4.5 所示。

图 4.5(a) 是冲击波通过某一固定点时的超压随时间的变化规律（时程曲线）。图 4.5

（b）是某一时间，冲击波超压沿离爆心距离的分布规律。随着传播距离的增加，波阵面峰值压力随之减小，持续时间随之增加。

由图 4.5 看出，超压是突然增加的，且峰值较大，而负压变化较为缓慢，峰值也较小。所以一般只考虑正相作用的超压，不考虑负压。但在有些情况下仍需考虑负压，如防护门等防冲击波设备既要抗正压也要抗负压作用。

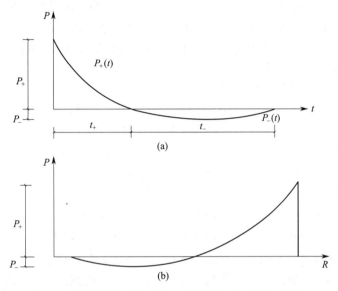

图 4.5　冲击波的时程曲线和压力沿离爆心距离的分布

2. 有动压

空气冲击波传播对空气质点的速度可作如下描述。冲击波阵面到达未扰动空气质点时，质点立即获得一个很大的速度，随着波阵面向前运动，由于波阵面内空气质点运动速度低于波阵面传播速度，因此被波阵面俘获的空气质点总是落在波阵面的后面。空气质点因其速度的不断降低，它很快落在压缩区的后边界上，这时质点的速度已逐渐接近于零。之后质点处于负压区状态下，并开始作反向运动。在反向运动期间，质点运动的速度与空气稀疏程度成正比。

由于冲击波阵面内的空气质点具有速度，因而当它的运动受阻时，这部分动能就要以压力的形式表现出来，这种压力称为动压。动压与空气质点速度的平方成正比。动压表现为一种类似强力风，因而有时称动压为拖曳力。由于给定点处动压随时间的变化相应于风速变化，因此动压随时间的下降速率比超压要大。当超压下降为零时，空气粒子产生的风速因惯性而不会立即变为零，故动压正相持续时间要比超压正相持续时间长一些，而动压负相持续时间将比超压负相持续时间短一些。同样，动压对防护结构产生的破坏作用，一般发生在冲击波动压正相作用期间。

冲击波到达时，空气中的物体即会受到超压的作用；而动压是一种潜在的能量，仅当波阵面内质点运动受阻时，才会显现出来。空气冲击波沿地面传播时，地面只受到超压作用，动压不表现出来。冲击波横向作用于细长的电线杆上时，超压的作用使电杆受到均匀轴向压力，这在工程上常常可以忽略，而由于空气质点的运动受到电线杆的阻挡，使电线杆受到横向作用的动压作用。因此，对细长杆状筒状结构，如悬索电线、斜拉桥、桁架桥、烟囱等，动压将成为破坏效应的控制参数。

此外，确定空气冲击波对防护结构效应的另一个重要参数往往是冲量。冲量等于冲击波超压时程曲线下的面积。

因此，空气冲击波的基本参数主要有：冲击波超压峰值或波阵面超压 ΔP_+，$\Delta P_+ = P_+ - P_0$，P_+ 为波阵面的绝对压力，P_0 为大气压力；冲击波负压峰值或负超压 ΔP_-，$\Delta P_- = P_0 - P_-$，P_- 为冲击波稀疏区（负压区）最大绝对压力；冲击波正压作用时间及负压作用时间 t_+ 及 t_-；冲击波超压（正相）随时间的变化规律（时程曲线）$\Delta P_+(t)$；冲击波动压 q、冲量 i 等参数。

3. 遇孔入射，遇障碍反射、绕射

空气冲击波遇到孔口时，由于孔口内外空气压力不一样，必然导致空气冲击波的入射，并在孔口内传播。这就是为什么防护工程的口部要安装防冲击波的防护设备或设施的原因。空气冲击波遇到障碍时，高速运动的空气质点受到阻滞，空气变密，超压必然增大，这种现象称为反射。同时，压力大的、密度高的空气必然向压力小的、密度低的流动，在障碍拐角处发生绕射。

核爆空气冲击波与炸药爆炸空气冲击波都是瞬时产生的，具有上述的空气冲击波相同的基本特性，但由于爆炸机制以及冲击波形成不同，两者有差别。核爆空气冲击波作用时间较长，一般为几百毫秒至数秒。炸药爆炸空气冲击波，与核爆空气冲击波相比较，其正压作用时间短得多，一般仅数毫秒或数十毫秒。由于作用时间的差异，核爆空气冲击波衰减慢，遇孔入射、绕射能力强；炸药爆炸空气冲击波衰减快，遇孔入射、绕射能力弱，负压低，但结构反弹作用大。

4.2 空气冲击波传播规律

4.2.1 波阵面上冲击波诸参数与超压的关系

稳定传播的波阵面前后的空气参数间，存在一种特定的关系。设冲击波阵面上空气压力、密度、温度、质点速度、声速分别为 P_+、ρ_+、T_+、u_+、C_+，波阵面前相应参数为 P_0、ρ_0、T_0、u_0、C_0，波阵面传播速度为 D，如图 4.6 所示。对于处于静止状态的未扰动大气，有 $u_0 = 0$。

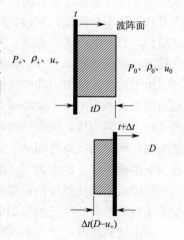

图 4.6 冲击波阵面运动示意图

波阵面前后空气参数间的相互关系，服从波阵面上的三个基本守恒定律，即：

1）质量守恒定律：流入波阵面（间断面）的质量等于流出的质量；

2）动量守恒定律：对某一质量元，前后空气压力的冲量等于该质量空气在波阵面通过前后的动量增量；

3）能量守恒定律：对某一质量元，前后空气压力所做的功，等于该质量空气在波阵面通过前后的内能增量与动能增量之和。

取冲击波阵面在 Δt 时间内通过的质量元（如图 4.6 所示），由质量守恒可得：

$$\rho_0 D = \rho_+ (D - u_+) \tag{4-1}$$

由动量守恒可得：

$$P_+ - P_0 = \rho_0 D u_+ \tag{4-2}$$

由能量守恒可得：

$$P_+ u_+ \Delta t = \Delta E \cdot m + \frac{m}{2}(u_+^2 - u_0^2) \tag{4-3}$$

式中　m——质量元的质量，$m = \Delta t D \rho_0$；

　　　E——单位质量空气的内能，$E = \dfrac{P}{(K-1)\,\rho}$；

　　　K——空气的绝热指数。

所以又有：

$$\Delta E = \frac{P_+}{(K-1)\rho_+} - \frac{P_0}{(K-1)\rho_0} \tag{4-4}$$

将式(4-4)代入式(4-3)并联立求解上述式(4-1)～式(4-3)，可得：

$$u_+^2 = (P_+ - P_0)\left(\frac{1}{\rho_0} - \frac{1}{\rho_+}\right) \tag{4-5}$$

$$\frac{\rho_+}{\rho_0} = \frac{(K-1)P_0 + (K+1)P_+}{(K-1)P_+ + (K+1)P_0} \tag{4-6}$$

上式称为冲击绝热方程，又称兰金-雨贡纽方程。其物理意义是说明一个稳定传播的冲击波，波阵面前后的参数必须满足上式的关系（动力相容条件），换言之，不满足上式的冲击波是不可能形成的。

考虑到超压 $\Delta P_+ = P_+ - P_0$，上式可化为：

$$\frac{\rho_+}{\rho_0} = \frac{1 + \dfrac{K+1}{2K} \cdot \dfrac{\Delta P_+}{P_0}}{1 + \dfrac{K-1}{2K} \cdot \dfrac{\Delta P_+}{P_0}} \tag{4-7}$$

由此可进一步推得一系列用超压 ΔP_+ 表示的波阵面上的诸参数关系式。

$$u_+ = \frac{C_0}{K} \frac{\dfrac{\Delta P_+}{P_0}}{\sqrt{1 + \dfrac{K+1}{2K} \cdot \dfrac{\Delta P_+}{P_0}}} \tag{4-8}$$

$$D = C_0 \sqrt{1 + \frac{K+1}{2K} \cdot \frac{\Delta P_+}{P_0}} \tag{4-9}$$

$$C_+ = C_0 \sqrt{\frac{\left(1 + \dfrac{\Delta P_+}{P_0}\right)\left(1 + \dfrac{K-1}{2K} \cdot \dfrac{\Delta P_+}{P_0}\right)}{1 + \dfrac{K+1}{2K} \cdot \dfrac{\Delta P_+}{P_0}}} \tag{4-10}$$

$$T_+ = T_0 \left(1 + \frac{\Delta P_+}{P_0}\right) \frac{1 + \frac{K-1}{2K} \cdot \frac{\Delta P_+}{P_0}}{1 + \frac{K+1}{2K} \cdot \frac{\Delta P_+}{P_0}} \tag{4-11}$$

在很大范围内，均有 $K = 1.4$；在标准大气条件下，有 $P_0 = 0.10$MPa、$\rho_0 = 1.23$kg/m^3、$T_0 = 288$K、$C_0 = 340$m/s。现将冲击波阵面上一些参数的部分计算数值列于表 4.1 中。

由表 4.1 可见冲击波阵面均以超音速传播，波阵面上质点速度则小于波阵面速度。

冲击波阵面参数计算参数（$K = 1.4$）　　　　　　表 4.1

ΔP_+(MPa)	D_+(m/s)	u_+(m/s)	C_+(m/s)	ρ_+(kg/m^3)	T_+(K)	q(MPa)
0.0	340	0	340	1.23	288	0
0.1	460	174	377	2.01	353	0.03
0.5	772	518	471	3.81	552	0.51
1.0	1040	772	562	4.89	787	1.46
2.0	1430	1120	710	5.85	1250	3.66
3.0	1730	1380	832	6.29	1700	6.04

4.2.2　爆炸相似律

爆炸相似律主要是阐明相似的爆炸现象之间的规律性。根据爆炸相似律，可以将模型装药（一种 TNT 当量）爆炸所获得的爆炸结果，换算为原型装药（另一种 TNT 当量）的爆炸结果。

爆炸相似律可表述为：如果模型与原型为同一种装药，在相同的初始大气条件下，当装药几何相似时，则在几何相似的距离上爆炸压力相等，时间特征量之比等于几何相似比（模型比例）。其物理含义可以用图 4.7 说明，图中 C_L 是模型比例。

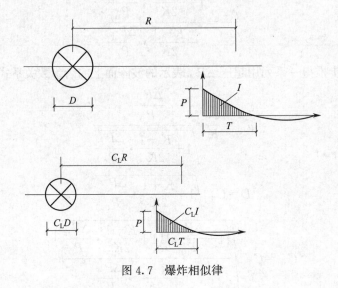

图 4.7　爆炸相似律

由于装药半径 R_0（或直径 d）与装药量 W 参数间有 $R_0 \propto \sqrt[3]{W}$ 的关系，因此根据爆炸相似律，在 TNT 装药量（当量）分别为 W_1 和 W_2 的两次爆炸中，若分别距爆心的距离 R_1 和 R_2 符合下列关系，即：

$$C_L = \frac{R_1}{R_2} = \frac{\sqrt[3]{W_1}}{\sqrt[3]{W_2}} \text{或} \frac{R_1}{\sqrt[3]{W_1}} = \frac{R_2}{\sqrt[3]{W_2}} \tag{4-12}$$

则在该相应的距离上，下述关系式成立：

$$\Delta P_{+1} = \Delta P_{+2}（\text{或其他压力参数}）\tag{4-13}$$

$$\frac{t_{+1}}{t_{+2}} = \frac{t_{-1}}{t_{-2}} = \frac{\sqrt[3]{W_1}}{\sqrt[3]{W_2}} \tag{4-14}$$

也即爆炸相似律意味了压力在比例距离处保持不变。

由此可知，如果已知一次典型的装药量（当量）为 W_1 的爆炸结果（试验曲线），欲求给定装药量（当量）为 W_2、爆炸距离为 R_2 处的超压 ΔP_{+2}（或其他压力参数）及正压作用时间 t_{+2}（或其他时间特征量），可先求得相似点的距离 $R_1\left(R_1 = R_2 \cdot \dfrac{\sqrt[3]{W_1}}{\sqrt[3]{W_2}}\right)$，根据已知 W_1 的试验曲线求得 R_1 处的 ΔP_{+1} 及 t_{+1}，进而按下式求得 ΔP_{+2} 及 t_{+2}。

$$\Delta P_{+2} = \Delta P_{+1} \tag{4-15}$$

$$t_{+2} = t_{+1} \cdot \frac{\sqrt[3]{W_2}}{\sqrt[3]{W_1}} \tag{4-16}$$

此外，根据爆炸相似律可推知超压参数和时间特征量参数应是 $\dfrac{R}{\sqrt[3]{W}}$ 的函数，可普遍表示为：

$$\Delta P_+ = f\left(\frac{R}{\sqrt[3]{W}}\right) \tag{4-17}$$

$$t_+ = \sqrt[3]{W} \cdot \varphi\left(\frac{R}{\sqrt[3]{W}}\right) \tag{4-18}$$

式中，f、φ 的函数形式可由理论分析或试验求得。这里，$R/W^{1/3}$ 定义为比例距离，在本书中用符号 λ 表示。同样地，比例作用时间为 $t/W^{1/3}$，比例冲量为 $i/W^{1/3}$。

爆炸相似律意味了峰值压力、比例作用时间以及比例冲量等在比例距离处保持不变。爆炸相似律已被装药重量从几克到上百吨的不同爆炸实验所证实。通过这种相似关系，许多冲击波参数能用简化曲线表达出来。爆炸相似律适用于如下场合：①相同外界条件；②相同装药形状；③相同装药与地面的几何关系。然而，即使条件接近时，采用爆炸相似律仍可得到满意的结果。后面叙述所给出的装药爆炸或核爆炸冲击波参数的计算公式，均符合此规律。

4.3　空气冲击波反射

当自爆心向外传播的空气冲击波与目标表面接触时，将发生波的反射现象并形成反射冲击波，且反射冲击波压力大于入射冲击波压力。随着入射波波阵面传播方向或前进方向与目标表面法向交角不同，可分为规则反射和不规则反射。这个交角也称为入射角。入射角为 0° 时被称为正反射。正反射时将遭受最大反射冲击波压力；当入射角为 90° 时，即入射波阵面传播方向与目标表面平行时，反射冲击波压力最小，此时反射冲击波压力与入射冲击波压力相等。反射波冲击波压力就在这两个极值之间变化。反射压力系数（反射冲击波压力与入射冲击波压力的比值）与入射角 α 和入射冲击波压力大小有关，见图 4.8。

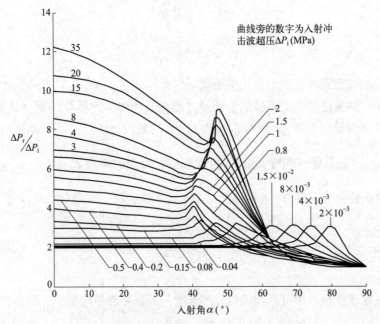

图 4.8　反射压力系数与入射压力及入射角关系

在发生绕流的反射面上，反射压力的作用时间由反射面的大小所确定。高压反射区有向低压区运动的趋势，从而形成了自低压区向高压区传播的稀疏波，它们以反射区的当地音速传播，将反射区压力减小到滞止压力，并与入射波相关的高速气流相平衡。如果不能形成上述的压力释放（如入射波与无限大平面，例如地面发生碰撞），则在入射波的每一点处都发生反射，并且反射压力的持续时间与入射波一致。

4.3.1　正反射

所谓正反射，是指空气冲击波波阵面与目标法向平行。例如在爆心正下方，冲击波阵面的传播方向与地表垂直，发生的就是正反射现象。其他如合成冲击波遇到垂直于冲击波传播方向的地面结构迎爆面墙壁时，以及冲击波在工程出入口的通道内传播遇到防护门或端墙阻挡时，发生的也是正反射。冲击波阵面后的空气质点以很高的速度随波阵面运动。向着目标（地面）传播的冲击波称为入射冲击波。当入射波的波阵面与地表面相遇后，空气质点运动受阻被滞止，于是目标（地表）附近的空气受到挤压使压力升高。这种压力和质点运动速度变化的状态将逐渐反向向上传播，形成反射冲击波，见图 4.9。此时目标（地面）所受的超压就是这种状态的反射冲击波的超压。当入射波压力很高时，正反射压力将远大于入射波压力。

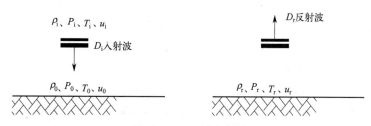

图 4.9　正反射示意图

图 4.9 表示冲击波正反射前后的情景。入射波前大气参数为 ρ_0、P_0、T_0、u_0，入射波阵面后空气参数为 ρ_i、P_i、T_i、u_i。因为地面是不动的，靠近它的空气质点在反射后也应处于静止状态。反射波的传播方向与入射波反向。反射波阵面后空气参数为 ρ_r、P_r、T_r、u_r。显见在反射面上有边界条件 $u_0 = u_r = 0$。

对入射波阵面和反射波阵面分别建立冲击绝热条件（兰金-雨贡纽方程），则有：

$$\frac{\rho_i}{\rho_0} = \frac{(K-1)P_0 + (K+1)P_i}{(K-1)P_i + (K+1)P_0} \tag{4-19}$$

$$\frac{\rho_r}{\rho_i} = \frac{(K-1)P_i + (K+1)P_r}{(K-1)P_r + (K+1)P_i} \tag{4-20}$$

此外，根据式（4-5），在入射波波阵面处有关系式：

$$u_i = \sqrt{(P_i - P_0)\left(\frac{1}{\rho_0} - \frac{1}{\rho_i}\right)} \tag{4-21}$$

如果理解 u_i 为波阵面后空气质点相对于波阵面前空气质点的运动速度，则在反射波阵面处还可建立下式：

$$u_r' = \sqrt{(P_r - P_i)\left(\frac{1}{\rho_i} - \frac{1}{\rho_r}\right)} \tag{4-22}$$

此处，u_r' 是相对于入射波空气质点的运动速度。因为实际上反射波波阵面后空气质点是静止的，所以实际上 u_r' 和 u_i 大小相等，方向相反，即：

$$u_r' = u_i \tag{4-23}$$

得：

$$\frac{\dfrac{P_r}{P_i} - 1}{1 - \dfrac{P_0}{P_i}} = \frac{\dfrac{\rho_i}{\rho_0} - 1}{1 - \dfrac{\rho_i}{\rho_r}} \tag{4-24}$$

将式（4-19）、式（4-20）代入求解并设空气为理想气体（绝热指数 $K=1.4$，$p_0 = 0.1\text{MPa}$），可得：

$$\frac{P_r}{P_i} = \frac{8P_i - 0.1}{0.6 + P_i} \tag{4-25}$$

式中，压力单位为 "MPa"。

又 $P_r = \Delta P_r + 0.1$，$P_i = \Delta P_i + 0.1$，故有：

$$\Delta P_r = \Delta P_i \left(1 + 7\frac{\Delta P_i + 0.1}{\Delta P_i + 0.7}\right) \tag{4-26}$$

或：

$$\Delta P_r = 2\Delta P_i + \frac{6\Delta P_i^2}{\Delta P_i + 0.7} \qquad (4\text{-}27)$$

式中　ΔP_r——反射冲击波压力（MPa）；

　　　ΔP_i——入射冲击波压力（MPa）。

由上式可以看出，对于弱波（很小），正反射超压接近于入射波超压的二倍，对于峰值超压很高的入射波，反射超压可以达到入射超压的 8 倍。当然，在高压、高温下（入射波压力大于 2MPa），空气的绝热指数 K 是变化的，不是常数，也不等于 1.4。高温、高压下反射超压远远大于入射超压的 8 倍，见图 4.8。

对于实际的爆炸冲击波而言，因其作用时间很短，上述正反射时空气被压密，空气质点被滞止，压力升高的状态只能发生在地面附近。在离开地面较远的地方，反射波压力会逐渐下降。

4.3.2　斜反射

在爆心投影点以外的各点，由于入射冲击波波阵面的传播方向与地表面互不垂直，所以被滞止的并非入射波阵面后空气质点的整个运动，而只是垂直于地表面的分运动，这种反射现象称为斜反射。

当入射角从零增加到某个极限角（称为临界角 α_e）止，产生的反射波仅为单一的反射冲击波。爆炸冲击波在地面处这种性质的反射称为规则反射，如图 4.10 所示，距爆心投影点为 $r \leqslant H\tan\alpha_e$ 的地面区域称为规则反射区。在这个区域内的地面工程目标，都要承受两次冲击波作用，即入射冲击波和反射冲击波的作用。

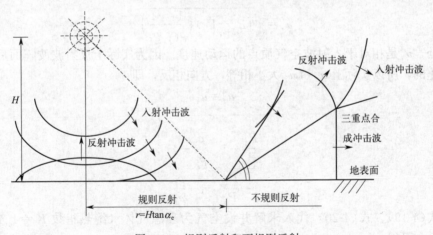

图 4.10　规则反射和不规则反射

4.3.3　马赫反射

由于反射波是在已被入射波压缩过的温度上升的大气中传播，反射波阵面传播速度大于入射波的传播速度。当入射角超过临界角 α_e 时，反射波和入射波开始在地表面汇聚，形成一个新的波阵面，这个波称为合成冲击波，其波阵面称为合成冲击波阵面，又称马赫杆。马赫杆在地面附近垂直于地面。三个波的交汇点叫三重点。随着波的向外传播，反射波赶上入射波的范围逐渐扩大，三重点逐渐上升，合成波阵面的高度也逐渐增大（图4.10）。相应产生新的合成冲击波的这种反射现象称为不规则反射（或称马赫反射），产生这种反射的地面区域称为不规则反射区（或称马赫反射区）。在不规则反射区内的地面工程目标承受沿地面传播的合成冲击波的作用。

4.4　核爆空气冲击波的计算

4.4.1　自由大气中冲击波传播

当核爆炸冲击波未遇到地表面及其他障碍物时，称为自由大气中核爆炸冲击波。其参数是确定核爆炸冲击波遇到地面后参数的基础。

核爆炸冲击波的主要参数有超压、动压、正压作用时间及超压随时间的变化规律（时程曲线）等。由于核爆炸的物理力学过程十分复杂，确定自由大气中核爆炸冲击波参数的影响因素很多，在工程应用上都是基于一定的理论分析（例如考虑核反应过程的辐射流体力学理论），并结合核效应试验实测数据，建立半理论半经验的计算公式。

1. 冲击波阵面超压峰值 ΔP_i

当 $7.1 \leqslant R/W^{1/3} < 18.8$ 时：

$$\Delta P_i = 1.164 \times 10^6 \left(\frac{W^{1/3}}{R}\right)^{3.45} \tag{4-28}$$

当 $18.8 \leqslant R/W^{1/3} \leqslant 3500$ 时：

$$\Delta P_i = 3.04 \times 10^5 \left(\frac{W^{1/3}}{R}\right)^3 + 1.96 \times 10^2 \left(\frac{W^{1/3}}{R}\right)^{3/2} \tag{4-29}$$

式中　ΔP_i——冲击波阵面超压峰值（MPa）；

R——距爆心的距离（m）；

W——核武器的 TNT 当量（kt）。

2. 正压作用时间 t_+

当 $R/W^{1/3} < 40$ 时：

$$t_+ = 155W^{1/3} \tag{4-30}$$

当 $40 \leqslant R/W^{1/3} < 110$ 时：

$$t_+ = 600W^{0.455}R^{-0.366} \tag{4-31}$$

当 $110 \leqslant R/W^{1/3} < 350$ 时：

$$t_+ = 3.0W^{0.0833}R^{0.75} \tag{4-32}$$

当 $350 < R/W^{1/3} \leqslant 1000$ 时：

$$t_+ = 18.9W^{0.189}R^{0.434} \tag{4-33}$$

式中　t_+——冲击波正压作用时间（ms）。

3. 冲击波阵面动压峰值 q_f

冲击波阵面动压峰值 q_f 与超压峰值 ΔP_i 的关系如下：

当 $\Delta P_i < 1.0$ 时：

$$q_f = \frac{2.5\Delta P_i^2}{\Delta P_i + 0.7} \tag{4-34}$$

当 $1.0 \leqslant \Delta P_i \leqslant 1200$ 时：

$$q_f = \frac{0.16\Delta P_i + \Delta P_i^2}{0.653 + 0.213\Delta P_i} \tag{4-35}$$

式中　q_f——冲击波阵面动压峰值（MPa）。

4. 冲击波超压随时间变化规律 $\Delta P(t)$

冲击波到达某固定点时，超压随时间的变化规律（超压波形）的表达式为：

当 $0.01 \leqslant \Delta P_i \leqslant 0.2$ 时：

$$\Delta P(t) = \Delta P_i \left(1 - \frac{t}{t_+}\right) e^{-\gamma t/t_+} \tag{4-36}$$

式中，$\gamma = 4.36\Delta P_i^{0.477}$。

当 $0.2 < \Delta P_i \leqslant 1200$ 时：

$$\Delta P(t) = \Delta P_i \left(1 - \frac{t}{t_+}\right)(ae^{-\alpha t/t_+} + be^{-\beta t/t_+}) \tag{4-37}$$

式中，$a = 0.5e^{-1.53\Delta P_i} + 0.25$，$b = 1 - a$，$\alpha = (4.52e^{-1.43\Delta P_i} + 1.43)\Delta P_i^{0.87}$，$\beta = 20.8\Delta P_i^{0.93}$，$t$ 为从冲击波到达时开始的时间（ms）。

5. 正压冲量

当 $7.1 \leqslant R/W^{1/3} < 1000$ 时：

$$I_+ = 1.25\frac{W^{2/3}}{R} \tag{4-38}$$

式中　I_+——正压冲量（MPa·s）。

4.4.2　空中爆炸时地面冲击波参数

空中核爆炸总是在有限高度上进行的，在核爆炸以后，冲击波先在自由大气中传播，经过一段短暂时间，冲击波阵面的球半径逐渐加大，并超过爆炸高度 H，这时自由大气中的入射冲击波开始与地面相互作用，正反射区域、规则反射区域以及马赫反射区域等各区域地表面所受的冲击波参数称为地面冲击波参数。

核爆炸地面冲击波参数是防护结构设计依据的重要指标之一。

1. 地面冲击波超压峰值 ΔP_m

地面空气冲击波阵面超压应按下列公式计算：

当 $R/H \leqslant 1$ 时：

$$\Delta P_m = \left(2 + \frac{6\Delta P_i}{\Delta P_i + 0.7}\right)\Delta P_i \tag{4-39}$$

当 $1 < R/H \leqslant 5$ 时：

$$\Delta P_m = \left(1.08 - 0.08\frac{R}{H}\right) \cdot \left(2 + \frac{6\Delta P_i}{\Delta P_i + 0.7}\right)\Delta P_i \tag{4-40}$$

当 $R/H > 5$、$r/W^{1/3} \leqslant 96$ 时：

$$\Delta P_{\mathrm{m}} = 1.716 \times 10^3 \left(\frac{W^{1/3}}{r} \right)^2 + 7.31 \times 10^5 \left(\frac{W^{1/3}}{r} \right)^3 \tag{4-41}$$

当 $R/H > 5$、$96 < r/W^{1/3} \leqslant 1080$ 时：

$$\Delta P_{\mathrm{m}} = 10.93 \left(\frac{W^{1/3}}{r} \right) + 1.326 \times 10^3 \left(\frac{W^{1/3}}{r} \right)^2 + 6.6 \times 10^5 \left(\frac{W^{1/3}}{r} \right)^3 - 0.0016 \tag{4-42}$$

当 $R/H > 5$、$r/W^{1/3} > 1080$ 时：

$$\Delta P_{\mathrm{m}} = 6.43 \left(\frac{W^{1/3}}{r} \right) + 4.8 \times 10^3 \left(\frac{W^{1/3}}{r} \right)^2 \tag{4-43}$$

式中　ΔP_{m}——地面空气冲击波超压（MPa）；

　　　ΔP_{i}——入射冲击波超压（MPa），应按式（4.28）、式（4.29）计算；

　　　R——计算点至爆心投影点的水平距离（m）；

　　　H——爆高（m）；

　　　r——计算点至爆心的距离（m）。

2. 地面冲击波正压作用时间

地面冲击波正压作用时间可取自由大气中核爆炸入射波正压作用时间，可按式(4-30)～式(4-33) 计算。

地面冲击波超压随时间的变化规律可近似认为与入射冲击波相同，一般是按指数规律变化。工程设计中，地面空气冲击波超压波形，可在峰值压力处按切线或按等冲量简化成无升压时间的三角形，见图 4.11。图 4.11 中，t_1 为按切线简化的等效正相作用时间，t_2 为按等冲量简化的等效正相作用时间，t_+ 为地面空气冲击波正压作用时间。对于工程设计而言，在核爆炸情况下，t_1 与 t_2 影响不大。

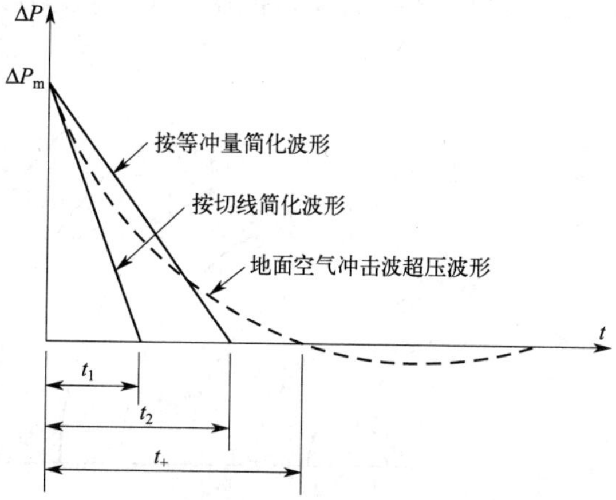

图 4.11　超压波形按切线或按等冲量简化波形

3. 地面冲击波动压峰值 q_{f}

地面冲击波动压是入射的地面冲击波将遇到障碍物（地面）反射时，由于速度被滞止转化而来的压力，其基本计算公式为：

$$q_{\mathrm{f}} = \frac{1}{2} \rho u^2 \tag{4-44}$$

式中　ρ——地面冲击波阵面质点密度；

　　　u——被滞止方向上的质点速度。

工程上地面空气冲击波水平动压按下列公式计算。

规则反射区：

$$q_f = \frac{2.5\Delta P_i^2}{0.7+\Delta P_i} \times \frac{0.7+6\Delta P_i+\Delta P_m}{0.7+\Delta P_i+6\Delta P_m} \times \frac{\sin^2(\alpha_0+\alpha_2)}{\cos^2\alpha_2} \tag{4-45}$$

$$\alpha_0 = \arctan(R/H) \tag{4-46}$$

$$\alpha_2 = \arccos\left[\frac{\Delta P_i\cos\alpha_0}{\Delta P_m-\Delta P_i} \times \left(\frac{0.7+\Delta P_i+6\Delta P_m}{0.7+\Delta P_i}\right)^{0.5}\right] \tag{4-47}$$

式中　　q_f——地面空气冲击波水平动压（MPa）；

α_0——入射角（°）；

α_2——反射角（°）。

不规则反射区：

$$q_f = \frac{2.5\Delta P_m^2}{0.7+\Delta P_m} \tag{4-48}$$

为方便设计人员，防护工程相关规范中直接给出了常用核爆炸地面冲击波超压峰值对应的有关冲击波参数。

当爆心高度接近地表面，爆炸火球接触地面爆炸时，空气冲击波初始就得到加强，并以半球形向外传播出去，地面空气冲击波的传播方向可认为与地表平行，与地面不再产生反射现象，见图 4.12。地爆的能量密度可近似看作是同一当量的核弹头空中爆炸的 2 倍。这样，地面爆炸冲击波参数都可以按自由大气中爆炸的参数公式来计算，只是把原公式中的核当量增大一倍，即 W 用 $2W$ 替换，就得到地爆时地面冲击波参数。

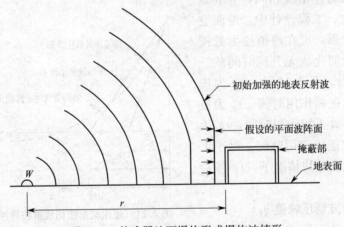

图 4.12　核武器地面爆炸形成爆炸波情形

4.4.3　地形对地面冲击波参数的影响

口部周围地形对冲击波的影响非常复杂，当地面冲击波遇到单上升坡、单下降坡、山峰、沟谷等典型地形（图 4.13），且这些典型地形的横向尺寸比垂直方向尺寸大得多时，应考虑地形对地面冲击波参数的影响，具体计算方法可以查阅相关规范。

4.4.4　核爆炸冲击波的热效应

前述讨论的核爆炸空气冲击波参数以及随时间的变化规律，都是在标准条件下得出

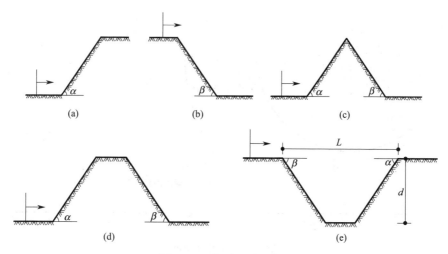

图 4.13　典型地形示意图

（a）单上升坡；（b）单下降坡；（c）三角形剖面山峰；（d）梯形剖面山峰；（e）倒梯形沟谷

的。在实际情况中，由于核爆炸光辐射的作用、地面性质等因素，地表面附近的大气条件可能偏离标准条件很远，并使得冲击波发生畸变，通常称这种畸变的冲击波称为反常冲击波（或称前驱波）。相应地，标准条件下的冲击波则称理想冲击波。

1. 前驱波的形成及其特征

空中核爆炸时光辐射约占总爆炸能量的三分之一。当地面条件是诸如干燥的土壤、荒芜的砂地、低矮植物覆盖的地面等（表 4.2），在强烈的光辐射下造成地面温度升高。从而使得可燃物燃烧、土壤中水分蒸发、形成地面附近大量烟雾、灰尘积聚，透明度大幅度降低，这又促使这层混浊的空气层对光辐射热量的吸收，最终导致在地面附近形成高温热气层。因为光辐射传播比冲击波快，所以在空气冲击波到来之前该高温热气层已经形成。

热近似理想与热非理想地表面的实例　　　　表 4.2

热近似理想地表面（前驱波不大可能产生）	热非理想地表面（低空爆炸时前驱波可能产生）
水面	荒芜的砂地
白色烟雾覆盖的地面	珊瑚地面
可反射热辐射的混凝土表面	沥青柏油地面
冰面	茂密低矮植物覆盖的地面
植物覆盖稀疏的潮湿土地	黑色烟雾覆盖的地面
商业区和工业区	大面积农业区
	植物稀疏覆盖的干燥土地

当入射空气冲击波进入热空气层时，波阵面传播速度加大。由于热空气层越接近地面温度越高，相应地波阵面运动速度也就越快。此时冲击波的强间断面在热空气层中消失了，在接近地面的热空气层中波阵面向前凸出，如图 4.14 所示，这种现象称为冲击波阵面的热效应（前驱效应），相应形成的波称前驱波或反常冲击波。随着前驱波的继续发展，在前驱波的后面留下了一层不断升高加厚的尘土微粒层。

反常冲击波与理想冲击波比较，其特征是超压峰值减小，动压峰值增加，突跃的波阵面消失，出现了压力逐渐增至峰值的升压时间。

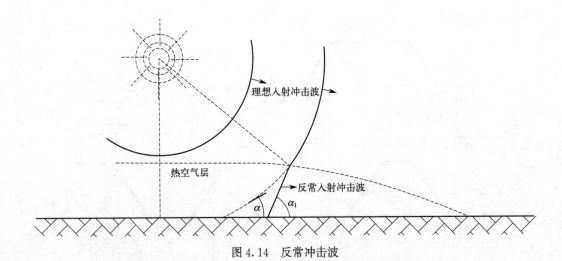

图 4.14　反常冲击波

2. 前驱波产生的条件及范围

产生前驱波的前提条件，是在地表面附近冲击波到来之前形成一定温度的热空气层，因此并非任何核爆炸都会发生前驱波。除地面条件外，当与爆心的比例距离很小时，光辐射与冲击波到达地面的时间相差很少，地面空气层来不及吸收足够的热量，使得在冲击波到达前不能形成高温热空气层；另外，当与爆心相距过远时，因光辐射能量不足也不能形成高温热空气层，也不会发生前驱效应。

应当指出，核爆炸的前驱效应，由于发生的条件很难控制，参数确定的准确性较低，所以目前在防护工程设计中一般不考虑这一因素，对设计而言是偏于安全的。

4.5　化爆空气冲击波的计算

炸药爆炸时，确定爆炸参数（超压峰值等）的计算公式都是根据试验以及相似理论（爆炸相似律）建立的。

4.5.1　空中爆炸

炸药空中爆炸产生的空气冲击波在没有得到加强时，也即自由空气冲击波，其参数可按下列公式确定。

1. 冲击波超压峰值

当 $H/\sqrt[3]{C} \geqslant 0.35$、$0.473 \leqslant R/\sqrt[3]{C} \leqslant 7.6$ 时：

$$\Delta P_i = 0.72 \left(\frac{\sqrt[3]{C}}{R}\right)^3 + 0.3 \left(\frac{\sqrt[3]{C}}{R}\right)^{1.5} \tag{4-49}$$

式中　ΔP_i——入射冲击波超压峰值（MPa）；

　　　C——等效 TNT 装药量（kg）；

　　　R——爆心至指定点的距离（m）。

2. 冲击波超压作用时间

当 $0.014 \leqslant \Delta P_i \leqslant 0.5$ 时：

$$t_+ = 1.01 \times 10^{-3} \Delta P_i^{-0.313} C^{\frac{1}{3}} \qquad (4\text{-}50)$$

当 $0.5 < \Delta P_i \leqslant 7.03$ 时：

$$t_+ = 1.29 \times 10^{-3} \Delta P_i^{0.0536} C^{\frac{1}{3}} \qquad (4\text{-}51)$$

式中 t_+——爆炸冲击波超压作用时间（s）。

3. 冲击波超压随时间变化规律

炸药爆炸空气冲击波波形如图 4.15 虚线所示。

当 $t_a \leqslant t \leqslant t_a + t_+$ 时：

$$\Delta P(t) = \Delta P_i \left[f \left(\frac{t_a}{t} \right)^g + (1-f) \left(\frac{t_a}{t} \right)^h \right] \left(1 - \frac{t-t_a}{t_+} \right) \qquad (4\text{-}52)$$

$$t_a = 5.44 \times 10^{-4} \left(\frac{R}{\sqrt[3]{C}} \right)^{1.76} C^{\frac{1}{3}} \qquad (4\text{-}53)$$

式中 t_a——冲击波到达指定点的时间（s）；

f、g、h——与入射波峰值相关的系数，取值可查阅相关规范。

4. 等冲量突加线性衰减荷载作用时间

工程设计中，化爆地面空气冲击波超压波形，可在峰值压力处按等冲量简化成无升压时间的三角形。

当 $0.014 \leqslant \Delta P_i \leqslant 7.03$ 时：

$$\tau = 3.15 \times 10^{-4} \Delta P_i^{-0.5} C^{\frac{1}{3}} \qquad (4\text{-}54)$$

式中 τ——等冲量突加线性衰减荷载作用时间（s）。

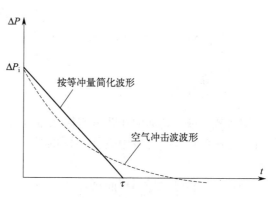

图 4.15 炸药爆炸空气冲击波波形

5. 冲击波冲量

当 $0.473 \leqslant R/\sqrt[3]{C} \leqslant 7.60$ 时：

$$i = 1.65 \times 10^{-4} (\sqrt[3]{C}/R)^{1.23} C^{\frac{1}{3}} \qquad (4\text{-}55)$$

当 $0.210 \leqslant R/\sqrt[3]{C} < 0.473$ 时：

$$i = 1.88 \times 10^{-4} (\sqrt[3]{C}/R)^{1.06} C^{1/3} \qquad (4\text{-}56)$$

当 $0.024 \leqslant R/\sqrt[3]{C} < 0.21$ 时：

$$i = 2.79 \times 10^{-4} (\sqrt[3]{C}/R)^{0.80} C^{1/3} \qquad (4\text{-}57)$$

当 $0 \leqslant R/\sqrt[3]{C} < 0.024$ 时：

$$i = 5.51 \times 10^{-3} C^{1/3} \qquad (4\text{-}58)$$

式中 i——冲击波冲量（MPa·s）。

尽管这些公式得自于裸露球形装药的爆炸，对于带壳装药，当用实际装药的等效药量计算其比例距离时，也可采用这些公式。弹壳有减小装药有效重量的作用，但在设计时忽略这种作用，一方面因为其效应尚不明确，另一方面这样考虑偏于保守。

当自由空气冲击波遇到地面等目标时，要发生反射。此时地面上的空气冲击波超压（包括规则反射的反射冲击波以及不规则反射的合成冲击波）可按如下原则确定：

1）首先根据式(4-49)计算考察点位置处地面入射冲击波峰值压力的大小。此时 R 为该点与爆心之间的斜距。

2）一旦确定了入射空气冲击波峰值压力，则可以利用预先确定的入射角 α 和入射空气冲击波峰值压力，从图 4.8 查出反射（合成）冲击波峰值压力 ΔP_r。

其他冲击波参数也可以通过与计算反射（合成）冲击波峰值压力类似的方法确定。

对于正反射，也可这么计算：

1）当 $\Delta P_i \leqslant 2.0$ 时，按正反射压力式(4-27)计算，即：

$$\Delta P_r = 2\Delta P_i + \frac{6\Delta P_i^2}{(\Delta P_i + 0.7)} \tag{4-59}$$

2）当 $\Delta P_i > 2.0$ 时：

$$\Delta P_r = n\Delta P_i \tag{4-60}$$

式中 ΔP_i、ΔP_r——分别为入射冲击波和正反射冲击波超压峰值（MPa）；

            n——正反射系数，可按图 4.8 取入射角 $\alpha = 0°$ 查取，也可查阅相关规范。

4.5.2 地面爆炸

置于地表或近地面的炸药爆炸称之为地面爆炸。爆炸的初始冲击波被地面反射并得到加强，形成反射波。与空中爆炸不同的是，反射波与入射波同时出现在爆心，形状为半球形。

同样，与核爆一样，地面爆炸的能量密度可看作是同一装药量的炸药空中爆炸的两倍。这样，地面爆炸冲击波参数都可以按空中爆炸的参数公式来计算，只是把式(4-49)~式(4-58)中的装药量增大一倍，即 C 用 $2C$ 替换，就得到地面爆炸时的地面冲击波参数。

4.6 通道中空气冲击波的计算

常规武器在通道内、外爆炸产生的冲击波以及核爆炸冲击波在遇到孔洞时均要向通道内传播。在防护工程出入口、进排风通道以及地下铁道、隧道、管道等工程设计时常遇到如下 4 种冲击波在通道中的传播情况：（1）冲击波自通道外向通道内传播；（2）冲击波在通道内传播；（3）冲击波遇通道转弯及分支；（4）在传播中遇到安装在通道内不同位置上的防护设备（如防护门、活门）或设施等。由于它的复杂性，这方面的理论还很不成熟，因此在工程应用中，主要还是采用半理论半经验的计算公式。

这里主要讨论冲击波的小孔入流问题基本理论，即冲击波从口外正面进入通道的传播问题。设口外冲击波超压 ΔP_0，正面进入通道，求进入通道后的冲击波超压 ΔP_1，见图 4.16 （a）。假定：波长（压缩空气层的厚度）远大于通道直径；反射面无限大，忽略管壁摩擦、涡流等能量损耗。在入流初期，见图 4.16 （b），可发现四个区域，每个区域的气体处于不同的状态：（1）"a" 区——空气静止；（2）"b" 区——通道中的空气冲击波阵面；（3）"c" 区——空气流入通道中；（4）"d" 区——空气被反射波压缩。

"a" 区和 "b" 区之间参数，符合冲击波阵面前后关系；"b" 区和 "c" 区之间参数，

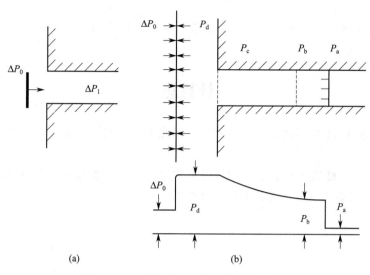

图 4.16　冲击波进入通道口部压力变化图

符合连续性条件；"c"区和"d"区之间参数，符合绝热条件。若状态的各个量用相应于各区的下标表示，则问题由下列方程求解：

$$\frac{\rho_b}{\rho_a} = \frac{(K-1)P_a + (K+1)P_b}{(K-1)P_b + (K+1)P_a} \tag{4-61}$$

$$\left.\begin{array}{l} P_b = P_c \\ u_b = u_c \end{array}\right\} \tag{4-62}$$

$$\frac{P_d}{P_c} = \left(\frac{\rho_d}{\rho_c}\right)^K \tag{4-63}$$

根据式(4-21)有：

$$u_b = \sqrt{(P_b - P_a)\left(\frac{1}{\rho_a} - \frac{1}{\rho_b}\right)} \tag{4-64}$$

根据 Bernoulli 积分，可得：

$$u_c = \sqrt{\frac{2K}{K-1}\frac{P_d}{\rho_d} - \frac{P_c}{\rho_c}} \tag{4-65}$$

由上述方程可以求得冲击波自口外进入通道后的冲击波超压峰值 ΔP_1，对于转弯、管道断面变化等情况，亦可类似导得。但是由于实际情况存在摩擦涡流等能量损失。故按上述方法导得的方程求解所得的结果偏大，尚要用试验修正。根据试验得到的经验公式或对理论结果进行修正的半理论半经验公式可以查阅相关规范。

思考题

4-1　从时域和空域上分别简述空气冲击波超压传播的基本特性。

4-2　简述正压、负压和动压的概念和对防护工程的影响。

4-3　化爆与核爆空气冲击波主要的区别是什么，对工程设计计算有什么影响？

4-4 简述爆炸相似律的内容。

4-5 核爆炸地面空气冲击波压力是否等于作用于防护门上的冲击波最大压力？中间要经过哪几个变化？

计算题

4-1 280kg TNT 炸药在地面爆炸，试计算在距爆心 15m 处的空气冲击波超压峰值和正压作用时间。

4-2 某防护工程抗美军 15 万 t 核武器空中爆炸作用，其地面空气冲击波的超压峰值为 0.9MPa，试确定空气冲击波的其他计算参数。

第5章

岩土中爆炸波

5.1　概述

变形介质内的质点都是相互联系着的，其中一处受到外界作用发生变形、应力等扰动时，由于能量不平衡，就要将这种状态向其他部分传播。这种应力或变形的传播过程，就叫作应力波。例如杆的一端瞬时受到撞击，研究撞击应力如何传到杆的另一端并对另一端起作用，这就不能用静力学的观点来说明，否则会得出完全错误的判断。由于介质内的应力和应变状态在这时呈现高度的不均匀分布，所以也不能采用类似分析弹簧质点体系那样可以忽略波的传播现象的振动力学理论。

严格来说物体受到突加载荷作用时，总会出现应力波的传播过程，因为任何物体都具有一定尺寸。当载荷作用的时间很短，或是载荷变化极快，而受力物体的尺寸又足够大时（如自然岩、土体），这种应力波的传播过程就显得特别重要。外荷载对于物体的动力响应就必须通过应力波的传播来加以研究。防护结构设计中遇到的许多问题，如爆炸波在岩土等变形介质中的传播、岩土中工事荷载确定以及常规武器冲击爆炸引起的震塌等，都必须采用波动理论进行分析。

由于应力波是借助于介质质点的运动来传播的，因而不同的介质特性，不同的边界条件及不同的应力幅值，会产生不同特征的波。在弹性介质中传播的波叫弹性波，在弹塑性介质中传播的波叫弹塑性波。当考虑介质的黏性时，又可分为黏弹性波或黏塑性波等。

以弹性介质为例，在介质体内传播的波称为体波，在介质表面传播的波称为面波。体波是发自波源或由反射、折射点处产生的二次波源所产生的在介质中传播的波。体波按其振动形式可分为纵波（P波）及横波（S波）。波的传播方向与它引起的介质质点的运动方向平行的称为纵波；波的传播方向与它引起的介质质点的运动方向垂直时称横波。传播压应力的纵波称为压缩波，压缩波的前进方向与质点运动方向一致；传播拉应力的纵波称为拉伸波，拉伸波的传播方向与质点运动方向相反。表面波的波动现象主要集中在表面附近，其振幅在界面处最大而离开界面后幅度急剧减小。表面波主要有瑞利波（R波）和洛夫波（L波）。瑞利波是由纵波和横波在介质表面附近产生干涉叠加而成。洛夫波是一种在固体表面有另一种介质薄层时，仅发生在介质薄层中的一种纯剪切波。

核爆炸和常规武器的炸药爆炸（化爆），都能引起在岩土中的应力波传播，它们是岩土中防护结构的主要作用荷载源。在防护工程中，更为关心的是岩土中纵波的传播，通常将这种由冲击爆炸引起的在地层中传播的应力波称为地冲击。爆炸引起地冲击的来源有两方面，一方面是由爆炸产生的空气冲击波在遇到土介质时压缩土介质而感生的地冲击，也称感生地冲击；另一方面是由触地爆炸或地下爆炸直接在土中产生的地冲击，也称直接地冲击。

核武器及常规武器的不同爆炸方式在土中会产生不同的地冲击。爆炸的一种极端情况是全封闭爆炸，此时全部爆炸产生的能量都用于产生直接地冲击。另一种极端情况是空中爆炸，此时地冲击作用主要由作用在地面上的空气冲击波产生的感生地冲击。当在地面或靠近地面爆炸时，爆炸的一部分能量传入地下，形成直接的地冲击；另一部分能量通过空气传播形成空气冲击波并在土中产生感生地冲击。由于波在地层传播时其波速的下降速度小于空气冲击波在空气中传播的波速下降速度，故在靠近爆点的范围内，高压空气使空气冲击波的传播速度远大于地冲击的传播速度，该范围被称作超地震区。当空气冲击波阵面传播到距爆炸点较远的地方时，冲击波波阵面速度逐渐下降，最终地冲击会赶上并"超过"空气冲击波，这个区域被称作跨地震区或亚地震区或超前地震区。

另外，波在传播过程中，随着边界条件的变化及介质特性的变化，波的特性也会变化。例如波遇到不同界面时要发生反射和透射；压缩波遇到结构临空面或自由岩面时会产生拉伸波；冲击波在传播过程中不断衰减，当峰值压力低于介质弹性极限时，会退化为弹性波（弱波）。

如果不考虑空间扩散和能量损耗，线性弹性介质中的应力波在传播过程中，既不改变波形也不改变大小，而弹塑性波在传播过程的波形和幅度均会发生变化。土壤是弹塑性介质，还具有黏性，所以土中应力波的问题解决起来非常困难。掌握应力波的基本概念，有助于对这些实际问题做出正确的定性分析和判断，并通过半理论半经验方法或经过一定程度的简化处理后，给出恰当的定量解答。

在这一章里，先讨论一维平面波（并认为介质的密度为定值）。一维平面波的各项参数只与一个空间坐标有关。一维平面波理论相对较简单，许多问题可简化为一维平面波来处理，例如核爆炸情况均可简化为一维平面波。最后讨论核爆炸下的土中压缩波以及非一维波的常规武器装药爆炸产生的土中地冲击。

5.2　一维平面波传播的基本理论

5.2.1　半无限长直杆中的弹性波传播理论

图 5.1 表示截面为 A、密度为 ρ 的任意半无限长弹性直杆。在 $t=0$ 时，端面受到脉冲作用，产生应力波并沿纵向传播。

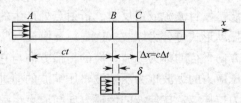

图 5.1　直杆中应力波的传播

假定直杆在受力后仍保持平面状态，这样杆中产生的应力波就是一维平面波。

设应力波传播速度为 c_0，经过时间 t，波阵面到达 B 处，考察时间增量 Δt 内各参数变化的情况，此时波阵面到达 C 处。设所取作用时间很短，可以认为应力波作用的压应力在该时段内均匀不变，即该时间内质量获得相同的速度 V，于是 ΔX 的压缩量等于 ε ·

ΔX，ε 是对应于 σ 的应变。显然这一压缩量等于 B 点在 Δt 内的移动距离，即：

$$V \cdot \Delta t = \varepsilon \cdot c_0 \cdot \Delta t \tag{5-1}$$

由式(5-1)得：

$$V = \varepsilon c_0 \tag{5-2}$$

应用动量守恒定律，微段 ΔX 所受的冲量等于该段质量的动量变化，即：

$$\sigma \cdot A \cdot \Delta t = \rho \cdot A \cdot \Delta X \cdot V \tag{5-3}$$

简化上式得：

$$\sigma = \rho c_0 V \tag{5-4}$$

由式(5-2)、式(5-4)，得：

$$c_0 = \sqrt{\frac{1}{\rho} \cdot \frac{\sigma}{\varepsilon}} \tag{5-5}$$

由于线弹性介质，$\sigma = E_0 \varepsilon$，则有：

$$c_0 = \sqrt{\frac{E_0}{\rho}} \tag{5-6}$$

式中 E_0——弹性模量。

如果应力波到来之前杆中已有初始应力和应变，式(5-5)仍然成立，只要将式中的 σ 和 ε 看成是波阵面前后的应力差值和应变差值。如果将作用的应力波形看成是一连串应力脉冲波之和，由于应力和应变关系呈线性，可见它们均以同样的波速 c_0 传播，所以弹性波在传播过程中不会改变其波形。

应力波在介质中的传播速度 c_0，与应力波引起的介质的质点运动速度 V 是完全不同的两个概念。波速一般要比质点速度大二到三个数量级。波速只与材料的特性（密度 ρ、弹性模量 E_0）有关，与弹性阶段的应力大小无关；而质点的速度既正比于应力大小，又反比于材料的 ρc_0。

将不同材料的 ρ、E_0 代入式(5-6)，可得弹性波在各种介质中的波速。混凝土中纵波的速度约为 $3000 \sim 4000 \mathrm{m/s}$，钢材中约为 $5000 \mathrm{m/s}$。

以上说的是侧向无约束的直杆，对于如图 5.2 所示的半无限土体受到瞬态动荷载大面积均匀作用的情况讨论如下。

可取出一个侧向受到约束单位土柱来进行分析。对于土柱中的单元体，其侧向应变 ε_x、ε_y 等于零，故在纵向应力（压力）σ_z 作用下，引起侧向应力 σ_x 和 σ_y，根据对称性有 $\sigma_x = \sigma_y$。

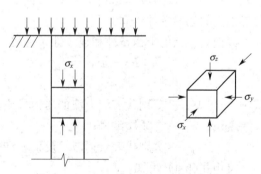

图 5.2 半无限土体中土中压缩波的传播

设介质的横向膨胀系数（泊松系数）为 ν，则有：

$$\varepsilon_x = \frac{1}{E_0} [\sigma_x - \nu (\sigma_y + \sigma_z)] = 0 \tag{5-7}$$

$$\sigma_x = \sigma_y = \frac{\nu}{1-\nu} \sigma_z \tag{5-8}$$

纵向应变 ε_z 为：

$$\varepsilon_z = \frac{1}{E_0}\left[\sigma_z - \nu(\sigma_x + \sigma_y)\right] \tag{5-9}$$

代入 σ_x 和 σ_y，得：

$$\varepsilon_z = \frac{(1+\nu)(1-2\nu)}{(1-\nu)E_0}\sigma_z \tag{5-10}$$

令 $E = \dfrac{(1-\nu)}{(1+\nu)(1-2\nu)}E_0$，则有：

$$E = \frac{\sigma_z}{\varepsilon_z} \tag{5-11}$$

因此，根据式(5-6)，对于受地面冲击波作用的半无限土体而言，爆炸压缩波传播的弹性波速为：

$$c_0 = \sqrt{\frac{E}{\rho}} \tag{5-12}$$

式中，E 为有侧限的土体弹性模量。在实际的计算过程中，一定要认真区分 E 和 E_0 的区别，一般土介质参数给出的弹性模量，已是有侧限的弹性模量。

土体实际并非线弹性介质，仅在应力等级很低的情况下才可近似视为线弹性介质。

5.2.2 弹性波在界面上的反射与透射

当应力波传播到两种不同介质的界面时，应力波在另一层介质中仍然要引起压力和质点运动的传播，称为透射波，同时也会在原介质中产生反射波。也即当应力波传播到两种不同介质的界面时，将会发生波的透射与反射。为便于分析和讨论，这里只考虑弹性纵波在多层介质中的传播情况。

图 5.3 是压缩波在双层介质中传播的示意图（正入射）。入射波、反射波和透射波参数三者之间的关系，可由界面上的边界条件建立。

界面边界上的平衡条件和连续性条件是：

$$P_{1i} + P_{1f} = P_{2j} \tag{5-13}$$

$$V_{1i} - V_{1f} = V_{2j} \tag{5-14}$$

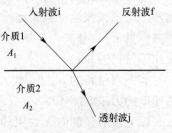

图 5.3 波在两层介质中正向入射时的传播示意图

式中　P、V——分别代表应力波的压力及质点速度；

角标 1、2——介质层编号；

i、f、j——分别代表入射波、反射波和透射波。

又由式(5-4)可知：

$$V = \frac{P}{\rho c} \tag{5-15}$$

式中　ρ——介质密度；

c——波速。

ρc 称为介质的波阻抗（声阻抗），用 A 表示，它能表征介质传播应力波的特征。

联立求解式(5-13)～式(5-15)，可得：

$$P_{1f} = P_{1i} \frac{\dfrac{\rho_2 c_2}{\rho_1 c_1} - 1}{\dfrac{\rho_2 c_2}{\rho_1 c_1} + 1} = F P_{1i} \tag{5-16}$$

$$P_{2j} = P_{1i} \frac{2}{1 + \dfrac{\rho_1 c_1}{\rho_2 c_2}} = T P_{1i} \tag{5-17}$$

令：

$$n = \rho_1 c_1 / \rho_2 c_2 = \frac{A_1}{A_2} \tag{5-18}$$

则有：

$$F = \frac{1-n}{1+n} \tag{5-19}$$

$$T = \frac{2}{1+n} \tag{5-20}$$

式中　F、T——分别为反射系数和透射系数；

　　　　n——波阻抗比。

从式(5-19)、式(5-20)可见，反射系数 F 及透射系数 T 取决于界面两边的波阻抗比值。当 $n > 1$ 时，也即应力波由"硬"介质向"软"介质传播时，有 $0 < T < 1$ 及 $F < 0$，表明透射波不改变正负号且应力降低，反射波改变正负号；当 $n < 1$ 时，也即应力波由"软"介质向"硬"介质传播时，有 $T > 1$ 及 $F > 0$，表明透射波不改变正负号且应力增加，反射波也不改变正负号。此外，在两种极端情况下，当界面为固定时（$A_2 = \infty$），此时 $n = 0$，$T = 2$ 及 $F = 1$ 表明反射波不改变大小及正负号、透射波以两倍于入射波的大小向另一层介质传播；当为自由界面时（$A_2 = 0$），此时 $n = \infty$，$T = 0$ 及 $F = -1$ 表明不发生透射，完全以与入射波相同大小但正负号相反的波反射回去。F、T 与 n 的关系见图 5.4。

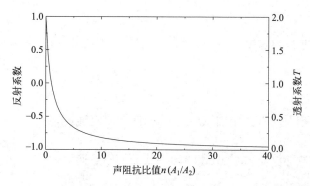

图 5.4　反射系数 F、透射系数 T 与波阻抗比值 n 的关系图

所以，一个压缩波遇到固定端后反射产生一个往回传播的压缩波；同理，一个拉伸波遇到固定端后反射产生一个往回传播的拉伸波。而一个压缩波遇到自由端后反射产生一个往回传播的拉伸波；一个拉伸波遇到自由端后反射产生一个往回传播的压缩波。反射波的

波形及幅值与入射波完全相同。

由此可见，当应力波遇到端面时，可以看成将离开介质端的那部分波形反转过来叠加在原先的介质中并令其往回传播的结果。如果是自由端，反射波的应力需改变正负号，如果是固定端，仍保留原来的正负号。

根据这样的机理，就可解释第 3 章冲击爆炸下钢筋混凝土结构临空内表面发生的震塌破坏现象。

设想图 5.5 所示直杆一端受到爆炸作用引起的脉冲压力，峰值压力为 P，压力作用时间为 t_+，由此产生波长为 $\lambda = ct_+$ 的三角形压缩波在杆中传播（c 为波速）。如应力波在 $t = 0$ 时压缩波到达自由端 B 处，并继而反射成拉伸波向回传播。根据上述分析，回传的拉伸波的峰值拉力为 $-P$，且形状不变。

入射压缩波和反射拉伸波的叠加结果，杆自由端质点速度为：

$$V = \frac{+P}{\rho c} - \left(\frac{-P}{\rho c}\right) = 2\frac{P}{\rho c} \tag{5-21}$$

即质点速度增加一倍。同时，在杆中临近自由面处逐渐产生拉应力。当 $t = \frac{\lambda}{2c}$ 时，杆中开始出现最大拉应力 P。而在距离自由面小于 $\lambda/2$ 的长度内，其中的拉应力都小于 P，并且越接近端部，出现的拉应力越小。

如所讨论的直杆材料为抗拉强度很低的脆性材料（岩石、混凝土等），材料的抗拉强度 R 小于压缩波的峰值压力 P，将因自由面处的反射出现受拉破坏，也就是震塌剥落破坏。

在靠近自由端离端面 x 处截面拉应力 σ_x 为（图 5.5）：

$$\sigma_x = P - \sigma_x' = P - P\left(\frac{\lambda - 2x}{\lambda}\right) = \frac{2x}{\lambda} \cdot P \tag{5-22}$$

式中 σ_x'——x 处的入射压缩波的应力。

当 $\sigma_x = R$ 时，杆件在 x 处断裂，断裂深度为：

$$x = \frac{R}{2P}\lambda \tag{5-23}$$

深度为 x 的剥落层以速度 v 飞出，即：

$$v = \frac{\sigma_x'}{\rho c} + \frac{P}{\rho c} = \frac{1}{\rho c}(2P - R) \tag{5-24}$$

式中 $\dfrac{\sigma_x'}{\rho c}$——断裂截面处入射压缩波应力 σ_x' 引起的质点速度；

$\dfrac{P}{\rho c}$——反向拉伸波应力 P 引起的同一截面的质点速度。

两者方向相同可以简单叠加。

杆端震塌剥落形成新的自由表面，后续的入射压缩波在新的自由面继续反射，还可能产生新的剥落。每次剥落的碎块都以一定速度飞出并带走部分能量。这种多层剥落现象将一直继续到反射引起的拉应力小于材料的抗拉强度为止。剥落现象主要发生在强度较大而波长较短的爆炸压力或撞击作用条件下。

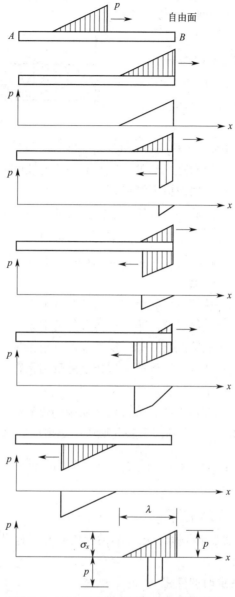

图 5.5 自由面边界反射造成的震塌破坏

5.2.3 弹性波在多层介质中的传播

岩土体由于地质构造的复杂性，往往是由不同组成的多层层状地质体构成。此时就会出现应力波在多层介质中传播的问题。

如图 5.6 所示，弹性纵波在三层介质中的传播。假定第一层和第三层介质足够厚，也即不考虑第一层上表面和第三层下表面的影响，而第二层相对较薄。

设 $t=0$ 时刻有突加不变的压力波 P_{1i} 从介质 1 到达一、二层界面，在 $t=h_2/c_2$ 时刻进入到第三层的透射应力峰值 P_{3i}^1 为：

$$P_{3i}^1 = T_{3i}P_{2i}^1 = T_{3i}T_{2i}P_{1i} \qquad (5\text{-}25)$$

以后每间隔 $2h_2/c_2$ 依次进入到第三层的透射应力峰值为：

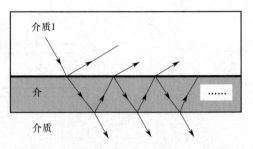

$$P_{3i}^2 = T_{3i}P_{2i}^2 = T_{3i}K'_{2f}P_{2f}^1 =$$
$$T_{3i}F'_{2f}F_{2f}P_{2i}^1 = T_{3i}F'_{2f}F_{2f}T_{2i}P_{1i} \qquad (5\text{-}26)$$
$$P_{3i}^3 = T_{3i}T_{2i}(F'_{2f}F_{2f})^2 P_{1i} \qquad (5\text{-}27)$$
$$\cdots\cdots$$
$$P_{3i}^n = T_{3i}T_{2i}(F'_{2f}F_{2f})^{n-1} P_{1i} \qquad (5\text{-}28)$$

图 5.6　弹性纵波在三层介质中的传播

式中　P_{3i}^1、P_{3i}^2……P_{3i}^n——依次进入到第三层介质的透射波应力峰值；

P_{1i}——入射波应力峰值；

P_{2i}^1——从第一层到第二层的透射波应力峰值；

P_{2f}^1、P_{2f}^2……P_{2f}^n——依次从第二层到第三层传播时的反射波应力峰值；

P_{2i}^2、P_{2i}^3……P_{2i}^n——P_{2f}^1、P_{2f}^2……P_{2f}^{n-1} 从第二层到第一层传播时的反射波应力峰值；

T_{2i}——从第一层到第二层传播的透射系数；

T_{3i}——从第二层向第三层传播的透射系数；

F_{2f}——从第二层到第三层传播的反射系数；

F'_{2f}——从第二层到第一层传播的反射系数；

h_2——第二层介质的厚度；

c_2——弹性纵波在第二层介质中的传播波速。

于是，经过一段时间后，进入到第三层介质中的透射应力峰值总和为：

$$P_{3i} = \sum_{k=1}^n P_{3i}^k = T_{3i}T_{2i}P_{1i}\left[1 + (F'_{2f}F_{2f}) + (F'_{2f}F_{2f})^2 + \cdots\cdots(F'_{2f}F_{2f})^{n-1}\right]$$
$$= T_{3i}T_{2i}P_{1i}\frac{\left[1 - (F'_{2f}F_{2f})^{n-1}\right]}{1 - F'_{2f}F_{2f}} \qquad (5\text{-}29)$$

也即突加不变的压力波在传到第三层介质后变成有升压时间的应力波。

下面分两种情况讨论。

1. 压缩波通过坚硬夹层时的变化

比如土中压缩波透过遮弹层时就是此种情况。现举例说明，设介质 1、介质 3 为砂土，$\rho_1 = \rho_3 = 2000\text{kg/m}^3$，波速 $c_1 = c_3 = 100\text{m/s}$；介质 2 为钢筋混凝土，$\rho_2 = 2600\text{kg/m}^3$，$c_2 = 3500\text{m/s}$。

根据式（5-19）、式（5-20）有 $T_{2i} = 1.957$，$T_{3i} = 0.043$，$F_{2f} = -0.957$，$F'_{2f} = -0.957$。取 $n = 31$，由式（5-29）求得：

$$P_{3i} = 0.043 \times 1.957 \times \frac{1 - 0.957^{60}}{1 - 0.957^2} P_{1i} = 0.93 P_{1i} \qquad (5\text{-}30)$$

若 $n \to \infty$，则有 $P_{3i} \to P_{1i}$。

上述计算表明，土中压缩波经过坚硬夹层时，对压缩波的峰值压力没有明显影响。但实际工程中，岩土介质及钢筋混凝土材料，均存在一定程度的不可逆转的能量耗散，压缩波的传播还存在时间效应及边界尺寸效应（介质厚度），故峰值压力实际上也是有一定程度的衰减。但在工程应用中，往往忽略这种压力的衰减，主要考虑压力的升压时间有明显增长这一因素。

2. 压缩波通过软夹层时的变化

如果介质 2 为松散夹层由砂组成，第一层为岩石，第三层为钢筋混凝土。其波阻抗参数分别为：$A_1 = 90 \times 10^5 \, \text{kg/(m}^2 \cdot \text{s)}$，$A_2 = 2 \times 10^5 \, \text{kg/(m}^2 \cdot \text{s)}$，$A_3 = 90 \times 10^5 \, \text{kg/(m}^2 \cdot \text{s)}$。

根据式（5-19）、式（5-20），则有 $T_{2i} = 0.043$，$T_{3i} = 1.957$，$F_{2f} = 0.957$，$F'_{2f} = 0.957$。由式（5-29）可知：

$$P_{3i} = \sum_{k=1}^{n} P_{3i}^k = T_{3i} T_{2i} P_{1i} [1 + (F'_{2f} F_{2f}) + (F'_{2f} F_{2f})^2 + \cdots\cdots (F'_{2f} F_{2f})^{n-1}]$$
$$= 0.085 P_{1i} (1 + 0.957 + 0.957^2 + \cdots\cdots) \tag{5-31}$$

由此可知，第一次透射到第三层介质中的压力仅为入射压缩波的 0.085 倍。由于松软介质（如砂、泡沫混凝土等）在应力波通过后产生塑性变形而衰减快，尤其对波长很短的化爆压缩波更是如此，以及第一层介质的下表面在反射拉伸波作用下可能发生剥离等破坏现象，使之对应应力波能量损耗很大，所以不可能像讨论的第一种情况那样发生很多次的来回反射。即使发生数次来回反射，通过回填层的压应力也是缓慢增长。因而坚硬夹层中设置软夹层，可以有效地削弱应力波对第三层介质的作用，包括压应力的降低、升压时间的增加，对第三层结构被覆内侧自由表面造成的震塌破坏也将得到缓和或消除。目前一些深地下高抗力工程，要求抗自由场压力达到数十到百兆帕，利用软夹层是提高结构承载力的重要措施。

5.2.4 弹塑性波

以上讨论的是弹性波，仅在应力较小时或弹性介质中发生。实际上大部分介质均为弹塑性介质，当应力超过介质的弹性屈服时，介质中将产生塑性波。由于应力波在弹塑性介质中的传播要比弹性介质中要复杂得多，下面仅作简单分析。

1. 弹塑性介质中的波速

如果在波阵面（应力为 σ）前的介质已有初始应变 ε_0 和相应的应力 σ_0，同样可根据公式（5-5）计算波速 c。

$$c = \sqrt{\frac{1}{\rho} \cdot \frac{\sigma - \sigma_0}{\varepsilon - \varepsilon_0}} = \sqrt{\frac{1}{\rho} \frac{\Delta\sigma}{\Delta\varepsilon}} \tag{5-32}$$

对于线弹性介质，$\Delta\sigma / \Delta\varepsilon$ 的比值仍等于 E_0，但对于非线性应力应变关系的介质来说，情况将发生变化。例如对于如图 5.7 所示的三折线应力应变关系，σ_s 为弹性屈服极限，E_0 为弹性模量，E_1 为塑性阶段模量，E_2 为卸载模量。

当应力波幅值 $\sigma \leqslant \sigma_s$ 时，介质中只产生波速 $c_0 = \sqrt{\dfrac{E_0}{\rho}}$ 的弹性波；而当 $\sigma > \sigma_s$ 时，介质中将同时产生两种

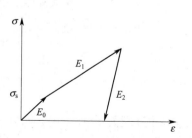

图 5.7 三折线应力应变关系

波，即小于 σ_s 的以弹性波速 c_0 传播，超过 σ_s 的以塑性波速 c_1 传播。塑性波可看成介质中已有初始应力 σ_s 和初始应变 ε_s 状态下的波，根据式（5-32）可得：

$$c=\sqrt{\frac{1}{\rho}\cdot\frac{\sigma-\sigma_s}{\varepsilon-\varepsilon_s}}=\sqrt{\frac{E_1}{\rho}} \tag{5-33}$$

若 $E_1 < E_0$，则塑性波速小于弹性波速，两个波阵面之间的距离随传播距离的增加而增加。若在塑性区中卸载，则在介质中产生卸载波，以波速 $c_2=\sqrt{\dfrac{E_2}{\rho}}$ 传播。

上面所述的显然可以推广到应力应变关系为多直线段以至于曲线情况，后者可看成无数个折线组成。可见，任意应力处的传播速度为 $c=\sqrt{\dfrac{E}{\rho}}$，其中 E 为应力应变曲线中该应力处的曲线斜率。

如果介质材料的应力-应变曲线如图 5.8(a) 所示凸向应力轴，也即曲线的斜率随 σ 的增加而减小，这就意味着后续的高应力部分的传播波速小于低应力部分的波速。随着传播距离的增加，陡峭的波阵面会越来越缓，变成有升压时间的应力波。

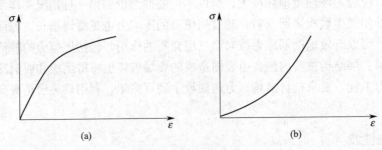

图 5.8 应力-应变关系

如果介质材料的应力-应变曲线如图 5.8(b) 所示凹向应力轴，也即曲线的斜率随 σ 的增加而增加，这就意味着后续的高应力部分的传播波速大于低应力部分的波速。随着传播距离的增加，后续的应力波不断追上前面的应力波，以至有升压时间的应力波，最终也会形成没有升压时间的冲击波。

2. 弹塑性介质中的波动方程

设一维波沿土柱传播。取地面下一单位面积土柱，几何坐标 z 向下，原点在地面，如图 5.9 所示。考察深度为 z 处的截面及其微元体，截面处应力为 σ，位移为 u，应变为 ε，质点速度为 v。该微元体上下两面所受的应力如图 5.9 所示。

由几何关系得：

$$u_z=\frac{\partial u}{\partial z}=\varepsilon \tag{5-34}$$

$$u_t=\frac{\partial u}{\partial t}=v \tag{5-35}$$

由物理关系（土介质应力-应变关系，图 5.10）得：

$$\sigma=\varphi_1(\varepsilon) \quad \text{（加载条件下）} \tag{5-36}$$

$$\sigma=\varphi_2(\varepsilon)+\sigma^0(z) \quad \text{（卸载条件下）} \tag{5-37}$$

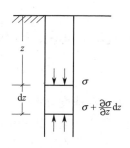

图 5.9　压缩波一维传播的土柱模型

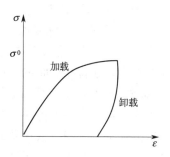

图 5.10　土介质应力-应变关系

由牛顿第二定律，不论何种介质模型及何种应力阶段均有：

$$\mathrm{d}z \cdot \rho \cdot \frac{\partial^2 u}{\mathrm{d}t^2} = \frac{\partial \sigma}{\partial z}\mathrm{d}z \tag{5-38}$$

即：

$$\rho v_t = \sigma_z \tag{5-39}$$

式(5-34) 对 t 求导，得：

$$\frac{\partial}{\partial t}\left(\frac{\partial u}{\partial z}\right) = \frac{\partial}{\partial z}\left(\frac{\partial u}{\partial t}\right) \tag{5-40}$$

即：

$$v_z = \frac{\partial \varepsilon}{\partial t} = \frac{\partial \varepsilon}{\partial \sigma} \cdot \frac{\partial \sigma}{\partial t} = \frac{1}{\dfrac{\partial \sigma}{\partial \varepsilon}} \cdot \sigma_t \tag{5-41}$$

上式中，在加载时，$\dfrac{\partial \sigma}{\partial \varepsilon}$ 用式(5-36)；在卸载时，$\dfrac{\partial \sigma}{\partial \varepsilon}$ 用(5-37) 式。

微分方程式(5-39) 及式(5-41) 构成了弹塑性介质中的波动方程，并确定了压缩波在土柱中传播时的应力 σ 及质点速度 v。此方程组适合于采用特征线法求解。

将式(5-37) 对 z 求导，式(5-41) 对 t 求导，联立后可得波动方程的另一表达方式：

$$\sigma_{tt} = c^2 \cdot \sigma_{zz} \tag{5-42}$$

式中，加卸载时波速 c 的取值不一样。

3. 弹塑性介质中波动方程的特征线解

研究弹塑性介质中压缩波的传播，主要关心压缩波传播在介质中引起的压力 p 和质点速度 v。方程的特征线解法的特点是：不求上述运动微分方程组对所有点（z，t）的解，而是只求波传播线（或特征线）上点的参数 v 和 p 的关系。对于上述的一维土柱，由于土中任何点（z，t）的速度和压力都是由边界的扰动传播所引起的，所以对于土中任何点都可以由边界上的某一点作出波的传播线（特征线）通过该点，并且由边界上已知的 p、v 值，按特征线上 p、v 的变化规律，求得该点的 p、v 值。

h 处深的压力峰值为：

$$P_h = \Delta P_{\mathrm{m}}\left[1 - (1-\delta)\frac{h}{2c_1\tau}\right] \tag{5-43}$$

式中　P_h——在深 h 处土中压缩波峰值压力；

c_1——介质塑性波速；

δ——土介质应变恢复比。

实际上，由于岩土介质的多样性和复杂性，爆炸波有时也非一维波，使得爆炸波在土中传播更加复杂，这将在后面进一步介绍。

4. 压缩波在刚性界面上的反射

弹塑性压缩波在介质中传播时遇到障碍时，压力和质点运动速度都将改变，改变的情况视障碍较介质的坚硬程度及介质的性质而定。若障碍较介质更坚硬，则将引起介质压力增加，质点运动速度减小。下面讨论压缩波反射的最简单情况——在不动刚体上的反射。

这里称正向自地表向下传播的压缩波为入射波，而称反射引起的反向传播的压缩波为反射波。在入射波中压力和速度的关系为：

$$V_i = \int_0^{p_i} \frac{\mathrm{d}p}{\rho c(p)} \tag{5-44}$$

如果将反射波理解为在入射波扰动过的介质中传播的"入射波"，则它引起的压力和速度的改变量 p_f 和 V_f 之间，也满足式(5-44)，即：

$$V_f = \int_0^{p_f} \frac{\mathrm{d}p}{\rho c(p)} \tag{5-45}$$

式中　p——压力；

　　　V——土介质点运动速度；

　$c(p)$——波速；

　角标 i——入射波；

　角标 f——反射波。

对于式(5-45)要注意，此时所依据的土的应力-应变关系曲线中的弹性极限 σ_s，考虑到已被入射波所扰动过，此时弹性极限应为 $\sigma_s - p_i$（当 $\sigma_s > p_i$ 时）。

在刚体界面上，根据质点连续，作用力等于反作用力的原则，考虑到入射波和反射波引起的质点运动速度，方向相反，而它们引起的压力性质相同（均为压力），所以有：

$$p_i + p_f = p_j \tag{5-46}$$
$$V_i - V_f = V_j = 0 \tag{5-47}$$

式中　p_j——作用在障碍上的压力；

　　　V_j——障碍物的运动速度。

若将 p_j 表示成 $K \cdot p_i$，则由式(5-46)得：

$$K = \frac{p_i + p_f}{p_i} \tag{5-48}$$

V_i 和 V_j 由式(5-44)、式(5-45)计算而得，计算中视 p_i 的数值而定。土介质取双直线加载的弹塑性模型。下面分 3 种情况讨论。

1）若 $p_i < \sigma_s/2$，反射后的介质应力不会超过 σ_s，则 $V_i = \dfrac{p_i}{\rho c_0}$；$V_f = \dfrac{p_f}{\rho c_0}$。由式(5-47)、式(5-48)可得 $K = 2$。

2）若 $\sigma_s/2 < p_i < \sigma_s$，入射波的介质应力小于 σ_s，则 $V_i = \dfrac{p_i}{\rho c_0}$；而反射后的介质应力

超过 σ_s，由两部分组成，因此 $V_f = \dfrac{\sigma_s - p_i}{\rho c_0} + \dfrac{p_f - (\sigma_s - p_i)}{\rho c_1}$。由式(5-47)、式(5-48) 可得

$$K = 2\frac{c_1}{c_0} + \frac{\sigma_s}{p_i}\left(1 - \frac{c_1}{c_0}\right).$$

3) 若 $p_i > \sigma_s$，这时反射前后的介质应力均大于 σ_s，则 $V_i = \dfrac{p_s}{\rho c_0} + \dfrac{p_i - p_s}{\rho c_1}$；$V_f = \dfrac{p_f}{\rho c_1}$。

进而求得 $K = 2 - \dfrac{\sigma_s}{p_i}\left(1 - \dfrac{c_1}{c_0}\right)$

上面所述的 K 的变化曲线见图 5.11。

由上述可知，对于非饱和土弹塑性介质（普朗特模型），因为 $c_1/c_0 < 1$，故 $K < 2$；对弹性介质，因为 $c_1/c_0 = 1$，故 $K = 2$；对于 $\dfrac{d^2\sigma}{d^2\varepsilon} > 0$ 的介质，如饱和土，也可求得对于不动刚体的反射系数，其值 $K > 2$。无论对于哪种介质，当 $p_i \gg \sigma_s$ 时，无疑有 $K \to 2$。

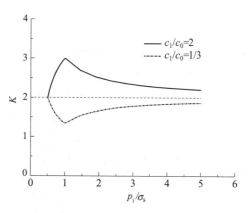

图 5.11　K 的变化曲线

压缩波在多层弹塑性介质中传播时，遇到的障碍仍是另一层可压缩弹塑性介质，不能当作刚体对待，压缩波在另一层介质中仍然要引起压力和质点运动的传播。可类似于弹性波在多层介质中传播一样，但这时往往要考虑加载波、卸载波的传播，涉及塑性波速、卸载波速等。按照边界上的应力和质点速度应该相等的条件，可求得透射到另一层介质的压缩波。

压缩波在分层土壤中传播时的峰值衰减以及升压时间增长可以分别每层计算，在界面上理应考虑反射与透射作用。如果分界面离地表较近，考虑到界面上的反射波回到地表后折返的影响，可以认为透过界面的压缩波与上层介质一样，除非相邻介质的阻抗相差悬殊。

由于压缩波在分层土壤中传播的复杂性，土壤成分、含气量及含水量等很难预先准确估计，以及现有的土中压缩波计算方法又基于种种简化和假定等因素，对于具体工程设计来说，确定土中压缩波衰减、反射等各项参数只能采用简单、实用的方法，所以工程实际中计算土体压缩波参数应作具体分析。

5.3　核爆炸产生的岩土中压缩波——感生地冲击

自然土层随其含水量和气体存在方式的不同被分为非饱和土和饱和土。饱和土是指江河湖底及地下水位以下的土层，其孔隙中充满水、空气或其他流体的混合物，但空气（包括其他气体）的含量很少，且空气是以不与大气相通的小气泡的形式存在的。而一般所指的非饱和土中含有大量与大气相通的空气和水。本节先讨论核爆炸感生地冲击在非饱和土中的传播，然后分析在饱和土中的传播以及对不动刚体的反射。

5.3.1 非饱和土中压缩波

1. 非饱和土力学特性

非饱和土孔隙中含有大量与大气相连的空气和水。由于气水混合物的压缩性大大超过骨架颗粒的压缩性，因此无论在静荷载或动荷载作用下，对压缩变形的抵抗，主要由骨架提供。骨架的变形由骨架颗粒的弹性变形和彼此间的相对滑动来决定。但随着荷载的增加，骨架颗粒滑动增大，空气、水混合物压缩程度也增加，并破坏了孔隙与外界的连通结构，所以不但骨架颗粒的抗力增加，而且高压下空气、水混合物也逐步承担荷载的作用。如图 5.12 所示的是黄土静荷载压缩条件下重复加载试验的应力-应变曲线。图 5.12 中曲线变化显示出土壤加载、卸载的一般规律，加载曲线可以区分为三段。第一阶段，加载应力很小，骨架颗粒发生弹性变形，曲线变化近于直线。第二阶段中，随着加载应力的增大，骨架颗粒发生滑动，塑性变形发展较快，应变增长速率大于应力增长速率，曲线凹向应变轴。在第三阶段加载中，加载应力进一步增大，表现为多相压缩变形，变化规律反之，曲线凸向应变轴。加载曲线的三个阶段中，第一阶段可视为线弹性阶段，第二阶段称为递减硬化阶段，第三阶段称为递增硬化阶段。从土壤应力应变曲线的卸载曲线可以看出，加载至第二阶段后卸载均产生残余变形，即进入了塑性变形阶段。此外，最大应变滞后于最大应力时间，表明土壤力学特性存在一定的黏性特征。

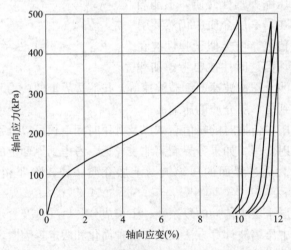

图 5.12　黄土有侧限的一维应力-应变曲线

为了进行压缩波作用的解析分析或数值分析，必须建立土介质的某种力学模型。在一维平面波理论中，对于非饱和土和岩石目前应用得最广泛，研究得最有成果的是弹塑性模型。这种模型忽略了应变速率对动荷载作用下变形的影响，即选取某一平均应变速率下的 σ-ε 曲线作为土壤的变形特性曲线；考虑了土壤变形的塑性，即土壤变形时所产生的不可逆的压缩变形。用这种模型分析压缩波的传播，能解释第一至第三个特点的产生，但不能解释第四个特点。特别是按照这个模型所计算的压缩波最大压力的衰减幅度远较实际为小。这是因为实际上土中压缩波的衰减原因除了土壤不可逆塑性变形引起的能量损耗外，还有压缩波非平面运动引起的能量空间弥散（几何衰减），以及考虑应变速率影响后引起的变形滞后所造成的能量耗散。

较好的模型是采用如图 5.12 所示的土介质的加载发展全过程分为线性、递减硬化和递增硬化三个阶段，且在变形过程中表现出塑性和黏性特征的黏塑性模型。但从防护工程的实际来看，大多数情况下，土中压缩波作用的峰值压力等级均处于土介质加载曲线的第二阶段。此外，考虑土的黏性影响的力学分析复杂得多，而且只有在应变速率变化很大且需考虑压缩波较长距离的传播过程时，黏性影响才有比较明显的反映。因此，从工程实用的角度出发，偏于安全考虑，在基本的力学分析中，仍采用弹塑性模型，近似取土介质的应力-应变关系如图 5.13 或图 5.7 所示，即加载曲线为两折线段（弹性阶段和塑性阶段），卸载段为线弹性卸载，见图 5.13（a），或等应变（刚性）卸载，见图 5.13（b），或介于两者之间，见图 5.7。这些模型又称普朗特（Prantle）模型或三线性模型。

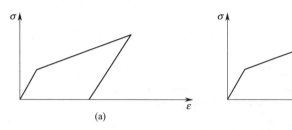

图 5.13 土介质的力学模型

（a）线弹性卸载；（b）刚性卸载

在三线性模型中，压缩波传播涉及弹性波速 c_0、塑性波速 c_1 以及卸载波速 c_2，可根据式(5-30)计算。但由于土介质的多样性，土壤的成分、密实程度、含水量等有很大变化，造成土中波速差异很大，一般应根据现场实测数据确定。在爆炸试验中，由于测得的波速数值是变化的，此时往往用压力开始起跳时的波速作为弹性波速，该波速也称为起始压力波速；用压力达到峰值时的波速作为塑性波速，该波速也称峰值压力波速。表 5.1 和表 5.2 列出了常见非饱和土及岩石的起始压力波速等参数。表中波速比 γ_c 为起始压力波速与峰值压力波速的比值，$\delta = 1/\gamma_2^2$ 为应变恢复比，γ_2 为卸载波速与峰值压力波速的比值。

2. 非饱和土中爆炸波传播的基本试验现象

核爆炸产生的空气冲击波作用于地面时，压缩土壤产生感生地冲击向地下传播。通过对试验资料的分析，非饱和土中压缩波呈现以下主要特点：

1）压缩波的压力峰值随传播距离的增大而不断减小；

2）地面有陡峭波阵面的冲击波在地下土层中传播时，会变成有一定升压时间的压缩波，升压时间随传播深度的增加而不断加大；

3）当压缩波的峰值压力大于 0.01MPa 时，在压缩波通过后，土就会产生一定的残余变形；

4）在某些试验中发现，土的最大变形不在最大应力到达的瞬时产生，而在其压力下降的时间内出现，即有滞后效应，甚至残余变形都可能超过最大应力到达时的变形值。因此，土的残余变形不仅由应力峰值决定，而且与波的作用时间有关。

3. 岩土中压缩波参数

对于大多数浅埋土中防护结构，均考虑核武器空中爆炸条件下的土中压缩波的作用。土中不同深度处的压缩波波形见图 5.14。近似取土中压缩波为一维平面应变波，比较符合核爆炸引起的土中压缩波的情况。如在爆心投影区或规则反射区，如图 5.15（a）所示，因冲击波波阵面曲率半径很大，且进入土中的波传播速度小于空气中反射区的冲击波速度，即土中压缩波的曲率大于冲击波波阵面曲率，故可近似认为土中压缩波波阵面是平面的。在不规则反射区，如图 5.15（b）所示，由于在工程设计抗力范围内，空气冲击波的传播速度较土中压缩波传播速度快得多，土中压缩波波阵面与地表面夹角较小，所以在结构几何尺寸相对不大时，可近似认为压缩波波阵面垂直向下传播引起的误差不大，且对梁板结构设计是偏安全的。

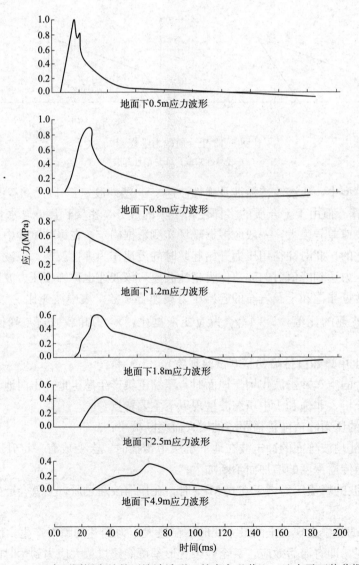

图 5.14 土中不同深度处的压缩波波形（甘肃永登黄土，地表平面装药爆炸）

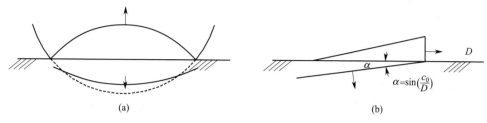

图 5.15 空气冲击波感生的土中压缩波波阵面
（a）规则反射区；（b）不规则反射区

由此可知，核爆炸条件下土中压缩波的基本计算模型可简化如下：

1）核爆炸地面冲击波为按等冲量简化的突加三角形波形，其参数为地面冲击波超压峰值 ΔP_{m}，等冲量降压时间 t_2。

2）核爆炸土中压缩波为土中一维平面应变波，变形模量以有侧限变形模量表征。

3）土介质力学模型取两折线加载、线性卸载的三线性弹塑性模型（普朗特模型）。

在工程设计中，核爆炸感生的土中压缩波波形可简化为三角形，其参数为压缩波峰值压力 P_h，压缩波升压时间 t_{0h}，压缩波降压时间 t_{02}，见图 5.16。

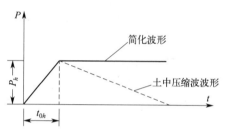

图 5.16 土中压缩波波形

根据上述模型，可应用一维平面波理论，得到土中压缩波峰值压力计算公式(5-43)以及升压时间等其他参数。但考虑到核爆空气冲击波波形为指数衰减，不是三角形，另外弹塑性模型中未考虑能量空间弥散以及黏性的影响。因此，对基于弹塑性土介质的一维波理论分析结果还需根据试验进行修正。

修正后的非饱和土中的压缩波参数如下：

$$P_h = \left[1 - \frac{h}{c_1 t_{02}}\left(1 - \frac{1}{\gamma_2^2}\right)\right]\Delta P_{\mathrm{m}} \tag{5-49}$$

或

$$P_h = \left[1 - \frac{h}{c_1 t_{02}}(1 - \delta)\right]\Delta P_{\mathrm{m}} \tag{5-50}$$

$$t_{0h} = (\gamma_{\mathrm{c}} - 1)\frac{h}{c_0} \tag{5-51}$$

$$t_{02} = t_2 \tag{5-52}$$

式中 P_h——土中压缩波峰值压力（MPa）；

     ΔP_{m}——地面冲击波峰值超压（MPa）；

     h——土（岩）体中的计算深度（m）；

     γ_2——卸载波速比，$\gamma_2 = c_2/c_1$；

     c_1——峰值压力波速（m/s）；

     c_2——卸载波速（m/s）；

     t_{02}——降压时间（s），按地面空气冲击波等冲量简化等效正压作用时间取值；

δ——应变恢复比，$\delta = 1/\gamma_2^2$；

t_{0h}——土中压缩波升压时间（s）；

γ_c——波速比，$\gamma_c = c_0/c_1$；

c_0——起始压力波速（m/s）。

岩土体的波速参数无实测资料时可按表 5.1 和表 5.2 取值。

当地面空气冲击波存在升压时间 t_0 时，则式（5-52）中只需将 t_0 加于等号右端即可。

岩石波速参数
表 5.1

围岩级别	起始压力波速 c_0(m/s)	波速比 γ_c	应变恢复比 δ	侧压系数 ξ
I	＞5000	1.00	1.00	＜0.25
II	3700～5200	1.10	0.90	0.25～0.33
III	3000～4500	1.20	0.90	0.33～0.43
IV	2000～3500	1.30	0.80	0.43～0.53
V	＜1700	1.40	0.80	＞0.53

注：1. 围岩级别应根据计算位置以上全部岩层的级别，按厚度的加权平均值确定；

2. 同一级别围岩，岩体质量指标高的 f_y 取大值，f_y' 取小值。

非饱和土物理力学参数
表 5.2

介质名称		状态	起始压力波速 c_0(m/s)	波速比 γ_c	应变恢复比 δ	侧压系数 ξ	直接地冲击衰减指数 n	感生地冲击衰减指数 n_1
碎石土	卵石、碎石	松散	300	1.50	0.9	0.25	3.00	2.50
		稍密	350	1.40	0.9	0.23	2.90	2.40
		中密	400	1.30	0.9	0.20	2.75	2.25
		密实	500	1.20	0.9	0.15	2.50	2.00
	圆砾、角砾	松散	250	1.50	0.9	0.25	3.25	2.50
		稍密	275	1.40	0.9	0.23	3.00	2.40
		中密	300	1.30	0.9	0.20	3.00	2.25
		密实	350	1.20	0.9	0.15	2.75	2.00
砂土	砾砂	松散	350	1.50	0.9	0.30	3.00	2.50
		稍密	375	1.40	0.9	0.29	2.90	2.40
		中密	400	1.30	0.9	0.28	2.75	2.25
		密实	450	1.20	0.9	0.25	2.60	2.00
	粗砂	松散	350	1.50	0.9	0.33	3.00	2.50
		稍密	375	1.40	0.8	0.31	2.90	2.40
		中密	400	1.30	0.8	0.28	2.75	2.25
		密实	450	1.20	0.8	0.25	2.60	2.00
	中砂	松散	300	1.50	0.5	0.35	3.00	2.30
		稍密	325	1.50	0.5	0.33	3.00	2.20
		中密	350	1.50	0.5	0.30	3.00	2.10
		密实	400	1.50	0.5	0.25	2.90	2.00

介质名称		状态	起始压力波速c_0(m/s)	波速比γ_c	应变恢复比δ	侧压系数ξ	直接地冲击衰减指数n	感生地冲击衰减指数n_1
砂土	细砂	松散	250	2.00	0.4	0.35	3.50	2.30
		稍密	275	2.00	0.4	0.33	3.50	2.20
		中密	300	2.00	0.4	0.30	3.25	2.10
		密实	350	2.00	0.4	0.25	3.00	2.00
	粉砂	松散	200	2.00	0.3	0.35	3.50	2.20
		稍密	225	2.00	0.3	0.32	3.50	2.15
		中密	250	2.00	0.3	0.31	3.50	2.10
		密实	300	2.00	0.3	0.30	3.25	2.00
粉土		稍密	200	2.50	0.2	0.43	3.50	2.00
		中密	250	2.25	0.2	0.38	3.50	1.75
		密实	300	2.00	0.2	0.33	3.25	1.50
黏性土	粉质黏土、黏土	坚硬	400	2.00	0.1	0.20	3.00	1.50
		硬塑	350	2.00	0.1	0.30	3.50	1.75
		可塑	200	2.00	0.1	0.50	3.50	2.00
		软塑	400	2.00	0.1	0.70		
老黏性土		—	350	1.75	0.3	0.30	3.00	2.00
红黏性土		—	200	2.00	0.2	0.40	3.50	2.00
湿陷性黄土		—	300	2.50	0.1	0.35	3.25	2.00

试验中发现，土中压缩波的正压作用时间会增长。但在核爆条件下，土中压缩波在峰值后的波形不必作深入、细致的分析。这是因为由于升压时间的存在，导致结构最大动变位时常发生在非常接近 t_{0h} 或比 t_{0h} 略大的时刻。这时，峰值后的波形对工程设计来说已显得不重要。因此，核爆炸感生的土中压缩波也可简化为有升压时间的平台形波形，如图 5.17 实线所示。

式(5-49)～式(5-52) 表征的非饱和土中的压缩波参数，是基于弹塑性土介质的一维波理论分析，并参照试验结果给出的，能较好地反映压缩波随土（岩）层深度的增加其峰值压力衰减、升压时间不断增加及卸载后有残余应变等实际试验得出的基本规律。式(5-49)、式(5-50) 的压力值衰减较慢，对于一般土壤，计算深度小于 1.5m 时，压力衰减通常不超过 5%。

5.3.2　饱和土中压缩波

1. 饱和土力学特性及基本试验现象

我国广大沿海地区和江南地区，长期处于高地下水位的自然环境中。土壤中的孔隙充满着水、空气或其他液体的混合物。试验和理论分析都表明，这些孔隙中的液体（包括空气和水）对土的动力性能有显著的影响。例如当孔隙中全部充满水时，土中的压缩波波速可高达 1600m/s，但若在孔隙中保存了占全部土体 1% 左右的空气，则波速就会降低到只有 200m/s 左右。又如在这类软土中，压缩波传播时，会出现随深度的增加升压时间越来越小的现象（又称内生激波现象），产生这种现象的原因，取决于饱和土特殊的力学特性。

饱和土可分为完全饱和土和不完全饱和土。完全饱和土中空气含量为零，土由固体颗粒和水所组成。不完全饱和土由固体颗粒、水和以封闭形式存在的小气泡三相介质组成。实际岩土工程中讨论的饱和土多为不完全饱和土。试验表明，饱和土中的含气量（α_1）对饱和土的力学性质有显著的影响。

在饱和土中，动力荷载作用时，土壤骨架也发生变形，并提供抗力，但是由于空隙充满了水和很少量的封闭空气，它的压缩性较骨架小很多（注意：这里指的是由固体颗粒组成的骨架的压缩性，不是指固体颗粒本身的压缩性）。因此对土壤压缩变形的抵抗主要来自于水和少量气体，而不是骨架颗粒。饱和土的压缩机理是水、空气和骨架的压缩，称为多相压缩机理，其中水的抗力是主要的。

1）完全饱和土的应力应变曲线

完全饱和土中，孔隙全部被水充满。水的压缩性比土中固体颗粒骨架的压缩性要小得多。在动荷载作用下，水来不及排出，故完全饱和土的变形特性主要由水决定，而且具有明显的液体特性，其应力-应变曲线具有凹向应力轴的形态，加载与卸载曲线重合，见图 5.17。波在完全饱和土中的传播基本与在水中传播差不多。

2）不完全饱和土的应力应变曲线

通常所称饱和土即为不完全饱和土，也称三相饱和土，土中孔隙为水和封闭气泡所填充。波在不完全饱和土中传播时，试验表明，波速及波形均与土中气泡含量、应力波的峰值压力等参数有重要影响，而且变化范围很大，并可能出现突变，故不完全饱和土中的应力波传播特性远比完全饱和土的情况复杂得多。

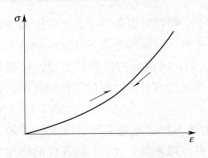

图 5.17　完全饱和土应力-应变曲线

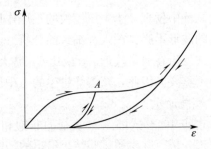

图 5.18　三相饱和土总应力-应变关系

爆炸荷载作用下，三相饱和土的总应力-应变关系呈现出图 5.18 所示的形状。从图 5.18 中可以看出，在爆炸压力比较小时曲线凸向应力轴，此时的应力-应变关系为递减硬化关系。随着压力的增大，曲线逐渐凸向应变轴，呈现递增硬化状态。曲线上的拐点 A 称为分界应力点，又称为界限应力点。通常在爆炸压力作用下，压力波通过该点后可能产生强间断，即出现激波状态。因为通过该点后，波速将变得越来越大，以致后面的波会追上前面的波。试验还表明，气相含量的大小对压力波传播特征起着决定性作用。在三相饱和土中，爆炸压力波通过后有残余应变发生，但比非饱和土要小得多。而当荷载大于分界应力后卸载和重新加载时，残余变形几乎不再增加。

2. 饱和土中压缩波波速

当峰值压力不是很小的压力波在饱和土中传播时，在其压力时程曲线中，也有起始压力速度和峰值压力速度。另外，当用声波仪测试或其他地震法（峰值压力很小的震动）测试时，测得的波速称为地震波速。在非饱和土中，地震波速与起始压力波速差不多。

介质中压缩波传播速度均可采用公式(5-12)计算。也即压缩波在饱和土中传播的波速 c 按下式计算：

$$c = \sqrt{\frac{E_{\text{aws}}}{\rho_{\text{aws}}}} \tag{5-53}$$

式中　E_{aws}——饱和土的变形模量；

　　　ρ_{aws}——饱和土的总的质量密度。

对于完全饱和土，气体含量为零，其压缩特性主要受水的特性控制。计算和试验表明，完全饱和土的起始压力波速、峰值压力波速以及地震波速均与水中声速差不多，工程上可取 1600m/s。

对于不完全饱和土或三相饱和土，由于其应力-应变曲线比较复杂，而且变动范围（指拐点、切线或割线模量）很大。因而不同的饱和土，甚至同一种饱和土，但具有不同的含气量 α_1 或峰值压力 P_{m} 其波速有很大的差别。理论计算和试验都表明，有时会相差一个数量级。如在界限压力以下，含气量为 0.01% 时，起始压力波速为 910m/s；含气量为 1% 时，起始压力波速仅为 200m/s。若在界限压力以上，饱和土的起始压力波速可高达 1500m/s。因此，饱和土的含气量 α_1 及峰值压力 P_{m} 是影响波速最重要的两个因素。

根据饱和土的应力应变曲线，当峰值压力 P_{m} 不大时，为递减硬化段，峰值压力波速小于起始压力波速；当峰值压力 P_{m} 大于界限压力时，为递增硬化段，峰值压力波速要大于起始压力波速，甚至形成冲击波，此时传播波速基本与完全饱和土差不多。

饱和土的界限压力按下式确定：

$$P_{\text{A}} = 20\alpha_1 \tag{5-54}$$

式中　P_{A}——饱和土的界限压力（MPa）；

　　　α_1——饱和土含气量（%）。

饱和土的含气量应按实测资料确定。无实测资料时，含气量可取 1.0%～1.5%。地下水位常年稳定时，宜取下限值；也可按下式计算：

$$\alpha_1 = n(1-S) \tag{5-55}$$

式中　n——土的孔隙度；

　　　S——土的饱和度。

但要注意的是饱和土的含气量 α_1 是随压力的增大而逐渐缩小及溶解于水中的，即 α_1 不是常量。因而在波峰（当压力足够大时）到达时，α_1 会减少，从而会使波峰的传播速度迅速提高。

因此，结合试验，饱和土的波速参数按下列规定确定：

1）当地面冲击波超压峰值 $\Delta P_{\text{m}} < 0.8P_{\text{A}}$ 时，起始压力波速 c_0 可按表 5.3 确定；波速比 γ_{c} 可取 1.5；应变恢复比 δ 可取非饱和土的相应值。

2）当地面冲击波超压峰值 $\Delta P_{\text{m}} > P_{\text{A}}$ 时，起始压力波速 c_0 可取 1500m/s；波速比 γ_{c} 可取 1.0；应变恢复比 δ 可取 1.0。

3）当 $0.8P_A<\Delta P_m<P_A$ 时，起始压力波速 c_0、波速比 γ_c、应变恢复比 δ 可按线性内插取值。

含气量 α_1（%）	4	1	0.1	0.05	0.01	0.005	<0.001
起始压力波速 c_0（m/s）	150	200	370	640	910	1200	1500

在不完全饱和土中，上述讨论的是以具有一定峰值压力的爆炸产生的压缩波。其压力峰值远较声波仪发生的震动的幅度要大得多。试验表明，声波仪或其他地震法（峰值压力很小的震动）产生的波在不完全饱和土中传播的波速对气泡的含量不敏感，如淤泥质黏土（含气量 2.2%），其测得的波速可高达 1200m/s，而同样的土用峰值压力为 0.05～0.3MPa 的爆炸压力试验时，其压力波速仅为 114m/s。这是由于非常微小的压力波在传播中没有充分压缩气泡，而是直接从水中传递应力及变形的。因此，声波仪或其他地震法（峰值压力很小的震动）测定的波速不能反映具有一定幅值的爆炸压力波的传播速度。

3. 饱和土中压缩波参数

从工程角度看，压缩波波形中至关重要的参数是峰值压力和升压时间随传播深度的变化情况。一般来说，峰值压力随着传播深度的增加而减少，但比非饱和土衰减要慢。另外在某些情况下，由于重力的作用以及其他的地质历史过程，自然条件下饱和土中的气体含量会随着深度的增加而逐渐降低，并最终达到完全饱和状态，这样在深度方向上介质阻抗随深度逐渐增大。应力波在介质阻抗逐渐增大的方向上传播时会出现"倒衰减"现象，也就是入射荷载峰值随深度逐渐增大，这种现象与非饱和土中的波传播现象截然不同。由于复杂性，在工程中这种情况常常被考虑成压缩波峰值压力不衰减或衰减很小。对于升压时间，如果压力峰值较小，对于应力-应变曲线在低压段具有凸向应力轴的饱和土中，则一般仍会在传播中出现升压时间增加的情况。但当压力足够大时，一般大于界限压力，饱和土应力-应变曲线中存在凹向应力轴的部分，此时理应出现峰值压力波速大于起始压力波速，这样在传到一定深度后，会出现压力间断，升压时间为零，即出现激波。

饱和土压缩波仍可简化为三角形或平台形，见图 5.18，参数 P_h、t_{0h} 仍按式(5-49)～式(5-52)计算。其中的波速参数按饱和土的波速参数取值。该组公式基本反映了压缩波在饱和土中传播的上述特点。

本节讨论的都是超地震区空气冲击波荷载作用下岩土中的应力和地运动参数。由于超地震区空气冲击波传播速度大于地冲击的传播速度，所以超地震区空气冲击波前地面下不可能有扰动传播。但在超前区，地冲击的传播速度大于空气冲击波传播速度。因此，超前区内的运动是非常复杂的，但位于超前区的土中浅埋结构所受的核爆荷载，一般地说，主要也仍是由核爆空气冲击波产生的感生地冲击荷载作用。

5.4　核爆炸产生的岩土中压缩波——直接地冲击

核武器触地爆炸、地面爆炸以及地下爆炸，均会在岩土中直接产生强烈的地冲击，其比空中爆炸感生的地冲击强度要大得多。地下核爆炸又分为浅埋核爆炸和地下封闭核爆炸。所谓地下封闭核爆炸，指核武器爆炸火球不露出地面，爆炸能量全部耦合到岩土中产生直接地冲击。而浅埋爆炸与地面爆炸，一部分能量直接耦合到岩土中直接产生地冲击，一部分能量传到空气中形成空气冲击波。因此，核武器地面爆炸（包括触地爆）以及浅埋爆炸直接引起的地冲击参数峰值可由地下封闭爆炸转换得到。所以，本节首先讨论地下封闭核爆炸时的直接地冲击参数，然后再讨论触地爆炸和地下浅埋等近地爆炸时的情况。

5.4.1 地下封闭爆炸

在地下封闭核爆炸作用下，爆炸产生的能量直接压缩岩土介质，爆心外围的岩土介质由里到外依次发生汽化、液化、剪切破坏以及拉裂破坏等。地下封闭核爆炸产生的直接地冲击以球面波向外传播。有关地下封闭核爆炸的国内外试验数据相对较多，而且，这些实测资料与用一维球对称流体弹塑性模型计算结果基本一致。据此，可以整理出一系列的地下封闭核爆炸的地运动参数的计算公式。

不同的岩体介质，地冲击的传播衰减规律不尽相同。理论计算结果表明，影响岩体中地冲击衰减快慢的主要因素是其内部孔隙的压实效应，而与岩样的个别物理力学参数的高低关系并不大。此外，岩体的节理裂隙、夹层、断层、破碎带等对地冲击衰减作用有重要影响，当应力峰值降至几百兆帕以下时，这种现象更为明显。在封闭的核爆炸试验中取得的实测资料也证明了上述论点。例如同一地区的两种花岗岩，它们的单个岩样力学性质基本一致，而岩体的裂隙发育程度及含水量不同，则在对应距离上测出的地冲击参数相差悬殊。又如裂隙发育的花岗岩与构造均匀、完整的砾岩，尽管它们的物理力学指标差别很大，但在这两种岩体中测得的地冲击应力数据，却大致可以合并成同一条衰减曲线。

因此，从地冲击衰减规律的角度出发，根据裂隙发育程度和孔隙率等因素，并考虑到工程设计的实用性，可将岩体分成三大类，即坚硬岩体（Ⅰ类）、中等坚硬岩体（Ⅱ类）、松散多孔介质（Ⅲ类），见表5.4。表中 $[\sigma]$ 为岩样的水饱和单轴抗压强度。特别强调的是，这里的分类与现有的地质系统的岩石分类和坑道系统的围岩分类不尽相同。

地下核爆炸岩体分类 表 5.4

岩体种类	第Ⅰ类坚硬岩石		第Ⅱ类中等坚硬岩石		第Ⅲ类松散多孔介质
主要特征	岩体的整体性和均质性较好；仅存在不发育的小节理裂隙		岩体稍破碎，节理裂隙发育；有小的错动面、夹层和断层；但无大的断层和破碎带		岩体极度风化，节理裂隙十分发育；存有大的地质构造，如褶曲、断层和破碎带；胶结力差
岩体举例	整体性较好的花岗岩、火山岩、砂岩、石灰岩	水饱和的多孔岩体，如湿凝灰岩	整体性较差的石灰岩、砂岩、花岗岩；整体性较好的砂砾岩	干燥的多孔岩体，如干凝灰岩	地表风化层；冲积土；以黄土为代表的土壤介质
主要性能参数 密度 $\rho(kg/m^3)$	>2500	2000	2000～2500	2000	<2000
纵波波速 $c_p(m/s)$	>5000	>2500	3000～5000	2000	<3000
$\rho c_p(kg/(m^2 \cdot s))$	>13×10⁶	>5×10⁶	6×10⁶～13×10⁶	4×10⁶	<6×10⁶
孔隙率 $n(\%)$	<3	<35	3～30	<35	>35
水饱和度 $\omega(\%)$	—	>90	<60	<50	<60
$[\sigma](MPa)$	>80	30	30～80		<30

应该指出，表 5.4 中第Ⅲ类岩体包括黄土。所以，下面介绍的计算公式中，凡适用于第Ⅲ类岩体者，均可推广应用到以黄土为代表的土壤介质去，不会引起太大的误差。

下面给出的地下封闭核爆炸直接地冲击参数计算公式是根据国内外的有关试验数据整理归纳得到的。

1. 近区地冲击

当 $2 \leqslant R/W^{1/3} \leqslant 25$ 时，

对Ⅰ类岩体：

$$\sigma_r = 3.21 \times 10^5 (R/W^{1/3})^{-1.92} \tag{5-56}$$

对Ⅱ类岩体：

$$\sigma_r = 2.94 \times 10^5 (R/W^{1/3})^{-2.00} \tag{5-57}$$

对Ⅲ类岩体：

$$\sigma_r = 7.0 \times 10^5 (R/W^{1/3})^{-3.09} \tag{5-58}$$

当 $2 \leqslant R/W^{1/3} \leqslant 30$ 时，

对Ⅰ、Ⅱ、Ⅲ类岩体：

$$V_r = 2.5 \times 10^{10} (R/W^{1/3})^{-1.91} \tag{5-59}$$

式中　σ_r——岩体自由场径向应力峰值（MPa）；

　　　V_r——岩体自由场质点径向速度峰值（m/s）；

　　　R——岩体自由场某点至爆心距离（m）；

　　　W——封闭核爆炸的当量（kt）。

2. 远区地冲击

1）自由场径向应力峰值 σ_r

当 $25 \leqslant R/W^{1/3} \leqslant 250$ 时，

对Ⅰ类岩体：

$$\sigma_r = 6.77 \times 10^5 (R/W^{1/3})^{-1.95} \tag{5-60}$$

对Ⅱ类岩体：

$$\sigma_r = 1.37 \times 10^6 (R/W^{1/3})^{-2.48} \tag{5-61}$$

对Ⅲ类岩体：

$$\sigma_r = 5.52 \times 10^5 (R/W^{1/3})^{-2.83} \tag{5-62}$$

2）自由场质点径向速度峰值 V_r

当 $30 \leqslant R/W^{1/3} \leqslant 250$ 时，

对Ⅰ类岩体：

$$V_r = 1.81 \times 10^4 (R/W^{1/3})^{-1.72} \tag{5-63}$$

其中，对于水饱和的多孔凝灰岩有：

$$V_r = 6.61 \times 10^4 (R/W^{1/3})^{-1.56} \tag{5-64}$$

对Ⅱ类岩体：

$$V_r = 4.2 \times 10^4 (R/W^{1/3})^{-2.14} \tag{5-65}$$

对Ⅲ类岩体：

$$V_r = 1.62 \times 10^5 (R/W^{1/3})^{-2.69} \tag{5-66}$$

3）自由场质点径向加速度峰值 a_r

当 $30 \leqslant R/W^{1/3} \leqslant 250$ 时，

对 Ⅰ 类岩体：

$$a_r W^{1/3} = 4.31 \times 10^8 (R/W^{1/3})^{-2.61} \tag{5-67}$$

对 Ⅱ 类岩体：

$$a_r W^{1/3} = 1.81 \times 10^9 (R/W^{1/3})^{-3.15} \tag{5-68}$$

其中，对于干燥的多孔凝灰岩，当 $30 \leqslant R/W^{1/3} \leqslant 200$ 时：

$$a_r W^{1/3} = 4.90 \times 10^9 (R/W^{1/3})^{-4.77} \tag{5-69}$$

当 $30 \leqslant R/W^{1/3} \leqslant 200$ 时，对 Ⅲ 类岩体：

$$a_r W^{1/3} = 2.24 \times 10^{12} (R/W^{1/3})^{-5.78} \tag{5-70}$$

综合分析地下封闭核爆炸的大量实测结果，可以给出直接地冲击的典型波形，见图 5.19，图中波形的正向代表压缩应力和沿径向向外的运动。由图 5.19 可以看出，应力波形与质点速度波形十分相似，其升压时间约为正相作用时间的三分之一；加速度的正相作用时间约等于速度的升压时间；而位移的上升时间与速度的正相作用时间基本相当；由于岩土介质在地冲击作用下发生了不可逆转的非线性变形，所以位移波形通常是不回零的。

地冲击应力波形的升压时间 t_0 和正相作用时间 t_1，可用下述公式来估算。

$$t_0 = (0.2 \pm 0.1)R/c_p \tag{5-71}$$

$$t_1 = (0.6 \pm 0.3)R/c_p \tag{5-72}$$

式中　t_0、t_1——分别为地冲击应力波形的升压时间和正相作用时间（s）；

　　　c_p——岩土介质的纵波波速（m/s）。

上两式中，"$\pm$"号后面的数值为误差范围。

5.4.2 近地（浅埋、触地）爆炸

与地下封闭核爆炸相比，核武器近地爆炸需要考虑的一个主要问题是地面的自由表面效应。对于近地爆炸，自由表面对运动场的扰动可以达到这样的程度，即关于直接引起的运动峰值沿一球面为一常数的假设，随所研究的自由场某点位置接近地表面而逐渐变得不可用。自由表面效应和介质强度的综合效应，会导致接近自由表面处的峰值应力和峰值速度低于在爆心下方轴线上等径向距离处的峰值应力与峰值速度。

根据试验资料以及理论研究，爆心下方的地运动特点与规律可以划分为三个区域，如图 5.20 所示。其中，Ⅰ区是一个夹于圆锥形表面之中的球形场，圆锥的顶角约为 $45°$；Ⅱ区位于 $45° \sim 70°$ 之间，在此区域内，运动的方向是指向球面周边，但是衰减速率比Ⅰ区高；在 $70°$ 以上为Ⅲ区，直接引起的运动被表面的衰减效应所支配，并与空气冲击波引起的感生地冲击效应发生复杂的相互作用。在Ⅰ区可以认为只受直接地冲击作用；在Ⅱ区，从地冲击强度来看，直接地冲击起主要作用；在Ⅲ区，须考虑直接地冲击和感生地冲击的相互作用，但越靠近地表面，感生地冲击越起主导作用。

当爆炸从封闭爆炸到地面爆炸时，能量耦合显著减少的原因是地面爆炸情况下，爆炸能量部分传播到空气中，没有全部耦合到地下中去。为此引入等效当量耦合系数 η，$\eta =$

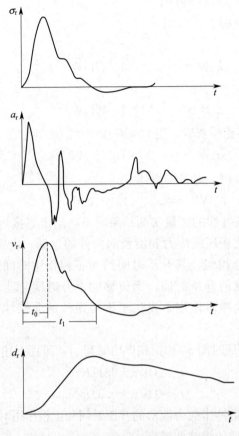

图 5.19　直接地冲击参数的典型波形

W_e/W，式中，W_e 为耦合到地下的核武器等效当量，W 为核武器当量。等效当量 W_e 定义为一封闭核爆炸的当量，此爆炸当量所产生的地冲击参数的峰值与当量为 W 的近地（浅埋、触地）核爆炸在同一测点上所产生的地冲击参数峰值相等。

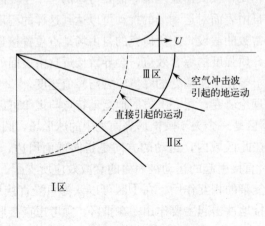

图 5.20　地面爆炸情况下地运动的分区

等效当量耦合系数不仅与岩体的性质有关，而且与武器的能量密度（即其当量与质量之比）有关。因此，核爆与化爆的等效当量耦合系数相差颇大，不能互相代替。不同的力学参数对应着不同的等效当量耦合系数。一般来说，加速度的等效当量耦合系数较大，位移最小，而应力、应变和质点速度居中且接近加速度。此外，等效当量耦合系数随着距爆心的远近而变化，只有当地冲击波传播到一定距离之后，才可以近似取为常数。

根据理论计算结果和实测资料，并考虑到便于使用，核武器触地爆时等效当量系数可按下式计算：

$$\eta = \begin{cases} f(R/W^{\frac{1}{3}}) & (R/W^{\frac{1}{3}} < 2h_a/W^{\frac{1}{3}}) \\ \xi & (R/W^{\frac{1}{3}} \geqslant 2h_a/W^{\frac{1}{3}}) \end{cases} \tag{5-73}$$

$$\left(\frac{R}{W^{\frac{1}{3}}}\right) = \begin{cases} 0.52(R/W^{\frac{1}{3}})^{-0.94} & (\text{I、II 类岩体}) \\ (R/W^{\frac{1}{3}})^{-1.22} & (\text{III 类岩体}) \end{cases} \tag{5-74}$$

$$\xi = \begin{cases} 0.06 & (\sigma \text{、} \varepsilon \text{、} V \text{、} \alpha) \\ 0.02 & (d) \end{cases} \tag{5-75}$$

式中　R——考察点至爆心的距离（m）；

　　　h_a——弹坑深度（m）。

将上述的等效当量 $W_e = \eta W$ 代入到封闭爆炸的地冲击参数计算公式（即用 W_e 取代 W），就可得到触地爆炸条件下 I 区直接地冲击参数的计算公式。

对于触地爆炸条件下的 II 区、III 区，由于临空边界的影响，沿着直接地冲击波的同一波阵面，从 45°线到地表面，各应力分量和运动分量是逐渐减弱的，运动参数逐渐增强了指向地表的垂直分量。尤其是在表层附近，各运动参数的垂直分量（波阵面切向）与水平分量（波阵面径向）大致相等。依据 I 区各径向地冲击参数，借助于理论计算结果导出 II 区和 III 区相应地冲击参数的拟合公式如下：

$$X_r(R/W^{\frac{1}{3}}, \theta) = X_r(R/W^{\frac{1}{3}}) f(\theta)^n \tag{5-76}$$

$$f(\theta) = \cos(\theta - 45°) - 0.1\sin(\theta - 45°) \quad 45° \leqslant \theta \leqslant 90° \tag{5-77}$$

式中　　　　R——考察点至爆心的距离（m）；

　　　　　　θ——考察点至爆心的联线与铅锤轴之间的夹角（°）；

$X_r(R/W^{\frac{1}{3}}, \theta)$——比例距离 $R/W^{\frac{1}{3}}$、夹角 θ 处的峰值径向应力（MPa）、应变、质点速度（m/s）、质点加速度（m/s^2）和位移（m）；

$X_r(R/W^{\frac{1}{3}})$——I 区内比例距离 $R/W^{\frac{1}{3}}$ 处的峰值径向应力、应变、质点速度、质点加速度和位移；

　　　　$f(\theta)$——随 θ 变化的函数；

　　　　　n——各参量对应的衰减指数。

对于浅埋爆炸，美国 1974 年版《空军防护结构分析与设计手册》中给出了硬岩与凝灰岩的等效当量耦合系数，见表 5.5 和 5.6，同时表中也给出了触地爆炸的等效当量系数。表 5.6 中的等效当量耦合系数也可近似适用于软岩和干土介质。

硬岩近地爆炸的等效当量耦合系数   表 5.5

爆炸方式	应力、质点速度	位移
浅埋	0.16	0.04
触地	0.04	0.01

凝灰岩近地爆炸的等效当量耦合系数   表 5.6

爆炸方式	应力、质点速度	位移
浅埋	0.16	0.01
触地	0.04	0.0025

从表 5.5 和 5.6 可以看出,位移的等效当量表现出对介质性质有明显的依赖关系,这是由于峰值位移与自由表面效应有关的晚期现象以及稀疏波通过介质的运动速度紧密相关。

同样,依据上述方法,将表 5.5、表 5.6 中浅埋爆炸等效当量耦合系数值代入相关公式即可求得浅埋爆炸的地运动各参数值。

5.5 常规武器爆炸产生的土中压缩波

5.5.1 基本现象与特点

常规武器装药爆炸产生的地冲击荷载是地下防护工程,尤其是浅埋防护工程的主要设计荷载。地面或土中爆炸产生的地冲击通常大于其在空中爆炸。地冲击的强度与在爆炸点直接传入地下的耦合能量或由传播中的空气冲击波间接耦入地下的能量成正比。一种极端情况是全封闭爆炸,此时全部爆炸能量都耦入地下产生的直接地冲击。另一种极端情况是空中爆炸,此时地冲击主要是作用在地面上的空气冲击波产生的感生地冲击。当常规武器在地面或靠近地面或侵入土中浅层爆炸时,爆炸的一部分能量传入地下,形成直接地冲击;另一部分能量通过空气传播形成空气冲击波并产生感生地冲击。

炸药地面爆炸条件下的试验测量结果表明,土中爆炸波的传播可划分为三个明显不同的区域(图 5.21):

1)中心区(直接地冲击区)。该区是在靠近 z 轴的相当大的中央位置,有的试验给出该区的范围为 $0° \leqslant \beta \leqslant 45°$,$\beta$ 为爆心径向与地面铅垂线的夹角。在该区内,爆炸波只有一个最大值,该最大值即为炸药爆炸直接在土中传播的地冲击峰值。由此可见,该区主要受到直接地冲击的影响。

2)表面区(间接地冲击区)。该区是在靠近地表的位置,有的试验给出该区的范围为 $70° \leqslant \beta \leqslant 90°$ 的表面区域。在该区内,爆炸波有两个最大值,第一个最大值对应于空气冲击波在土中引起的感生地冲击峰值,第二个最大值对应于炸药爆炸直接在土中传播的地冲击峰值。由此可见,该区既受到间接地冲击的影响,又受到直接地冲击的影响,一般情况下,感生地冲击峰值大于直接地冲击峰值。

3)过渡地冲击区。该区的范围为 $45° \leqslant \beta \leqslant 70°$。在该区内,爆炸波也分别有直接地冲击和感生地冲击两个峰值,且一般无法直接判断大小关系,处于该区的工程结构需要分别计算两个峰值，取大值作为设计荷载。

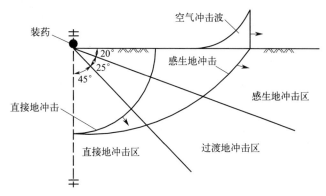

图 5.21　炸药地面爆炸情况下土中自由场的分区

归纳起来，化爆产生的地冲击主要有以下 4 个特点：

1）化爆产生的地冲击一般仅作用在一定的范围之内，其波阵面是非平面的；而核爆炸产生的土中压缩波，作用范围比较广，一般可看成垂直向下传播的一维平面波。因此，化爆地冲击的传播比核爆更复杂。

2）化爆产生的地冲击作用时间短，一般为几毫秒到几十毫秒；而核爆炸土中压缩波作用时间较长，可达上千毫秒。

3）相对核爆来讲，化爆产生的土中地冲击峰值压力随传播深度的增加衰减较快。

4）对非饱和土，地面有陡峭波阵面的冲击波在地下土层中传播时，会变成有一定升压时间的压力波，升压时间随传播深度的增加而不断加大，波形随深度的增加而逐渐变缓变长。

一般说来，影响化爆地冲击参数的因素很多，主要有：炮航弹的弹壳、装药的几何形状、装药量、装药位置、装药类型、填塞或耦合效应以及介质特性等。与核爆炸相比，化爆产生的地冲击参数的确定更加复杂。下面介绍化爆产生的地冲击参数的半理论半经验计算方法。

5.5.2　地面爆炸时土中压缩波参数

常规武器爆炸时的岩（土）体中压缩波波形可简化为有升压时间的三角形（图 5.22）

1. 直接地冲击

如图 5.23，炸药地面爆炸时，在 0～45° 区域，荷载以直接地冲击为主，其压缩波峰值与荷载作用时间如下：

$$P_h = 6.83 \times 10^{-6} \rho c \times \left(\frac{2.8R}{\sqrt[3]{\zeta C}} \right)^{-n} \left[\xi + (1-\xi) \cos^2 \varphi \right] \tag{5-78}$$

$$t_r = \frac{0.1R}{c_0} \tag{5-79}$$

$$\tau_i = \frac{2.0R}{c_0} \tag{5-80}$$

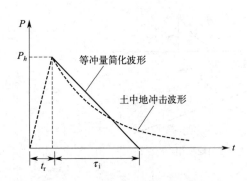

图 5.22　炸药爆炸土中地冲击波形　　　图 5.23　过渡地冲击区的压缩波（45°＜φ＜70°）

式中　P_h——直接地冲击区的压缩波峰值压力（MPa）；

ρc——介质波阻抗［kg/($m^2 \cdot$ s)］，为介质质量密度与峰值压力波速的乘积，当无实测数据时，可按表 5.1、表 5.2 采用；

R——考察点至装药中心的距离（m）；

C——常规武器的等效 TNT 装药量（kg）；

φ——偏离角，（°），即考察点至装药中心连线与计算应力方向的夹角；

t_r——压缩波升压时间（s）；

τ_i——压缩波等冲量降压时间（s）；

ζ——装药类型换算系数，可参照表 2.1 采用；

ξ、n、c_0——分别为侧压系数、衰减系数、介质的起始压力波速，当无实测数据时，可按表 5.1、表 5.2 采用。

2. 感生（间接）地冲击

在 70°～90°区域（图 5.23），荷载以感生地冲击为主。

$$P_h = \Delta P_m \exp\left(-n_1 \times \sqrt[3]{\frac{h}{1000\tau}}\right) \tag{5-81}$$

$$t_r = \frac{h}{c_0}(\gamma_c - 1) \tag{5-82}$$

$$\tau_i = \theta\tau \tag{5-83}$$

式中　P_h——化爆地面空气冲击波在深 h 处土中感生地冲击峰值压力（MPa）；

ΔP_m——考察点在地表投影点处的地面冲击波超压值（MPa）；

n_1——感生地冲击在介质中的衰减系数，当无实测资料时，可按表 5.1 采用；

h——考察点至地表的垂直距离（m）；

τ——考察点在地表投影点处的地面冲击波等冲量降压时间（s）；

t_r、τ_i——分别为土中地冲击的升压时间和等冲量作用时间（s），如图 5.23 所示；

c_0——土体起始压力波速（或称弹性波速）（m/s）；

γ_c——土中弹性波速与塑性波速之比；

θ——土中压缩波正压作用时间延长系数，当 $0 \leqslant h \leqslant 2$ 时，可取 $\theta = 1.0 + 0.5h$，当 $h > 2$ 时，可取 $\theta = 2.0$。

该组公式较好地反映了炸药爆炸空气冲击波在土中传播的规律：峰值压力随深度降低，波阵面变缓、作用时间增长等特点。

3. 过渡地冲击区的压缩波参数

$$P_h = \left(\frac{70-\varphi}{25}\right)P_{hA} + \left(\frac{\varphi-45}{25}\right)P_{hC} \tag{5-84}$$

$$t_r = \left(\frac{70-\varphi}{25}\right)t_{rA} + \left(\frac{\varphi-45}{25}\right)t_{rC} \tag{5-85}$$

$$\tau_i = \left(\frac{70-\varphi}{25}\right)\tau_{iA} + \left(\frac{\varphi-45}{25}\right)\tau_{iC} \tag{5-86}$$

式中 P_h——过渡地冲击区的压缩波峰值应力（MPa）；

        t_r——过渡地冲击区的压缩波升压时间（s）；

        τ_i——过渡地冲击区的压缩波等冲量降压时间（s）；

P_{hA}、t_{rA}、τ_{iA}——分别为直接地冲击区与过渡地冲击区分界面上 A 点（图 5.23）的压缩波参数；

P_{hC}、t_{rC}、τ_{iC}——分别为感生地冲击区与过渡地冲击区分界面上 C 点（图 5.23）的压缩波参数。

5.5.3 埋深对土中压缩波的影响

当常规武器在土中爆炸或接触地面爆炸时，由于爆炸的全部或大部分能量直接耦合入土介质中并形成直接地冲击。该直接地冲击是地下防护工程，特别是高等级地下防护工程防常规武器直接命中除局部破坏效应外所要考虑的主要荷载，如图 5.24 所示。

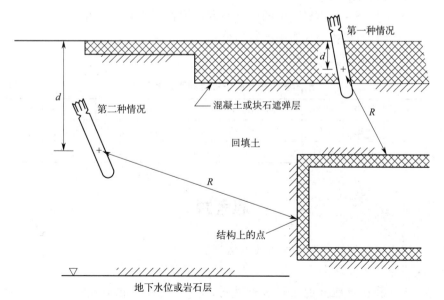

图 5.24 常规武器爆炸对土中结构作用的示意图

炸药在土中爆炸时产生的直接地冲击呈球面扩散，爆炸时在爆心附近出现冲击波，随后在土中转变为有升压时间的压缩波。

设爆炸入射压缩波到达土中某点的时间为 t_a，升压时间为 t_r，其计算公式为：

$$t_a = \frac{R}{c_0} \tag{5-87}$$

$$t_r = 0.1 t_a \tag{5-88}$$

式中 R——爆心至考察点的距离（m）；

c_0——波在传播距离 R 上的传播波速（m/s）。

直接地冲击可以按照直线达到峰值以后，在到达时间 t_a 的 $1\sim3$ 倍内按指数形式衰减确定。

$$P_h = 48.77 \times 10^{-6} \times f \times \rho c \times \left(\frac{2.8R}{\sqrt[3]{\zeta C}}\right)^{-n} [\xi + (1-\xi)\cos^2\varphi] \tag{5-89}$$

其中，f 为耦合系数，其定义为：部分埋设或浅埋爆炸（近地爆）与完全埋设爆炸（封闭爆炸）在同一介质中所产生的地冲击大小的比值。它是对封闭爆炸产生的地冲击参数的一种折减，用来描述浅埋爆炸效应的，可表示为：

$$f = \frac{(\sigma, v, d, I, a)_{\text{近地爆}}}{(\sigma, v, d, I, a)_{\text{封闭爆}}} \tag{5-90}$$

对不同的介质，如土、混凝土和空气，耦合系数是不一样的，它与装药的比例爆深有关。这些介质中的耦合系数取值见表 5.7。当装药侵入到两种介质及以上（包括空气）时，耦合系数为各层介质耦合系数按各层介质中所占装药量的加权之和，即：

$$f = \sum f_i \cdot \left(\frac{C_i}{C}\right) \tag{5-91}$$

式中 f——总的耦合系数；

f_i——装药在每层介质材料中的耦合系数，按表 5.7 确定选用；

C_i——常规武器在各层介质中的装药量；

C——常规武器的总装药量。

集团装药在介质中爆炸的耦合系数 f 　　　表 5.7

$h/\sqrt[3]{C}$	≤0.01	0.02	0.04	0.06	0.08	0.10	0.20	0.30	0.40	0.50	≥0.60
坚硬介质	0.88	0.90	0.95	0.97	0.98	1.00	1.00	1.00	1.00	1.00	1.00
软弱介质	0.45	0.47	0.51	0.55	0.58	0.62	0.77	0.88	0.96	0.98	1.00

思考题

5-1 简述土中压缩波与空气冲击波的区别。

5-2 说明为什么核爆炸下非饱和土中压缩波没有陡峭的波阵面？

5-3 分析计算核爆感生的土中压缩波时运用了哪些简化假设？这些假设的根据是什么？

5-4 核爆感生压缩波在非饱和土中传播有何特点？

5-5 化爆土中压缩波传播有何特点?

计算题

5-1 MK83 地面爆炸(表 5.8),爆心下 3.0m 处土中压缩波的动荷载峰值压力是多少?(土为粉质土),距爆心水平距离 10m、竖向距离 0.5m 处土中压缩波峰值是多少?

计算题 5-1 用表

表 5.8

战斗部	弹质量 P(kg)	弹径 d(m)	弹体长 L(m)	装药量 C_0(kg)	当量系数 β	L_r/d	弹壳厚(cm)
MK83	447	0.356	1.86	202	1.35	1.94	2.0

5-2 核爆空气冲击波峰值为 0.8MPa,作用时间为 500ms,试问:

(1) 粉质黏土中传播距地面 3m 处压缩波参数是多少?

(2) 在含气量为 0.1% 的饱和土中传播,深 3m 处的压缩波参数是多少?

第6章

防护结构上动荷载的计算

6.1 概述

埋于地下的结构，当上面的覆土厚度较薄不能满足成拱条件时，称为浅埋结构。通常覆土不满 0.5m 时叫齐地表结构。若从施工方法来看，这类结构通常采用掘开式施工。齐地表结构的顶盖直接承受地面冲击波超压的作用。浅埋结构由于上部覆土中的压缩波和结构存在动力相互作用，故荷载的确定比较复杂。对于暗挖施工的坑地道结构或深埋结构，可采用卸荷拱理论或其他方法确定结构上的荷载，本章不作介绍，将在后面的章节予以介绍，本章主要介绍浅埋结构和地面结构上动荷载的确定。

6.1.1 影响土中结构上动荷载的主要因素

试验和分析表明，核爆炸荷载作用下地下结构所受的动荷载，与许多因素有关，主要有：

1. 地面空气冲击波以及它引起土中压缩波，或武器爆炸直接产生的压缩波特性

核爆炸土中压缩波可看作一维平面波，但实际上地下结构顶盖的大小是有限的，压缩波遇到顶盖反射，而通过两侧的土壤时不存在反射，因此在顶盖的边缘上将产生压力差。顶盖上方的土壤因受较大的反射压力，有向两侧挤压的趋势，逐次向中间传播，致使顶盖上的反射压力降低，这种现象称为环流效应。顶盖尺寸较小时，反射压力很快疏散，结构受到压缩波荷载的动力作用减弱。此外，由于顶盖上面的土壤受阻不能与两侧土壤一起向下运动，并由于土壤内部的摩擦力和粘结力，使结构顶盖两侧边缘上的压力又有所增加，顶盖上的压力呈现中间大、两侧小的特征。由此可见，顶盖上的反射压力并非均匀分布，就其平均值来讲，顶盖的横向尺寸越大，受到的平均反射压力也越大。核爆炸土中压缩波作用时间较长，地下结构上的动荷载往往受到地表面反射拉伸波的影响。

2. 土介质的特性，也即压缩波在自由场中传播时的参数变化

压缩波荷载与土壤含水量关系极大，当结构处于地下水位较高的地区，更要考虑地下水的影响。压缩波在饱和土层中传播时甚少衰减，同时因为饱和土的压缩性极小，使得结构所受的荷载大幅度增加。

另外，从波在多层介质中的传播理论可知，当结构上方有两层阻抗悬殊的土壤，如果上层松软，下层坚硬，则通过介质分界面进入下层介质的压缩波峰值会有所增加，对下边的结构将产生不利的作用。但如果土层的厚度较薄，由于波在介质层内的来回反射，见第5章图 5.6，可以不考虑分层界面存在的影响。

3. 覆土深度的影响

土中结构所能承受的压缩波荷载，是因地面空气冲击波的作用经由土体传递的，结构受到的荷载首先与压缩波本身的传播特性有关。随传播距离的增加，压缩波峰值衰减，而升压时间近似按线性比例增长，其效果是降低对结构的动力作用。若单以这一点而论，则结构埋置越深，受力越小。

另外，压缩波荷载还要受自由地表反射的影响，在埋置不深的情况下，这种影响不容忽视。压缩波遇到结构顶盖时产生反射压缩波往回传播，反射波所到之处介质压力增高，当它返回遇到自由地表时，会形成向下传播的拉伸波。拉伸波所到之处压力迅速降低。当它传到顶盖上时，顶盖上的压力亦随之减少。如果结构埋置较深，则拉伸波到来的时间较晚，在此以前，结构可能已经达到了最大变形，因而拉伸波来不及起到卸载作用。如果结构埋置很浅，由于拉伸波造成的卸载有可能大部分抵消入射波在顶盖上的反射作用，因此可认为顶盖受到的压力荷载等于地面空气冲击波超压。从这个角度来看，似乎结构埋深以靠近地表为好。如果同上面所说的衰减等因素综合考虑，对于某一种工事，有可能存在某一个埋深处，结构受到的荷载最大。

4. 压缩波遇到结构时产生反射，卸荷等波动现象，它对结构产生的压力效应取决于波与结构的相互作用机理

当压缩波遇到结构顶盖时会发生反射，荷载得到增强，同时结构将发生整体位移和变形，而整体位移和变形又会反过来影响原来的压缩波荷载。这种力学现象称为介质与结构之间的动态相互作用，或简称土与结构相互作用。这个影响体现在动态反应的过程之中，不能事先以定量的方式给定。但对平顶结构而言，压缩波作用下顶盖的变形是顺着波的传播方向的，所以结构的变形使得压缩波荷载减小。同理，柔性地基有较大的沉陷，使结构获得较大的整体位移，所以柔性地基结构的顶盖荷载要比刚性地基时小。至于拱形结构，虽然结构有些部位会发生与压缩波传播方向相反的变形，但是这些部位增加的荷载却是起着类似于静力问题中的弹性抗力作用，使得结构承载能力提高。总的来说，考虑相互作用有利于发挥土中结构的潜力。

以上介绍的是核爆炸荷载作用下土与结构相互作用的特点和影响动荷载的主要因素。但是，化爆产生的土中压缩波由于其具有非平面波、峰值压力高、衰减快、作用时间短等特点，其在土中传播时遇到结构产生的相互作用将更为复杂，与核爆炸荷载条件下会有所不同，如地表和结构的整体运动的影响往往不是关键因素。

6.1.2　土中结构上动荷载的计算方法

结构分析的最终目的，是要求给出结构的动变位及动内力。就其所采用的力学模型可归纳为两类：一类是首先确定作用于结构周边的动荷载，将土与结构分离开来，如同地上结构那样去做动力分析，求取结构变形及内力；另一类是将土和结构作为一个整体统一考虑，应用波动理论，或者应用有限元等数值方法，按半无限（或无限）平面（或空间）问题去求解。

　　无疑，按照第一类分析法（二步法），在确定动荷载时，必须注意正确反映波与结构的相互作用。否则，给出的动荷载不能反映实际情况。第二类分析法（一步法）中将土与结构认为一个整体。应用波动理论的解析法或数值分析方法，按半无限（或无限）平面（或空间）问题求解，目前运用得比较多的，也是行之有效的是有限元分析法。其计算精度主要取决于土介质及结构材料力学参数的选取。这一类设计方法相当复杂，目前尚只应用于一些重要的工程。因此工程设计中大多采用第一类方法。

　　确定土中结构动荷载有以下3种主要方法：

1. 土与结构相互作用方法

　　这是基于一维波动理论基础的理论分析公式，能够解释多种试验现象，对于刚性较大的及刚性较小的结构具有较好的精度。

　　该法具有两步法的形式，即先求出作用于结构上的动荷载，再对结构进行动力响应分析。但是，在确定动荷载时，采用了一步法的思想，即采用耦合的分析方法。它将土与结构视为一个整体，从地面冲击波或土中压缩波到达开始，用波动理论分析波在土介质中的传播，遇结构后的反射及卸荷等效应，最终求得作用于结构上的动荷载。因而，它在土中抗爆结构动力分析中，理论分析推导比较严谨，能较好地揭示动荷载的发生与发展的机理及规律。

2. 三系数法等半经验半理论方法

　　"三系数法"是多年来对核爆作用下土中浅埋结构上所承受的荷载发生的机理的理解而广泛使用的一种简化方法。该法是一种半经验半理论的公式，对于整体式中等跨度的平顶钢筋混凝土结构，精度较高。

　　所谓"三系数法"，从"直观"上看，自地面爆炸空气冲击波超压转化为作用于结构上的计算荷载（等效静荷载）需乘上三个系数：压缩波在土中传播的衰减系数，遇到结构的反射系数以及变为等效静荷载的动力系数。

　　当将结构视为无限大不动刚体时，按弹性波考虑的反射系数为2，若将土视为双折线弹塑性体时，反射系数在1～2之间变化。考虑到结构的变形及沉陷引起的卸荷效应、自由地表面的卸载影响以及由于结构的有限尺寸引起的应力集中效应（在顶底板边缘附近），实际的"反射"效应还将有所变化。

3. 拱效应方法

　　拱效应的概念本来是在静荷载作用下提出来的，它的实质是依靠土的抗剪能力将土压力从较大变形处转移到较小变形处，所以拱效应的大小取决于结构的变形程度和土的抗剪强度。根据静力试验，在抗剪强度较高的砂中，拱作用非常显著。埋深等于（0.2～1.5）倍跨度的砂中结构，其极限承载能力可为齐地表结构的3～6倍。在压缩波没有到达结构或结构尚未发生变形以前，是不可能有拱效应的。因此，动荷载作用下，开始时无拱作用，约在4～10ms后呈现拱效应，因而减少了作用在结构上的后期荷载。但如果外加压力太大，有可能超出土壤的抗剪强度，这时不能形成拱作用，通常只有压力在3.5MPa以下时才能考虑。

　　拱效应法难以准确地描述爆炸压缩波作用下土与结构的相互作用的机理是一种半经验半理论的方法。

　　本章首先介绍土与结构相互作用的基本原理，以及核爆条件下土与结构相互作用的分析方法及考虑土与结构相互作用的荷载的简化确定方法——三系数法；然后讨论化爆条件下按照土与结构相互作用的荷载的分析方法；最后讨论爆炸作用下地面结构上的动荷载确定方法。

6.2　土中压缩波与结构相互作用基本理论

6.2.1　基本假定

1）一维平面波假定。土中压缩波按一维平面波在土中传播，遇到结构时忽略二维、三维效应的影响。

2）土结构界面处的应力和速度在加载过程中保持连续。

3）土壤的本构性质用有侧限一维压缩状态下的应力应变曲线描述，按双线性加载等应变卸载考虑。

因此，按一维波理论，在加载条件下，由于一般土壤弹性屈服极限 σ_s 较小，土壤质点速度可近似为：

$$v_h = \frac{\sigma_s}{c_0\rho} + \frac{P_h - \sigma_s}{c_1\rho} \approx \frac{P_h}{c_1\rho} \tag{6-1}$$

式中　v_h——土壤质点速度；

ρ——质点密度；

P_h——土中压缩波压力；

c_0、c_1——分别为土壤的弹性波速和塑性波速。

6.2.2　分析模型

当压缩波作用于土中结构时，由于构件变形和结构沉陷，使结构不能当成"不动刚体"。也就是说，结构上表面处的速度不等于零。这样，根据假定2），在结构表面上有：

$$\begin{cases} P_j = P_i + P_f \\ v = v_i - v_f \end{cases} \tag{6-2}$$

式中　P_j——作用于结构顶板上的相互作用荷载；

P_i、P_f——分别为入射波和反射波的压力；

v_i、v_f——分别为入射波和反射波的土壤质点速度；

v——结构顶板的运动速度。

只要结构表面的土壤处于加载区，就可以应用式（6-1），即 $v_i = \dfrac{P_i}{c_1\rho}$，$v_f = \dfrac{P_f}{c_1\rho}$，代入到式（6-2），并考虑到 $P_i = P_h$，于是有：

$$P_j = 2P_h - \rho c_1 v \tag{6-3}$$

这就是考虑相互作用理论确定结构顶盖动荷载的基本公式。式（6-3）中的 v 应包括顶板变形引起的位移速度以及结构整体沉陷引起的位移速度。

从式（6-3）可见：作用在土中结构上的压力与土中结构的运动速度有关，而结构的运动速度显然又与结构所受到的压力 P_j 有关。它们是相互关联、相互作用的，所以这种分析理论就叫"土与结构相互作用理论"。

若结构的运动比土块，则在土和结构之间就会形成空隙，出现空隙现象即意味着不再有力作用到结构上，也即式(6-3)不再成立，相互作用荷载 P_1 等于 0。

6.2.3 土中压缩波与结构相互作用特点

爆炸波以压缩波的形式在土中传播，遇结构后发生反射，使得作用于结构上的压力上升为反射压力。结构在动荷载作用下随之发生运动。在反射压力达到峰值压力后，由于反射压力的下降以及结构向下变形的影响，使得首先在紧贴结构表面的土层中的压缩加载状态转变为"卸载"状态。在弹塑性介质中，卸载时产生的这种新的扰动（称之为结构卸载波）将不断向上发展，从而改变介质中及结构表面上的压力状态。可以想象，这时结构与土体的紧密贴合状态有所松弛，从而导致结构上的压力较快地下降。

此外，压缩波遇结构产生反射后，继而又以压缩波的状态向地面传播。遇地表面后又发生反射。注意，这时是以拉伸波的状态向下传播（称之为地表卸载波）。拉伸波所到之处，介质中压力迅速下降为入射波压力，于是在结构卸载波和地表卸载波的共同作用下，作用在顶盖上的动荷载会迅速下降，从而在动荷载时程曲线上会出现一个凹陷，见图 6.1。

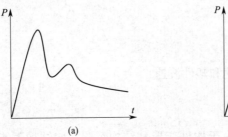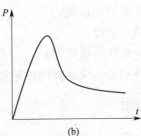

图 6.1　压力波形
（a）土中自由场压力波形；（b）核试验中实测的结构顶盖压力波形

由此可见，对于埋于同一种土中的不同深度处的工事，当地表卸载波来得过早时（埋得过浅），图 6.1 中凸出的压力部分过窄使动力效应减弱。反之，当地表卸载波来得过迟时（埋得过深），则会由于升压时间增长和峰值压力受到衰减而降低动力效应。因而，应用相互作用理论，可以解释核试验中多次出现的在某一深度上的工事顶盖破坏较严重的现象。

分析表明，应用相互作用理论，对于作用于顶盖上的动荷载具有相当好的精度。对于结构跨度较小的情况下，在进行简单的二维效应修正后，相对于二维分析估计其误差不会大于 20%。

6.3　核爆条件下土中浅埋结构上的动荷载

6.3.1　考虑土与结构相互作用的分析方法

核爆炸条件下土中压缩波与浅埋结构相互作用理论分析已日臻完善，为了便于分析，根据常用结构的力学特征，在相互作用分析中，将计算模型归并为如下 6 类：

1）刚性结构。对于构筑于一般土壤中的整体式钢筋混凝土结构（如框架结构、箱形结构、由梁板结构及无梁楼盖组成的结构等），试验及动力有限元分析表明，结构本身的弯曲、压缩变形远较结构整体沉陷为小。大多数情况下，弯曲变形只占全部变形的 15%～25% 左右，故在确定相互作用荷载中，可视结构为刚性。这在分析土中卸荷波的发展时较为方便，而引起的误差很小。这类结构在人防工程及国防工程中大量使用。

2）柔性结构，即刚性地基上的结构。当结构构筑于岩基上，由于整体沉陷很小，顶板的弯曲变形是造成结构卸荷波发生与发展的主要原因。这时结构顶板的弯曲变形已不能忽视，但可忽视结构的整体沉陷。

3）柔性地基上的柔性结构。当需要同时考虑结构整体沉陷及结构的柔性变位对荷载的影响的结构，即为柔性地基上柔性结构。一般需引入整体位移和顶盖变形两个独立参数，结构成为两个自由度的体系；如果在考虑底板的柔性，则成为三个自由度体系。

4）成层式结构。当需要抵抗常规武器直接命中时，常采用这种结构。这种结构的主要特征是复土层中夹有一层用钢筋混凝土或浆砌块石等坚硬材料构成的夹层。

5）夹层地基上的刚性结构。大多数土中结构底板下的地基土不是均匀的单一土层。当底板下的土层不十分厚、土层下面又是岩基时，再视底板下土层为单一土层会带来较大误差。

6）带条形基础的刚性结构。当不采用整板基础而采用条形基础时，对基础而言，由于横向尺寸较小，按一维波理论分析误差较大，故对这类结构，在分析中，应考虑二维效应。

从力学分析的角度上看，第一种分析模型是最基本的。本节将以第一种模型为主进行分析。

1. 刚性结构的分析方法

由于刚性结构构件本身的变形速度远小于工事整体沉陷的速度，因而在计算时可不考虑构件的变形，而把结构看作为"可动刚体"。根据式（6-3）可知，作用在顶板上的荷载为：

$$P_j(t) = 2P_h(t) - c_1 \rho v(t) \tag{6-4}$$

式中　$P_j(t)$——结构顶板受到的压力；

　　　$P_h(t)$——入射压缩波的压力；

　　　$v(t)$——结构整体位移速度；

　　　c_1、ρ——分别为顶板上部土壤的塑性波速和密度。

结构底板上受到的荷载则为：

$$P_g(t) = c_1' \rho' v(t) \tag{6-5}$$

式中　$P_g(t)$——结构底板受到的压力；

　　　c_1'、ρ'——基底土壤的塑性波速和密度。

忽略工事侧墙与周围土壤间的摩擦力，则得结构运动方程：

$$M \frac{dv(t)}{dt} = [P_j(t) - P_g(t)]F \tag{6-6}$$

式中　M——工事总质量；

F——工事面积。

将式(6-4)及式(6-5)代入式(6-6)得：

$$\frac{\mathrm{d}v(t)}{\mathrm{d}t}+\eta v(t)=\frac{2}{m}P_{\mathrm{h}}(t)\tag{6-7}$$

式中 m——单位面积上结构的质量，$m=M/F$。

方程式(6-7)的解为：

$$v(t)=\frac{2}{m}\int_0^t P_{\mathrm{h}}(t)e^{-\mu(t-t)}\,\mathrm{d}t\tag{6-8}$$

若土中压缩波 $P_{\mathrm{h}}(t)$ 为有升压时间的平台载，荷载峰值为 P_{m}，升压时间为 t_{ch}，则荷载表达式如下：

$$P_{\mathrm{h}}(t)=\begin{cases}P_{\mathrm{m}}t/t_{\mathrm{ch}} & 0\leqslant t\leqslant t_{\mathrm{ch}}\\ P_{\mathrm{m}} & t>t_{\mathrm{ch}}\end{cases}\tag{6-9}$$

代入式(6-8)得：

$$v(t)=\begin{cases}\dfrac{2P_{\mathrm{m}}}{\mu m}\left[\dfrac{t}{t_{\mathrm{ch}}}-\dfrac{1}{\mu t_{\mathrm{ch}}}(1-e^{-\mu t})\right] & 0\leqslant t\leqslant t_{\mathrm{ch}}\\ \dfrac{2P_{\mathrm{m}}}{\mu m}\left[1-\dfrac{1}{\mu t_{\mathrm{ch}}}(e^{\mu t_{\mathrm{ch}}}-1)e^{-\mu t}\right] & t>t_{\mathrm{ch}}\end{cases}\tag{6-10}$$

将式(6-9)及式(6-10)分别代入式(6-4)后，可求得作用于结构顶板上的压力，

$$P_{\mathrm{j}}(t)=\begin{cases}\dfrac{2P_{\mathrm{m}}}{1+\frac{1}{\overline{\rho c}}}\left[\dfrac{t}{t_{\mathrm{ch}}}+\dfrac{1}{\overline{\rho c}}\cdot\dfrac{1}{\mu t_{\mathrm{ch}}}(1-e^{-\mu t})\right] & 0\leqslant t\leqslant t_{\mathrm{ch}}\\ \dfrac{2P_{\mathrm{m}}}{1+\frac{1}{\overline{\rho c}}}\left[1+\dfrac{1}{\overline{\rho c}}\cdot\dfrac{1}{\mu t_{\mathrm{ch}}}(e^{\mu t_{\mathrm{ch}}}-1)e^{-\mu t}\right] & t>t_{\mathrm{ch}}\end{cases}\tag{6-11}$$

式中 $\overline{\rho c}=\rho'c_1'/\rho c_1$；

μ——波阻系数，$\mu=\dfrac{c_1\rho+c_1'\rho'}{m}$。

分析上述结构压力表达式(6-11)不难看出：在 $0\leqslant t\leqslant t_{\mathrm{ch}}$ 时间内 $P_{\mathrm{j}}(t)$ 总为升压函数；在 $t>t_{\mathrm{ch}}$ 时间内为减压函数。因此，必在 $t=t_{\mathrm{ch}}$ 时出现 $P_{\mathrm{j}}(t)$ 的最大值，为：

$$P_{\mathrm{jm}}=\frac{2P_{\mathrm{m}}}{1+\frac{1}{\overline{\rho c}}}\left[1+\frac{1}{\overline{\rho c}}\cdot\frac{1}{\mu t_{\mathrm{ch}}}(1-e^{-\mu t_{\mathrm{ch}}})\right]\tag{6-12}$$

同时，还意味着在 $t=t_{\mathrm{ch}}$ 时，将在结构顶板表面产生向上的卸载波（称为结构卸载波）。此后，上述的解已不再适用，但这并不影响式(6-12)的正确性。

因此，在 $t>t_{\mathrm{ch}}$ 后，作用在顶板及底板上的相互动荷载，应结合结构卸载波的发展确定。

2. 刚性地基上结构的分析方法

刚性地基，即不考虑结构的整体沉陷，比如构筑在基岩上的构筑物。结构的动力计算实际上可归结为柔性顶板在核爆炸冲击波作用下的变形与土中压缩波的相互作用。此时，将顶板简化为单自由度体系（将在第7章中介绍），取顶板跨中点为代表点。

设顶板变形为 $y(x,t)=X(x)y(t)$，其中，$X(x)$ 为顶板振型，在跨中取 1；$y(t)$ 为顶板跨中位移。根据结构动力学原理，可建立起结构顶板等效体系的运动方程（可见第 7 章的有关内容）：

$$\frac{\mathrm{d}^2 y(t)}{\mathrm{d}t^2}+\omega^2 y(t)=\frac{P_{\mathrm{e}}(t)}{M_{\mathrm{e}}} \tag{6-13}$$

$$P_{\mathrm{e}}(t)=\int_0^l P_{\mathrm{j}}(t)X(x)\,\mathrm{d}x \tag{6-14}$$

$$M_{\mathrm{e}}=m\int_0^l X^2(x)\,\mathrm{d}x \tag{6-15}$$

式中 l——跨度；

       m——顶板单位质量；

       ω——顶板自振频率。

由式(6-3)可知，在 $t \leqslant t_{\mathrm{ch}}$（加载段）时，作用在结构顶板上的动荷载为：

$$P_{\mathrm{j}}(t)=2P_{\mathrm{h}}(t)-\rho c_1 \frac{\mathrm{d}y(t)}{\mathrm{d}t}X(x) \tag{6-16}$$

联立式(6-15)和式(6-16)，可求得顶板的位移 $y(t)$。

在 $t > t_{\mathrm{ch}}$ 时，在复土层中可能会发生结构卸载波、地表卸载波和结构二次加载波（当结构出现负加速度运动后产生的加载区边界的传播），覆土层中的各种卸载波与二次加载波的发生、发展，要比刚性结构情况复杂一些。但分析的思路和方法是一样的。它们随着土壤介质与结构的物理力学性质与几何参数的不同组合，会出现不同的情况，图 6.2 是一种典型的情况。

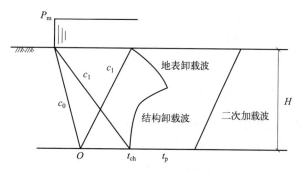

图 6.2   波传播的典型情况

在上述各种情况中，根据特征线上各参量的关系，可建立卸载波边界条件，进而建立包括卸载土柱及结构顶板在内的运动方程。求解后即可求得各时段的结构变位 $y(t)$，进而求得最大动位移 y_{m}，以及作用在结构顶板上的动荷载。

定义 $K_0=y_{\mathrm{m}}/y_{\mathrm{s}}$，为土中压缩波作用下结构构件最大动位移 y_{m} 与相应静荷载 P_{m} 作用下构件静位移 y_{s} 的比值（即放大倍数），它表示冲击波作用于构件的反射效应与动力效应的综合效果，称为相互作用系数。

图 6.3 为相应于 $\gamma_{\mathrm{c}}=2$ 的相互作用系数 K_0 的计算曲线。

从图 6.3 可以看出：

1) 结构柔度的增加，即 n 变大，则显著降低了 K_0。故对于刚性地基上的柔性结构，

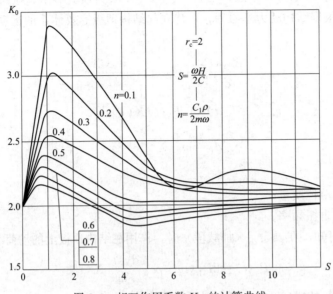

图 6.3　相互作用系数 K_0 的计算曲线

考虑结构变形与介质相互作用，具有很大的经济效益。

2）对于不同埋深的同一种结构，其 K_0 值与埋深 H 不是单调递增或递减。随着埋深的增加，存在 K_0 的最大值，即存在最不利埋深的现象。但最不利埋深的位置不仅与 H 有关，而且与结构的柔性程度有关。不同柔性的结构，其最不利埋深的位置不同，而且表现出的程度也不同。也即充分反映了土中压缩波、结构卸载波及地表卸载波与结构的相互作用。

对于柔性地基上的柔性结构、成层式结构以及夹层地基上的刚性结构等土中结构荷载，其分析原理基本大同小异，这里就不再——介绍，可参阅有关文献。

6.3.2　按半理论半经验的三系数法计算结构上动荷载

虽然采用土与结构相互作用理论确定土中结构荷载理论清晰，精度高，能很好地解释爆炸波作用下土与结构的相互作用机理，但分析比较复杂。通常在工程实践中还是采用一种半经验半理论的实用方法。应用比较广的就是"三系数法"，该方法引入衰减系数，考虑了土中压缩波在传播过程中的衰减；在确定顶盖上的动荷载时，引入综合反射系数，综合考虑波与结构以及自由地表相互作用的影响；并在最后采用等效静荷载法，引入动力系数，给出作用于结构上的等效静荷载。由于该方法引入衰减系数、综合反射系数和动力系数，故称为三系数法。

关于压缩波在土中的传播见第 5 章，而等效静荷载法及动力系数见第 7 章。这里介绍作用在土中结构上的动荷载及综合反射系数。

1. 顶板

作用于结构顶板的核爆动荷载波形可取与自由场压缩波波形相同，即为有升压时间的平台形荷载，动荷载峰值 P_1 和升压时间 t_1 按下列公式计算：

$$P_1 = KP_h \tag{6-17}$$

$$t_1 = (\gamma_c - 1)\frac{h}{c_0} \tag{6-18}$$

式中　P_h——覆土深度 h 处的土中压缩波峰值压力（MPa）；

　　　h——顶板覆土深度（m）；

　　　K——顶板综合反射系数；

　　　γ_c——波速比，$\gamma_c = c_0/c_1$；

　　　c_0、c_1——分别为起始压力波速和峰值压力波速（m/s）。

　　由于土中压缩波随传播距离的增加峰值压力减小，升压时间增长，其效果是随深度的增加结构的动力作用逐渐降低。另外，根据土与结构相互作用分析，承受压缩波作用的土中浅埋构件，存在一个顶板不利覆土厚度 h_m。当顶盖覆土厚度 $h < h_m$ 时，由于地表卸载波产生的卸荷作用，将会抵消大部分入射波在顶板上形成的反射作用；当顶盖覆土厚度 $h \geqslant h_m$ 时，地表卸载波到达时间较晚，在此之前结构顶板可能已达到最大变形，因而地表卸载波不能起到卸荷作用。同时，还要考虑结构卸载波的作用。

　　因此，这里的顶板综合反射系数是综合考虑了土与结构相互作用的各种因素，并结合试验结果提出的半理论半经验的工程设计值。

　　当顶盖覆土厚度 h 为零时，综合反射系数 K 可取 1.0。当顶盖覆土厚度 h 等于结构不利覆土厚度 h_m，综合反射系数达到最大值 K_m，当 h 大于结构不利覆土厚度 h_m 时，K 趋于减少，但为便于设计，对一般工程，仍可采用 K_m。当 $0 < h < h_m$ 时，K 取 1.0 与 K_m 之间线性插值。

　　研究表明，顶板不利覆土厚度主要与地面超压值、覆土类型、结构自振频率以及结构允许延性比等多种因素有关。对于地面冲击波超压峰值不大于 0.1MPa、结构允许延性比为 3 的土中浅埋平顶结构，其不利覆土厚度 h_m 按表 6.1 取值。对双向板 l_0 取短方向净跨，对多跨结构取最大短边净跨。

结构不利覆土厚度 h_m （m）　　　　　表 6.1

土的类别	顶板净跨 l_0(m)							
	≤2.0	3.0	4.0	5.0	6.0	7.0	8.0	≥9.0
黏性土	1.0	1.5	2.0	2.5	2.9	3.2	3.6	4.0
砂土	1.0	1.6	2.3	3.0	3.4	3.8	4.1	4.5

　　饱和土、碎石土中结构不利覆土厚度可按砂土确定。

　　对于地面冲击波超压峰值不大于 0.1MPa，若为非饱和土，对于覆土厚度大于或等于不利覆土厚度的综合反射系数 K_m 值通常按表 6.2 采用；若为饱和土，K_m 值可按下列规定确定：

$h \geqslant h_m$ 时非饱和土的综合反射系数 K_m 值　　　　　表 6.2

基础形式	覆土厚度 h(m)						
	1	2	3	4	5	6	7
箱形、筏形、壳体基础	1.45	1.40	1.35	1.30	1.25	1.22	1.20
条形或独立基础	1.42	1.30	1.20	1.15	1.10	1.05	1.00

1）当顶盖处压缩波峰值压力大于界限压力时，平顶结构的 K_m 可取 2.0；非平顶结构可取 1.8；饱和土的界限压力为 $20\alpha_1$（MPa）；

2）当顶盖处压缩波峰值压力小于 0.8 倍的界限压力时，K_m 可按非饱和土确定；

3）当顶盖处压缩波峰值压力大于或等于 0.8 倍的界限压力，且小于或等于界限压力时，K_m 可按两种状况线性内插确定。

对于地面冲击波超压峰值大于 0.1MPa 下的结构顶板动荷载及综合反射系数可见有关防护工程设计规范。

2. 侧墙

作用于结构外墙的核爆动荷载可认为与同一深度处的自由场相同，其波形也可简化为有升压时间的平台形荷载，动荷载峰值 P_2 和升压时间 t_2 按下列公式计算：

$$P_2 = \xi P_h \tag{6-19}$$

$$t_2 = (\gamma_c - 1)\frac{h}{c_0} \tag{6-20}$$

式中　ξ——侧压系数，可按表 5.1、5.2 采用。

为简化计算，沿外墙高度的动荷载假定均匀分布，所以，计算 P_h 和升压时间 t_2 时，式中的埋深 h 可取外墙高度中点处的位置。

这里应该指出，由于外墙受力变形后，作用于墙上的压力不可能等于自由场侧压。靠近墙顶的部位由于顶盖的支座侧移往外推向土体，使得侧压增加，而墙高中间部位在向里变形时使侧压减少，所以在非饱和土中采用式(6-19)计算侧压，有可能偏于保守。

3. 底板

作用于底板的动荷载峰值按下式计算：

$$P_3 = \eta P_1 \tag{6-21}$$

式中　η——底压系数，是底板动荷载峰值与顶盖动荷载峰值之比；当底板位于地下水位以上时取 0.7～0.8；当底板位于地下水位以下时取 0.8～1.0，其中含气量 $\alpha_1 \leqslant 0.1\%$ 时取大值。

作用在结构底板上的动荷载主要是结构受到顶板动荷载后往下运动从而使地基产生的反力，即结构底部压力由地基反力构成。由于惯性的影响，底板动荷载的升压时间应该比顶板荷载的升压时间长，可根据不同情况加以估计或根据规范有关规定进行计算。工程中通常可将底板动荷载近似为静荷载作用。

核爆炸下，土中浅埋结构周边动荷载宜按同时作用考虑。

6.4　化爆条件下土中浅埋结构上的动荷载

与核爆炸压缩波荷载类似，当常规炸药爆炸产生的自由场入射波向下传播，遇到土中结构顶板时，由于在土与结构的界面上两种介质的声阻抗不同，同样会产生反射从而增强作用到结构上的压力荷载，并使结构发生变形和运动，结构的运动和变形反过来又影响作用用到结构上的荷载。但是，与核爆土中压缩波相比，化爆土中压缩波为非平面波，且荷载作用时间短，土中结构上的荷载确定更为复杂。

由于化爆土中压缩波作用时间较短，为偏于安全考虑，一般不考虑地表反射拉伸波的影响。

目前化爆条件下土中结构上荷载的确定，主要有两种方法：一种是未考虑介质与结构的相互作用，认为作用于结构上的荷载是一个用常系数扩大了的自由场压力荷载，典型的方法为美三军的 TM5-855-1 手册中提供的方法；另外一种方法是考虑介质与结构的相互作用，在一定简化条件下利用土与结构相互作用理论得出作用到结构上的荷载，这一类以美国《空军防护结构分析与设计手册》提供的方法为代表。前者简单实用，但对于爆炸条件下土中结构上荷载的确定，介质中结构的运动和变形对其上作用的荷载影响较大。在确定结构上的荷载时，应考虑土中压力波与结构的相互作用问题。

这里主要讨论常规武器直接命中条件下在防护结构顶板上方隔土爆炸（隔土顶爆），以及常规武器非直接命中条件下距离结构外墙一定距离处的地面爆炸（地面侧爆）两种情况。

6.4.1　顶板上方爆炸情况下

1. 自由场压缩波荷载

常规武器直接命中隔土爆炸的情形如图 6.4 所示。这里假定常规武器爆炸的爆心在板跨面上的投影点为板跨中心 O 点。大量研究表明：当爆心投影点位于板块中心时，大多数情况下结构的弯曲响应是最不利的。所以这里按装药对结构的最不利爆炸以确保结构安全可靠。

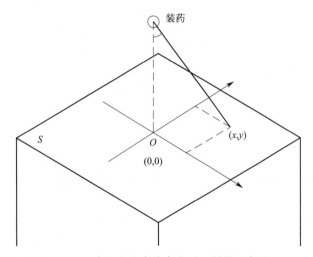

图 6.4　常规武器直接命中隔土爆炸示意图

第 5 章详细研究分析了常规武器爆炸在土中产生的直接地冲击，并建立了相关参数的计算公式。由式(5-87)～式(5-89)可知：常规武器爆炸产生的直接地冲击在土与结构界面上的每一点其到达时间、作用时间及峰值均不相同，峰值应力随传播距离 R_i 的增大迅速减小。这就给分析带来了较大困难，为此必须作出一定的简化以便于分析。

考虑到结构跨度尺寸有限，压缩波传播速度又较快，到达各点的时间差别不是很大，忽略这种差别对结构的动力响应影响很小。因此这里假定土中爆炸压缩波在结构板跨内同时到达。目前许多设计手册都采用这种假设，如在 TM5-855-1 手册中土中压缩波到达结构板面上的时间建议统一取为长跨截面距短跨 1/4 处的到达时间，但该文献未考虑结构长短跨长的影响。

因此根据上述假设，近似认为土中压缩波在板跨内的等效到达时间 t_a 取整个板跨上的平均到达时间，即按下式计算：

$$t_a = \frac{\iint_S t_{ai} \, \mathrm{d}S}{\iint_S \mathrm{d}S} \tag{6-22}$$

式中　S——板跨的积分域；

t_{ai}——地冲击从爆心传播到结构 i 点所需的时间。

$$t_{ai} = \frac{R_i}{c} \tag{6-23}$$

式中　R_i——爆心到 i 点的距离，若以爆心投影点 O 点为坐标原点，如图 6.4 所示。

$$R_i = \sqrt{x^2 + y^2 + H^2} \tag{6-24}$$

式中　H——爆心到爆心投影点 O 的距离；

(x, y)——i 点的坐标。

设结构板块的长跨为 B，短跨为 A，即积分域 S 为 $A \times B$，则式(6-22)变为并令其等于：

$$t_a = \frac{\iint_S \frac{\sqrt{x^2 + y^2 + H^2}}{c} \mathrm{d}x \mathrm{d}y}{A \times B} = K_t t_{ao} = K_t \frac{H}{c} \tag{6-25}$$

式中　t_{ao}——地冲击从爆心传播到爆心投影点 O 所需的时间；

K_t——时间均布系数。

由式(6-25)可得：

$$K_t = \frac{\iint_S \sqrt{x^2 + y^2 + H^2} \mathrm{d}x \mathrm{d}y}{A \times B \times H} \tag{6-26}$$

根据积分计算以及如图 6.4 的几何关系可得 K_t 与 H 及跨长之间的关系，见表 6.3。

时间均布系数 K_t　　　　　　表 6.3

A/B	H/A							
	$\leqslant 0.1$	0.2	0.4	0.6	0.8	1.0	1.5	$\geqslant 2.0$
0.5	6.0	3.17	1.83	1.44	1.27	1.18	1.09	1.05
0.75	4.63	2.50	1.53	1.27	1.16	1.11	1.05	1.03
1.0	4.0	2.20	1.40	1.20	1.12	1.08	1.04	1.0

由 5.5.2 节可知，该地冲击的等效升压时间和等效作用时间分别为：

$$t_r = 0.1 \cdot t_a = 0.1 \cdot K_t \frac{H}{c} \tag{6-27}$$

$$t_d = 2 \cdot t_a = 2 \cdot K_t \frac{H}{c} \tag{6-28}$$

式中 t_r、t_d——分别为 S 区域上自由场地冲击的等效升压时间和等效作用时间。

尽管常规武器爆炸在结构板跨每一点上的压力峰值大小都不一样，但可以表示为：

$$\sigma_{i0} = \sigma_{o0} f(x, y) \tag{6-29}$$

式中 σ_{i0}——结构板面上任意点 i 处沿结构平面法向的自由场压力峰值；

$f(x, y)$——压力空间分布函数；

σ_{o0}——爆心正下方 O 点处的自由场压力峰值，按式(5-89)计算，即：

$$\sigma_{o0} = 48.77 \times 10^{-6} \times f \times \rho c \times \left(\frac{2.8R}{\sqrt[3]{\zeta C}}\right)^{-n} \left[\xi + (1 - \xi) \cos^2 \varphi\right] \tag{6-30}$$

式中 C——TNT 等效装药量（kg）。

于是，在结构板跨 S 区域内任意点 i 处沿结构平面法向的自由场地冲击应力时程为：

$$\sigma_i = \sigma_{i0} \cdot f(t) = \sigma_{o0} \cdot f(x, y) \cdot f(t) \tag{6-31}$$

$$f(t) = \begin{cases} t/t_r & 0 \leqslant t \leqslant t_r \\ \dfrac{t_d - t}{t_d - t_r} & t_r \leqslant t \leqslant t_d \end{cases} \tag{6-32}$$

i 点处土质点沿结构平面法向的自由场速度时程为：

$$v_i = \frac{\sigma_i}{\rho c} = \frac{\sigma_{o0}}{\rho c} \cdot f(x, y) \cdot f(t) \tag{6-33}$$

2. 土-结构相互作用模型

由于常规武器爆炸产生的土中地冲击作用在结构的局部范围，该范围与整个结构相比面积较小，因此可以认为结构的整体运动及其他非迎爆面构件的变形较小。有关文献研究也指出：常规武器爆炸条件下，结构的整体运动和其他非迎爆面构件的变形对结构迎爆面构件的动力响应影响不大。因此这里仅考虑迎爆面构件的变形，忽略结构的整体运动和其他非迎爆面构件的变形。

于是根据式(6-3)，在迎爆面土与结构界面的 i 点处有：

$$p_i = 2\sigma_i - \rho c \dot{u}_i \tag{6-34}$$

式中 p_i——i 点处的界面压力；

σ_i——i 点处的入射应力；

u_i——结构板块在 i 点处的位移。

同时，常规武器爆炸的土中地冲击按作用一跨考虑，爆心正对着板跨中心。这是按对板块的弯曲响应最不利来考虑的。

因此，将式(6-31)代入上式得：

$$p_i = 2\sigma_{o0} \cdot f(x, y) \cdot f(t) - \rho c \dot{u}_i \tag{6-35}$$

式(6-35)仅适用于方程右边大于 0 的条件。否则若不是这种情况，结构的运动会比土快，在土和结构之间就会形成空隙。出现空隙现象即意味着不再有力作用到结构上，因此界面压力 p_i 等于 0。

3. 结构运动微分方程

将迎爆面结构构件简化为一个自由度体系，设计算板跨中心 O 点的位移为 u_0，则令：

$$u_i = u_0 X(x, y) \tag{6-36}$$

$$\dot{u}_i = \dot{u}_0 X(x,y) \tag{6-37}$$

$$\ddot{u}_i = \ddot{u}_0 X(x,y) \tag{6-38}$$

式中 u_i、$\dot{u}_i$、$\ddot{u}_i$——分别为结构板跨上任意点 i 的位移、速度和加速度；

u_0、$\dot{u}_0$、$\ddot{u}_0$——分别为结构板跨中心 O 点的位移、速度和加速度；

$X(x,y)$——结构板块位移的形状函数。

下面采用虚位移原理来建立体系的运动方程。

作用在板块上的力有：动荷载（土与结构界面压力）p_i，结构抗力 q，以及惯性力 $m\ddot{u}_i = m\ddot{u}_0 X(x,y)$，$m$ 为结构板块的单位面积质量。设板中心有一虚位移 δ，则任意点 i 的虚位移为 $\delta X(x,y)$。于是体系的虚功方程为：

$$\iint_S p_i \delta X(x,y)\,\mathrm{d}S - \iint_S q \delta X(x,y)\,\mathrm{d}S - \iint_S m\ddot{u}_0 X(x,y)\delta X(x,y)\,\mathrm{d}S = 0 \tag{6-39}$$

将式（6-36）和式（6-38）代入上式得：

$$\ddot{u}_0 + 2\eta\dot{u}_0 + \frac{k_{\mathrm{lm}}}{m}q = \frac{2\sigma_{o0}f(t)k_{\mathrm{lm}}}{m}\cdot C_{\mathrm{e}} \tag{6-40}$$

$$\eta = \frac{\rho c}{2m} = \frac{\rho c}{2\rho_c h} \tag{6-41}$$

$$k_{\mathrm{lm}} = k_1/k_{\mathrm{m}} \tag{6-42}$$

$$k_1 = \frac{1}{S}\iint_S X(x,y)\,\mathrm{d}S \tag{6-43}$$

$$k_{\mathrm{m}} = \frac{1}{S}\iint_S X^2(x,y)\,\mathrm{d}S \tag{6-44}$$

$$C_{\mathrm{e}} = \frac{\iint_S f(x,y)\cdot X(x,y)\,\mathrm{d}S}{\iint_S X(x,y)\,\mathrm{d}S} \tag{6-45}$$

式中 ρ_c——结构介质的密度；

h——结构板块的厚度；

C_{e}——荷载均布系数。

实际上，k_1 和 k_{m} 分别为第 7 章介绍的荷载系数和质量系数。C_{e} 是荷载均布系数，它描述的是将空间上分布不均匀的自由场荷载转成一个均匀分布的荷载。具体讨论见下一小节。

4. 荷载的均布化处理

荷载的均布化主要有两种方法。一种是按荷载的总集度取其平均值，即按下式计算：

$$\bar{\sigma} = \frac{\iint_S \sigma_{i0}\,\mathrm{d}S}{\iint_S \mathrm{d}S} \tag{6-46}$$

式中 $\bar{\sigma}$——均布荷载峰值。

这种方法没有什么理论依据，适用于荷载分布差别不大的情况，对于荷载分布差别较大时对结构的响应会产生较大误差。显然，对常规武器直接命中爆炸在结构处产生的高度不均匀荷载是不适用的。

　　另一种是 TM5-855-1 手册中的提供的方法。它按照如下思路来进行自由场荷载的均布化近似处理：对于某种结构形式，将非均布荷载和等效均布荷载均看成静荷载，采用有限元分析的手段，按照非均布荷载和均布荷载产生相同的结构最大变形来求得均布荷载。图 6.5 和图 6.6 给出了四边简支和四边固支边界条件下弯曲响应时的等效均布荷载系数。如果边界条件未知，应采用固端边界条件，因为它偏于保守。

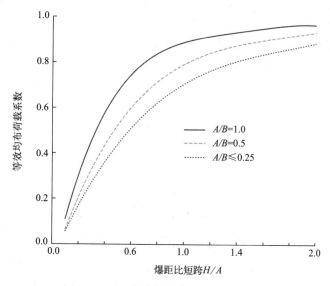

图 6.5　四边简支板的等效均布荷载系数

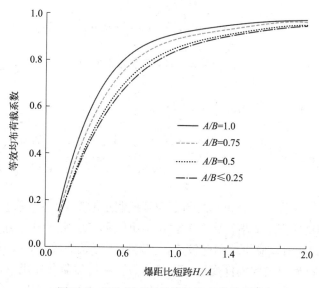

图 6.6　四边固支板的等效均布荷载系数

　　对于土介质中某点爆炸，TM5-855-1 假定在给定距离处的压力峰值近似与爆心距离的立方根成正比，即：

$$\sigma_{io} = \sigma_{o0} \left(\frac{H}{R_i} \right)^3 \tag{6-47}$$

但 TM5-855-1 手册未给出通用的计算公式，只给出了有限元的等效结果，应用范围较窄，若改变荷载的分布形式，则需要利用有限元重新进行大量计算，另外该方法所表述的物理意义也不明确。

我们在前面给出了荷载均布系数的计算公式，即式(6-45)，它表达的物理概念清晰明确。该式表达两层含义：①不均匀荷载对结构体系做的功与等效均布荷载做的功相等；②这两个荷载作用下结构体系的位移相等。

设不均匀荷载在结构板面每一点上的峰值为 $\sigma_{io} = \sigma_{o0} f(x, y)$，等效均布荷载峰值为 $\bar{\sigma}_0 = C_e \sigma_{o0}$，则这两个荷载对结构体系做的功分别为：

不均匀荷载做的功：

$$\iint_S \sigma_{i0} \cdot u_i \, \mathrm{d}S = \iint_S \sigma_{o0} f(x,y) \cdot u_0 X(x,y) \, \mathrm{d}S = \sigma_{o0} \cdot u_0 \iint_S f(x,y) \cdot X(x,y) \, \mathrm{d}S \tag{6-48}$$

均布荷载做的功：

$$\iint_S C_e \sigma_{o0} \cdot u_i \, \mathrm{d}S = C_e \sigma_{o0} \cdot \iint_S u_0 X(x,y) \, \mathrm{d}S \tag{6-49}$$

将式(6-45)代入式(6-49)则得均布荷载做的功为：

$$C_e \sigma_{o0} \cdot \iint_S u_0 X(x,y) \, \mathrm{d}S = \frac{\iint_S f(x,y) \cdot X(x,y) \, \mathrm{d}S}{\iint_S X(x,y) \, \mathrm{d}S} \cdot \sigma_{o0} \cdot \iint_S u_0 X(x,y) \, \mathrm{d}S$$

$$= \sigma_{o0} \cdot u_0 \iint_S f(x,y) \cdot X(x,y) \, \mathrm{d}S \tag{6-50}$$

显然，不均匀荷载与等效均布荷载对结构体系做的功相等。另外，这两个荷载作用下结构体系的位移也相等，均为 $u_0 X(x, y)$。

因此，等效均布荷载峰值 $\bar{\sigma}_{o0}$ 可表示为：

$$\bar{\sigma}_0 = C_e \sigma_{o0} = \frac{\iint_S \sigma_{o0} \cdot f(x,y) \cdot X(x,y) \, \mathrm{d}S}{\iint_S X(x,y) \, \mathrm{d}S} = \frac{\iint_S \sigma_{i0} \cdot X(x,y) \, \mathrm{d}S}{\iint_S X(x,y) \, \mathrm{d}S} \tag{6-51}$$

也即利用虚功原理将空间分布不均匀的荷载按假定的变形形状进行均布。与上述两个方法相比，该方法物理概念清晰，在等效过程中更能真实反映结构的响应和变形情况。另外，式(6-45)和式(6-51)应用范围也较广，关键在于形状函数 $X(x, y)$ 的确定。

因此，首要的是确定结构构件变形的形状函数。在爆炸荷载作用下，结构构件一般要进入塑性状态。因此，荷载的等效均布也应按结构构件进入塑性变形阶段考虑。确定变形形状，即要确定结构构件的塑性铰线（屈服线）位置，这跟结构构件的支撑边界条件、作用荷载等因素有关，非常复杂。一般来说，按固支计算的等效均布荷载是偏于保守的，因为要达到同样的变形和内力，其荷载为最大。

下面推导计算出四边固支板在常规武器直接命中隔土爆炸下的自由场荷载等效均布系数 C_e。荷载的空间分布按（6-29）式确定。四边固支板的屈服线按 $45°$ 分布，如图 6.7 所示，以坐标原点为板中心，在板平面内为 xy 坐标，垂直板平面的为 z 轴，且向里为正。当 O 点有虚位移 1 时，则塑性铰线为以下四个平面的两两相交的直线：

$$\begin{cases} z=X(x,y)=(b-2x)/a \\ z=X(x,y)=(a-2y)/a \\ z=X(x,y)=(b+2x)/a \\ z=X(x,y)=(a+2y)/a \end{cases} \tag{6-52}$$

而且还有：

$$\iint_S X(x,y)\mathrm{d}S = AB/2 - A^2/6 \quad (A<B) \tag{6-53}$$

也即板块作虚位移前后位置之间所夹的体积。

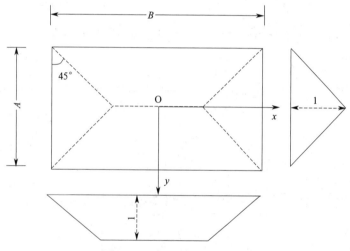

图 6.7　四边固支板的屈服线

根据式（6-45）就可计算得到四边固支板在炸药隔土爆炸条件下自由场荷载等效均布系数 C_e，见表 6.4。与 TM5-855-1 手册中的系数值（图 6.5）相比，要小一些，因为表 6.4 中的系数是考虑结构进入塑性极限状态，采用屈服线理论计算得到的。一般来说，按屈服线理论计算的等效荷载要小一些，因为它考虑结构构件进入塑性极限状态，充分地发挥了结构构件变形的能力和抵抗外部荷载的能力。

荷载均布系数 C_e　　　　　　　　　　　　　　　　　　　　表 6.4

A/B	H/A										
	$\leqslant 0.1$	0.2	0.4	0.6	0.8	1.0	1.2	1.4	1.6	1.8	$\geqslant 2.0$
0.5	0.05	0.15	0.35	0.52	0.64	0.72	0.78	0.83	0.86	0.89	0.91
0.75	0.08	0.21	0.47	0.64	0.75	0.82	0.87	0.90	0.92	0.93	0.95
1.0	0.08	0.23	0.50	0.68	0.78	0.85	0.89	0.91	0.93	0.95	0.96

注：H/A 为爆距与短跨的比值，A/B 为结构短跨与长跨的比值。

5. 结构上的均布爆炸荷载

1）顶板均布动荷载与综合反射系数

自由场荷载经均布化后，式(6-40)则变成均布动荷载作用下的结构体系运动方程：

$$\ddot{u}_0 + 2\eta\dot{u}_0 + \omega^2 u_0 = \frac{2\sigma_{o0}f(t)k_{lm}}{m} \cdot C_e \tag{6-54}$$

式中 ω——结构的自振频率。

该方程与单自由度阻尼体系的强迫振动方程类似。因此，假定 η 为结构阻尼量的量度，则阻尼体系的自振频率 ω_d 按下式计算：

$$\omega_d = \sqrt{\omega^2 - \eta^2} \tag{6-55}$$

一般来说，η 小于 ω。否则，若 $\eta \geqslant \omega$，则 ω_d 等于零或无法计算，这时结构体系属于过阻尼体系，也即结构体系没有振动，这种情况在爆炸荷载作用下的土中结构响应中并不多见。

设结构的初始位移和初始速度等于 0，则式(6-54)的解为：

$$u_0 = \frac{2C_e\sigma_{o0}k_{lm}}{m\omega_d}\int_0^t f(\tau)e^{-\eta(t-\tau)}\sin\omega_d(t-\tau)\,\mathrm{d}\tau \tag{6-56}$$

将式(6-32)的 $f(t)$ 代入式(6-56)，可得到结构迎爆面的位移。

当 $0 \leqslant t \leqslant t_r$ 时：

$$u_0 = \frac{2C_e\sigma_{o0}k_{lm}}{m\omega_d}\int_0^t \frac{\tau}{t_r}e^{-\eta(t-\tau)}\sin\omega_d(t-\tau)\,\mathrm{d}\tau = \frac{2C_e\sigma_{o0}k_{lm}}{m\omega^2 t_r}\left\{t - \frac{2\eta}{\omega^2} + \frac{e^{-\eta t}}{\omega_d}\sin(\omega_d t + 2\alpha)\right\} \tag{6-57}$$

$$\alpha = \arctan(\frac{\omega_d}{\eta}) \tag{6-58}$$

$$\dot{u}_0 = \frac{2C_e\sigma_{o0}k_{lm}}{m\omega^2 t_r}\left[1 - e^{-\eta t}\left(\frac{\eta}{\omega_d}\sin\omega_d t + \cos\omega_d t\right)\right] \tag{6-59}$$

$$\ddot{u}_0 = \frac{2C_e\sigma_{o0}k_{lm}}{m\omega_d t_r}e^{-\eta t}\sin\omega_d t \tag{6-60}$$

当 $t = t_r$ 时，结构板块中点的位移和速度为：

$$u_0(t_r) = \frac{2C_e\sigma_{o0}k_{lm}}{m\omega^2 t_r}\left\{t_r - \frac{2\eta}{\omega^2} + \frac{e^{-\eta t_r}}{\omega_d}\sin(\omega_d t_r + 2\alpha)\right\} \tag{6-61}$$

$$\dot{u}_0(t_r) = \frac{2C_e\sigma_{o0}k_{lm}}{m\omega^2 t_r}\left[1 - e^{-\eta t_r}\left(\frac{\eta}{\omega_d}\sin\omega_d t_r + \cos\omega_d t_r\right)\right] \tag{6-62}$$

当 $t > t_r$ 时：

$$u_0 = \frac{2C_e\sigma_{o0}k_{lm}}{m\omega_d}\left\{\int_0^{t_r}\frac{\tau}{t_r}e^{-\eta(t-\tau)}\sin\omega_d(t-\tau)\,\mathrm{d}\tau + \int_{t_r}^t\frac{t_d-\tau}{t_d-t_r}e^{-\eta(t-\tau)}\sin\omega_d(t-\tau)\,\mathrm{d}\tau\right\} \tag{6-63}$$

作用到结构上的动荷载，也即土与结构界面压力 p_i，按式(6-35)计算，将式(6-37)代入式(6-35)，可得板块 S 区域内结构上任一点 i 处的界面压力为：

$$p_i = 2\sigma_{o0} \cdot f(x,y) \cdot f(t) - \rho c\dot{u}_0 X(x,y) \tag{6-64}$$

当 $t = t_r$ 时，作用到结构上的动荷载达到峰值。因此，S 区域内结构上任一点 i 处的压力峰值为：

$$p_{i_0} = 2\sigma_{o0} \cdot f(x,y) - \rho c \cdot \dot{u}_0(t_r) \cdot X(x,y) \tag{6-65}$$

由于 $\sigma_{o0} \cdot f(x,y)$ 在板块 S 区域上分布不均匀，则 p_{i0} 在板块 S 区域上分布也是不均匀的，根据前述虚功原理和屈服线理论建立的均布化方法，应用式（6-51）可得作用到结构上的等效均布动荷载峰值为：

$$\overline{p}_{i0} = \frac{\iint_S p_{i0} \cdot X(x,y)\,\mathrm{d}S}{\iint_S X(x,y)\,\mathrm{d}S} = 2C_e\sigma_{o0} - \rho c \cdot u_0(t_r) \cdot \frac{\iint_S X^2(x,y)\,\mathrm{d}S}{\iint_S X(x,y)\,\mathrm{d}S} = 2C_e\sigma_{o0} - \frac{\rho c \cdot u_0(t_r)}{k_{lm}}$$

$$\tag{6-66}$$

将式（6-61）代入上式有：

$$\overline{p}_{i0} = 2C_e\sigma_{o0} - \frac{\rho c}{k_{lm}} \cdot \frac{2C_e\sigma_{o0}k_{lm}}{m\omega^2 t_r}\left[1 - e^{-\eta t_r}\left(\frac{\eta}{\omega_d}\sin\omega_d t_r + \cos\omega_d t_r\right)\right]$$

$$= 2C_e\sigma_{o0}\left\{1 - \frac{2\eta}{\omega^2 t_r}\left[1 - e^{-\eta t_r}\left(\frac{\eta}{\omega_d}\sin\omega_d t_r + \cos\omega_d t_r\right)\right]\right\} = KC_e\sigma_{o0} \tag{6-67}$$

$$K = 2\left\{1 - \frac{2\eta}{\omega^2 t_r}\left[1 - e^{-\eta t_r}\left(\frac{\eta}{\omega_d}\sin\omega_d t_r + \cos\omega_d t_r\right)\right]\right\} \tag{6-68}$$

式中，K 定义为综合反射系数，即为作用到结构板块上的均布动荷载峰值 $\overline{p}_{i0}$ 与结构板块处自由场压力的均布峰值 $C_e\sigma_{o0}$ 之比。

这里引入两个系数 N 和 D。N 反映结构相对柔度的系数；D 反映结构相对埋深的系数，是指结构相对于爆心的埋深系数。N 和 D 分别按下式计算：

$$N = \frac{\eta}{\omega} = \frac{\rho c}{2m\omega} = \frac{\rho c}{2\rho_c h\omega} \tag{6-69}$$

$$D = \omega t_r = \omega \cdot 0.1K_t\frac{H}{c} \tag{6-70}$$

由此，式（6-68）可变为：

$$K = 2\left\{1 - \frac{2N}{D}\left[1 - e^{-ND}\left(\frac{N}{\sqrt{1-N^2}}\sin D\sqrt{1-N^2} + \cos D\sqrt{1-N^2}\right)\right]\right\} \tag{6-71}$$

由此可见，作用在结构上的动荷载不仅与结构的埋深、土介质的特性有关，而且与结构的刚度及尺寸有关。根据相互作用理论推导出的综合反射系数 K 就综合反映了这些特性。它不仅反映了土中压缩波从土介质传播到结构上的反射效果，而且反映了反射后压缩波对结构的动力作用效果，即结构运动变形及变形速度的影响。

综合反射系数 K 与 N 和 D 的关系曲线见图 6.8。从图 6.8 中可以看出，综合反射系数总小于 2，这是因为结构不是刚体，在荷载作用下结构会产生变形，是土中压缩波与结构相互作用的必然结果。

从图 6.8 还可以看出，相对柔度系数 N 越小，也即结构的刚度相对土介质越大，则综合反射系数 K 越大，即作用到结构上动荷载也越大。随着结构柔度的增加，则可显著地降低作用到结构上的动荷载。因此从这一层面来讲，不宜将结构设计得太刚，结构应具有一定的柔度。当然也不能太柔，否则结构变形过大。另外，随着相对埋深系数 D 的增大，综合反射系数 K 越小，作用在结构上的动荷载也越小。相对埋深系数 D 与爆距 H 成正比，也即结构距爆心越远，K 越小，作用在结构上的动荷载也越小。

对常见土中结构，相对柔度系数 $N=0.3\sim0.6$，相对埋深系数 $D=0.4\sim0.7$。综合反射系数大致在 $1.3\sim1.7$ 之间。

该均布动荷载的升压时间和作用时间可取结构板块处自由场荷载的等效升压时间和等效作用时间，即按式（6-27）和式（6-28）计算。

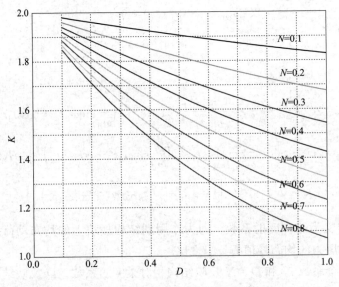

图 6.8 K 与 N 和 D 的关系曲线

2）底板动荷载

作用在结构底板上的动荷载主要是结构受到顶板动荷载后向下运动使地基产生的反力，通常将顶板荷载乘上一个底压系数 η 作为结构底板上的荷载。底压系数 η 可根据有关规范确定。

6.4.2 地面侧爆情况下

研究结果表明，根据相关的战术技术要求，常规武器非直接命中地面爆炸时，土中浅埋结构顶板主要承受空气冲击波感生的地冲击作用，外墙主要承受直接地冲击作用。作用在结构上的地冲击示意图见图 6.9。

1. 顶板均布动荷载

1）感生地冲击自由场荷载的均布化

炸药地面爆炸产生的空气冲击波在空气冲传播衰减较快，其峰值随距离的增大而迅速衰减。因此在土中感生地冲击在土中结构顶板处每一点的到达时间、峰值压力也是不一样的，水平距离差距越大，荷载差别就越大。该地冲击荷载是一分布不均匀的荷载，为了建立工程实用的计算方法，必须考虑进行等效均布化处理。

虽然地冲击荷载的到达时间不一样，但在结构顶板一跨较小的范围内，其差别不是很大，忽略这种差别对结构顶板的响应基本没有影响，因此假定感生地冲击在同一跨内同时

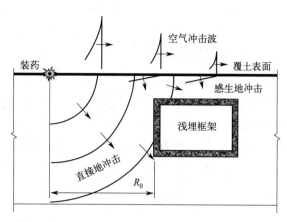

图 6.9　常规武器地面爆炸条件下作用到结构上的地冲击荷载示意图

到达结构，其到达时间可取顶板计算板块中心 O_2 点处的到达时间，如图 6.10 所示。根据式(5-82)，感生地冲击的升压时间与深度成正比，于是对同一种土介质来说，在顶板处的自由场感生地冲击荷载的升压时间是一样的。

如图 6.10 所示，炸药地面爆炸在顶板任一点 i 处的感生地冲击峰值压力可按式(5-78) 计算，即：

$$P_{i\text{ch}} = \Delta P_{i\text{cm}} \left[1 - (1-\delta) \frac{h}{2\eta v_1 \tau_i} \right] \tag{6-72}$$

式中　$P_{i\text{ch}}$——顶板上任一点 i 处的感生地冲击峰值压力；

$\Delta P_{i\text{cm}}$——顶板 i 点正上方的空气冲击波峰值压力。

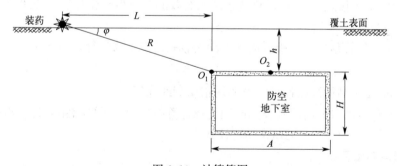

图 6.10　计算简图

若以板块中心为坐标原点，坐标轴平行于顶板板块长短边，如图 6.11 所示，则 R' 按下式计算：

$$R' = \sqrt{(R_0 + A/2 + x)^2 + y^2} \tag{6-73}$$

式中　R'——爆心距顶板 i 点正上方地面某点的距离；

R_0——爆心距外墙的水平距离；

A——顶板的短跨。

因此，根据式(6-51)，即利用虚功原理和屈服线理论可得土中感生地冲击峰值在顶板板跨处的等效均

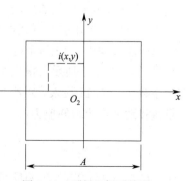

图 6.11　顶板坐标系统图

布荷载峰值为：

$$\overline{P}_{ch}=\frac{\iint_S P_{ich} \cdot X(x,y)\mathrm{d}S}{\iint_S X(x,y)\mathrm{d}S}=C_e P_{ch} \tag{6-74}$$

式中 $\overline{P}_{ch}$——土中感生地冲击峰值在顶板计算板块处的等效均布荷载峰值；

C_e——荷载均布系数；

P_{ch}——顶板板块中心 O_2 点处的感生地冲击峰值压力，如图 6.10 所示。

由式（6-74）可得：

$$C_e=\frac{\iint_S P_{ich} \cdot X(x,y)\mathrm{d}S}{P_{ch}\iint_S X(x,y)\mathrm{d}S} \tag{6-75}$$

将式（6-72）代入上式，经大量计算可得四边固支板的荷载均布系数：当顶板覆土厚度小于等于 0.5m 时，顶板荷载均布系数 C_e 可取 1.0；当覆土厚度大于 0.5m 时，顶板荷载均布系数 C_e 可取 0.9。

2）顶板均布动荷载峰值、升压时间及作用时间

同样，土中感生地冲击在传播到土与结构界面上时，要发生相互作用。在自由场荷载被均布后，可采用土与结构相互作用理论来求得作用在结构上的均布动荷载峰值，其做法与 6.4.1 节一样。这里也引入综合反射系数 K 来反应土与结构的相互作用效应。一般来说，当顶板覆土较薄时（顶板覆土厚度 $h \leqslant 0.5m$），土中尚未形成稳定的地冲击，此时土与结构的相互作用效应不明显，综合反射系数 K 可取 1.0；当顶板覆土厚度 $h > 0.5m$ 时，综合反射系数 K 可按式（6-71）计算或按图 6.8 取值。但为简化计算，特别是对低等级防护结构，此系数可取 1.5。

因此，土中结构顶板计算板块的均布动荷载峰值按下式计算：

$$\overline{p}_{c1}=C_e K P_{ch} \tag{6-76}$$

式中 $\overline{p}_{c1}$——土中结构顶板计算板块的均布动荷载峰值。

该均布动荷载的升压时间和作用时间均取计算板块中心处的自由场地冲击的升压时间和作用时间，可按式（5-82）、式（5-83）计算。

2. 外墙均布动荷载

1）土中外墙上任一点处的自由场法向荷载峰值

土中外墙主要承受常规武器地面爆炸产生的直接地冲击作用。

以外墙板块中心 O 为坐标原点，水平线为 x 轴，坐标系统如图 6.12 所示。根据第 5 章的有关公式，将耦合系数 f 取 0.14 代入，可得外墙上任一点 i 处的自由场直接地冲击应力峰值为：

$$\sigma_{i0}=6.82 \cdot \rho c \cdot \left(\frac{2.78R_i}{C^{1/3}}\right)^{-n} \tag{6-77}$$

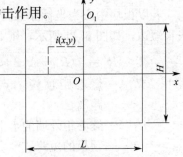

图 6.12 外墙坐标系示意图

式中 C——等效 TNT 装药质量（kg）；

R_i——爆心到 i 点的距离，按式（6-78）计算。

$$R_i = \sqrt{R_0^2 + (h + H/2 - y)^2 + x^2} \tag{6-78}$$

式中　R_0——爆心距外墙的水平距离；

　　　H——外墙的高度；

　　　h——顶板的覆土深度，均见图 6.10 所示的计算简图。

　　由于自由场直接地冲击峰值 σ_{i0} 的方向与外墙法向不平行，因此须将其转换成沿外墙平面法向的自由场应力峰值。根据弹性力学理论，可得：

$$p = \sigma_{i0}[\xi + (1-\xi)\cos^2\varphi_i]$$
$$= 6.82 \cdot \rho c \cdot \left(\frac{2.78R_i}{C^{1/3}}\right)^{-n}[\xi + (1-\xi)\cos^2\varphi_i] \tag{6-79}$$

式中　p——在土中外墙 i 处沿外墙法向的自由场荷载峰值；

　　　ξ——土的侧压系数；

　　　φ_i——土中直接地冲击传播方向与结构外墙法向的夹角（°），如图 6.13 所示。

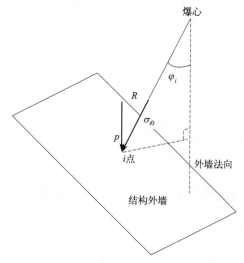

图 6.13　土中直接地冲击传播方向与结构外墙法向的夹角示意图

　　由图 6.13 可知，φ_i 可按下式计算：

$$\tan\varphi_i = \left[\left(\frac{R_i}{R_0}\right)^2 - 1\right]^{1/2} \tag{6-80}$$

　　当目标点位于外墙板块上边中心 O_1 时，如图 6.10 所示，根据式(6-79)，可得在 O_1 点处沿外墙法向的自由场动荷载峰值 p_{o1}：

$$p_{o1} = \sigma_0[\xi + (1-\xi)\cos^2\varphi]$$
$$= 6.82 \cdot \rho c \cdot \left(\frac{2.78R}{C^{1/3}}\right)^{-n}[\xi + (1-\xi)\cos^2\varphi] \tag{6-81}$$

式中　p_{o1}——在 O_1 点处沿外墙法向的自由场动荷载峰值；

　　　φ——此时土中直接地冲击传播方向与结构外墙法向的夹角（°），如图 6.13 所示；

　　　R——爆心至外墙板块上边中心 O_1 的距离。

考虑最不利情况，R 应为距爆心的最短距离，所以将 $x=0$、$y=H/2$ 代入式（6-78）即可得到：

$$R=\sqrt{R_0^2+h^2} \tag{6-82}$$

由此也有：

$$\tan\varphi=\left[\left(\frac{R}{R_0}\right)^2-1\right]^{1/2} \tag{6-83}$$

于是式（6-79）可写成：

$$p=6.82 \cdot \rho c \cdot \left(\frac{2.78R}{C^{1/3}}\right)^{-n}\left(\frac{R_i}{R}\right)^{-n}[\xi+(1-\xi)\cos^2\varphi_i]$$

$$=p_{o1}\left(\frac{R_i}{R}\right)^{-n}\frac{[\xi+(1-\xi)\cos^2\varphi_i]}{[\xi+(1-\xi)\cos^2\varphi]} \tag{6-84}$$

2）外墙均布动荷载峰值

根据式（6-84）可知，在外墙处的自由场直接地冲击荷载是一非平面波荷载，必须进行均布等效处理。根据式（6-51）可得等效均布动荷载峰值 $\bar{p}$：

$$\bar{p}=\frac{\iint_S p \cdot X(x,y)\mathrm{d}S}{\iint_S X(x,y)\mathrm{d}S}=\frac{\iint_S p_{o1}\left(\frac{R_i}{R}\right)^{-n}\frac{[\xi+(1-\xi)\cos^2\varphi_i]}{[\xi+(1-\xi)\cos^2\varphi]} \cdot X(x,y)\mathrm{d}S}{\iint_S X(x,y)\mathrm{d}S}$$

$$=p_{o1}\frac{\iint_S \left(\frac{R_i}{R}\right)^{-n}\frac{[\xi+(1-\xi)\cos^2\varphi_i]}{[\xi+(1-\xi)\cos^2\varphi]} \cdot X(x,y)\mathrm{d}S}{\iint_S X(x,y)\mathrm{d}S}=p_{o1} \cdot C_e \tag{6-85}$$

式中 $\bar{p}$——土中外墙处自由场荷载的等效均布动荷载峰值；

C_e——荷载均布系数。

由式（6-85）得：

$$C_e=\frac{\iint_S \left(\frac{R_i}{R}\right)^{-n}\frac{[\xi+(1-\xi)\cos^2\varphi_i]}{[\xi+(1-\xi)\cos^2\varphi]} \cdot X(x,y)\mathrm{d}S}{\iint_S X(x,y)\mathrm{d}S} \tag{6-86}$$

将屈服线形状函数代入，经计算可得四边固支外墙的荷载均布系数，见表 6.5。

外墙荷载均布系数 C_e 表 6.5

顶板覆土厚度 h（m）	外墙区格短跨（m）	外墙区格长跨与短跨比		
		1	2	3
$0<h\leqslant1.5$	3	0.92	0.89	0.83
	4	0.88	0.82	0.74
	5	0.82	0.74	0.65
$1.5<h\leqslant3.0$	3	0.86	0.82	0.77
	4	0.80	0.74	0.68
	5	0.74	0.67	0.59

顶板覆土厚度 h（m）	外墙区格短跨（m）	外墙区格长跨与短跨比		
		1	2	3
3.0<h≤5.0	3	0.80	0.78	0.73
	4	0.74	0.70	0.64
	5	0.68	0.62	0.55

同样，土中直接地冲击在传播到土与结构外墙界面上时，要发生相互作用。此时外墙综合反射系数 K 仍可取 1.5。因此，作用在外墙计算板块上的均布动荷载峰值就可按下式进行计算：

$$\overline{p}_{c2}=K \cdot C_e \cdot p_{ol} \tag{6-87}$$

3）外墙均布动荷载升压时间、作用时间

由于爆心距外墙的水平距离要远大于顶板的覆土深度以及外墙的高度，因此，自由场直接地冲击基本上是同时到达结构外墙计算板块上，该到达时间可取外墙上边中心 O_1 点的自由场直接地冲击的到达时间。如表 6.6 所示，表中的 K_t 是时间均布系数，基本上等于 1。

K_t 是自由场地冲击的等效到达时间 t_a 与其达 O_1 点的时间 t_{ao1} 之比，即按下式计算：

$$t_a=\frac{\iint_S \frac{\sqrt{R_0^2+(h+H/2-y)^2+x^2}}{c}dxdy}{LH}=K_t t_{ao1}=K_t\frac{R}{c}=K_t\frac{\sqrt{R_0^2+h^2}}{c} \tag{6-88}$$

则有：

$$K_t=\frac{\iint_S \sqrt{R_0^2+(h+H/2-y)^2+x^2}dxdy}{LH \cdot \sqrt{R_0^2+h^2}} \tag{6-89}$$

时间均布系数 K_t 表 6.6

顶板覆土厚度 h（m）	外墙区格长跨与短跨比	
	1	2
0.5	1.04	1.06
1	1.05	1.07
1.5	1.06	1.07
2	1.06	1.06
2.5	1.07	1.07

由此，外墙均布动荷载的升压时间、作用时间分别可取外墙上边中心 O_1 点处的自由场直接地冲击的升压时间和作用时间，即分别按下式计算：

$$t_r=0.1 \cdot \frac{R}{c} \tag{6-90}$$

$$t_d = 2 \cdot \frac{R}{c} \qquad (6-91)$$

式中 t_r、t_d——分别为外墙均布动荷载的升压时间、作用时间。

3. 底板均布动荷载

由于是侧爆，结构顶板受到动荷载后向下运动所产生的地基反力非常小，可以忽略不计，因此，在常规武器非直接命中地面爆炸情况下，结构底板可不考虑常规武器爆炸的动荷载效应。

6.5 地面结构上的动荷载

6.5.1 空气冲击波与地面结构相互作用现象

1）空中爆炸时，根据冲击波对地面建筑物的作用特点，可将建筑物所在区域自爆心投影点向外区分为爆心投影区，斜反射区和不规则反射区（马赫反射区），见图6.14。

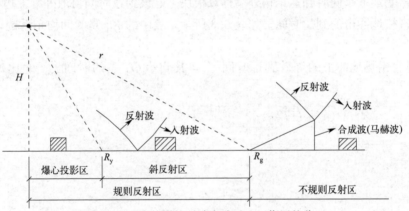

图6.14 空中核爆炸时冲击波对地面作用的分区

（1）爆心投影区（$0 \leqslant R \leqslant R_y$）

位于该区域内的结构，将受到冲击波的垂直作用。当结构高出地面部分在 3m 以下时，可近似认为各墙面上超压接近所在位置处的地面超压。爆心投影区的范围与比例爆高有关，见表6.7。当比例爆高 H_s 约为 $200m/kt^{1/3}$ 时，可近似取 $R_y = 0.2H$。

<table>
<tr><td colspan="7" align="center">爆心投影区的范围</td><td align="right">表6.7</td></tr>
<tr><td>比例爆高 H_s (m/kt$^{1/3}$)</td><td>50</td><td>100</td><td>150</td><td>200</td><td>250</td><td>300</td></tr>
<tr><td>R_y/H</td><td>0.057</td><td>0.108</td><td>0.163</td><td>0.208</td><td>0.250</td><td>0.283</td></tr>
</table>

（2）斜反射区（$R_y \leqslant R < R_g$）

冲击波以某一角度作用于该区地面结构上时，结构各墙面先后受入射波和反射波的两次冲击作用。斜反射区的范围随比例爆高的变化见表6.8。当比例爆高约为 $200m/kt^{1/3}$ 时，可近似取 $R_g = H$。

<table>
<tr><td colspan="7" align="center">斜反射区的范围</td><td align="right">表6.8</td></tr>
<tr><td>比例爆高 H_s (m/kt$^{1/3}$)</td><td>70</td><td>100</td><td>150</td><td>200</td><td>250</td><td>300</td></tr>
<tr><td>R_g/H</td><td>0.714</td><td>0.775</td><td>0.857</td><td>0.950</td><td>1.080</td><td>1.240</td></tr>
</table>

（3）不规则反射区（马赫反射区）$(R \geqslant R_g)$

位于该区的地面结构，正对爆心投影点的前墙受到垂直于墙面运动的合成冲击波正反射作用，侧墙和顶盖受到沿墙面和顶盖运动的冲击波作用，后墙则受到冲击波的绕射作用。

2）地爆情况下，冲击波对地面结构顶盖和墙面的作用特点，按空爆不规则反射区考虑。

3）对建筑尺寸较大的封闭型结构物（如封闭矩形结构）应按冲击波超压设计；对两个方向建筑尺寸均较小的结构物（如电线杆等小直径圆柱形结构物）或在冲击波作用下很快就形成许多开口的结构物，应按动压荷载设计；对于直径较大的圆柱体，如贮油罐、粮仓等除动压外还需考虑超压的作用。

6.5.2 空气冲击波对地面结构的环流效应及环流压力的确定

1. 环流效应

地面冲击波遇到与其运动方向垂直的有限尺寸目标物后的传播，将产生环流作用。图6.15示意冲击波接近地面结构、与前墙相遇及入射冲击波阵面离开结构物的情况。

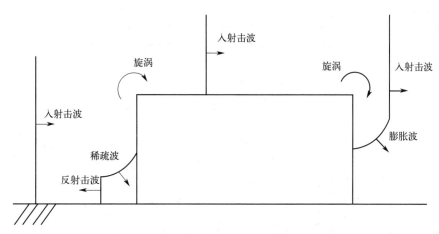

图 6.15 地面冲击波对地面上目标的环流现象

空爆产生的合成冲击波或地爆产生的入射冲击波与地面结构前墙相碰时将发生正反射。对于地面结构而言，两种情况下的冲击波均为入射波。前墙上的波阵面超压骤然增大到正反射超压，且在前墙附近形成反射高压区。但是在前墙边缘以外的冲击波运动并未遇到障碍，可以不受阻碍地通过顶盖和侧墙。这些区域传播的冲击波既没有反射，超压也不会增加，因而顶盖和侧墙仅承受入射波的超压作用。相对于前墙中央附近的高压区，它就成为低压区。由此形成的压力差会引起空气流动和稀疏波的产生，亦即前墙处高压区中的空气向前墙边缘外低压区流动的同时，高压区的空气由边缘到内部逐渐受到稀释，这种稀疏状态由前墙外侧向中心的传播称之为稀疏波。稀疏波的波速为反射波阵面后空气中的声速。稀疏波沿着前墙墙面由边缘向中心传播时，所到之处前墙面上各点的压力迅速下降，但不是突跃式的下降。这种压力分布的相对改变与波的运动一直要延续到空气流动状态的相对稳定为止，即稀疏波消失为止。此时前墙面上的压力相对变化不再发生，而仅随入射波中压力的衰减逐渐变化到零。从稀疏波产生到消失的这一过程就是冲击波后气流环绕着地面结构物流动时的状况，称为环流。环流过程完成所用的时间称为环流时间，此后前墙墙面上的压力为环流压力。当冲击波流经侧墙和后墙时，空气环流会引起旋涡并产生吸力，从而会影响侧墙、顶盖和后墙面上以及相邻范围内的压力分布。旋涡的作用随入射波强度的增大而增强。

2. 环流压力

先观察空气流动产生环流时目标（障碍物）周围的空气流动情况（图 6.16），图中阴影部分代表障碍物，带箭头的细线代表空气流动轨迹（称为流线）。

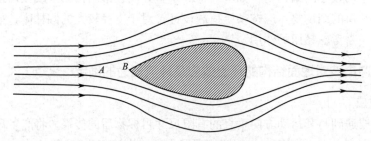

图 6.16　环流时目标周围的空气流动情况

图 6.16 中 B 点处空气质点的运动速度为零（即 $u_B=0$），因而动能也为零。根据能量守恒定律，离开目标的 A 点与目标上的 B 点处，空气的总能量应相等，由空气动力学可知：

$$P_A+\frac{1}{2}\rho_A u_A^2=P_B \tag{6-92}$$

即：

$$\Delta P_B=\Delta P_A+\frac{1}{2}\rho_A u_A^2=\Delta P_A+q_A \tag{6-93}$$

式中　ΔP_A、ΔP_B——分别为 A 点和 B 点处空气的超压；

　　　　ρ_A、u_A——A 点处空气的密度和质点运动速度；

　　　　q_A——A 点处空气的动压。

ΔP_B 即为空气冲击波环流障碍物时 B 点的环流压力，因为在 B 点处空气质点的运动被滞止（速度为零），所以 ΔP_B 又称为空气的滞止压力。由上式可见，空气冲击波的环流压力为空气的超压与动压之和。

当入射冲击波垂直作用于地面结构物前墙时，前墙面上的压力为反射超压，在环流完成后降为环流压力。对于典型的地面矩形结构，其前墙、侧墙（或顶盖）和后墙所经受的超压作用随时间变化情况如图 6.17 所示。

冲击波对结构物的环流效应完成时的环流压力：

$$\Delta P_s=\Delta P_d(t_s)+C_d \cdot q_d(t_s) \tag{6-94}$$

式中　C_d——考虑目标物迎风面形状不同对环流效应影响引入的阻力系数；对矩形目标近似取 $C_d=1$。

矩形结构侧墙所受的超压峰值可取地面空气冲击波超压峰值；后墙所受的超压峰值 ΔP_b 可取 0.95 倍地面空气冲击波超压峰值。

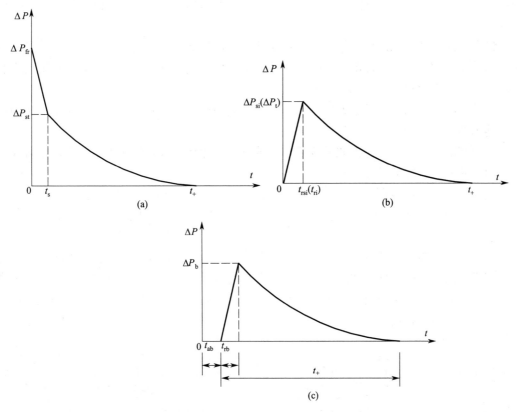

图 6.17 地面冲击波对地面上目标的压力

（a）前墙；（b）侧墙；（c）后墙

理论与试验研究表明环流时间 t_s 可按下式计算：

$$t_s = \frac{4S}{C} \tag{6-95}$$

式中 S——结构物高出地面部分的宽度一半或高度，两者取其小值；

C——环流时间内反射波中的平均声速。

6.5.3 地面矩形结构上的动荷载

由前述可知，即使是冲击波垂直作用于地面封闭的矩形结构，各墙面也将承受不同时程变化的超压作用。如果是开口或墙面有孔洞的结构，还会有随时间变化的内压作用。防护结构设计时，不仅要计算各墙面的强度，而且要根据结构物整体的动力平衡，校核结构的整体稳定性，因而设计工作是十分繁杂的。

然而，地面矩形防护结构通常是阵地工程结构，一般在要求抗核冲击波时，还要考虑抗炮航弹的直接命中。结构设计往往是由常规武器的破坏效应所控制，仅在确有必要时才进行抗核冲击波的计算，届时可参阅有关的设计规范，这里不再赘述。

6.5.4 地面拱形结构上的动荷载

地面拱形防护结构，通常是单机掩蔽库或掘开式地面机窝等工程。一般按常规武器的局部破坏设计，仅在必要时验算抗核冲击波。这里给出冲击波对地面拱形结构的作用荷载。

核爆炸冲击波对地面拱形结构的作用荷载，在机理上与矩形结构相似，主要区别是因拱的曲率所引起的。由于冲击波在拱表面的入射角是逐点连续变化的，所以其反射压力和滞止压力也逐点变化。

当冲击波沿地面拱的纵轴方向运动时，除端墙处局部区域外，拱断面上所受的法向压力是均匀的，且等于该断面处附近的地面压力。

一般情况下，应考虑冲击波垂直于拱纵轴方向的运动。这时将在拱断面内产生最大的弯矩值，故按此进行的设计是安全的。

当冲击波沿拱周逐点入射时，其作用压力将因反射而增加。在拱脚处反射压力最大，沿拱周向上逐渐减小。在拱顶处由于冲击波运动方向平行于拱面，反射系数为1（即无反射）。

冲击波对拱表面的荷载可以分解为两部分（图6.18）：①由超压引起，它均匀法向地作用于拱表面；②由于冲击波阵面后空气质点运动被拱阻挡而发生的环流、涡流、稀疏波等产生的压力，在迎风面上压力为正，背风面上压力为负。地面拱的内力可近似取为这两种荷载作用内力的叠加。

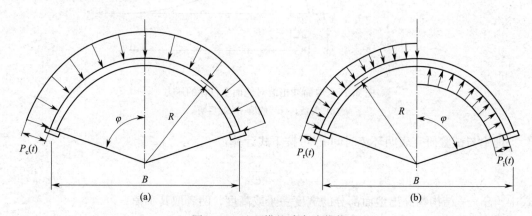

图6.18 地面拱的冲击波荷载
（a）均匀压缩型荷载；（b）弯曲型荷载

思考题

6-1 试验和分析表明，核爆炸荷载作用下地下结构所受的动荷载，与许多因素有关，主要因素有哪些？

6-2 请分析土与结构相互作用的基本假定和分析模型？请写出基本表达式？

6-3 确定土中结构动荷载的方法主要有哪些？各自有何特点？

6-4 爆炸波与土中结构相互作用的特点是什么？

6-5 什么是"三系数方法"，各系数的物理意义是什么？

计算题

6-1　有一矩形防护工程，顶板跨度 4m，覆土厚 1m，外墙高 4m，厚度均为 40cm，已知核爆地面空气冲击波峰值为 0.92MPa，作用时间为 370ms，结构周边覆土为中砂，无地下水。试求作用在该结构上的动荷载。

6-2　有一矩形防护工程，顶板跨度 4m，覆土厚 1m，外墙高 4m，厚度均为 40cm，已知常规武器 MK83 地面爆炸，分别计算顶爆和侧面 10m 外爆炸时作用在该结构上的动荷载。

第7章

防护结构的动力响应分析方法

7.1 概述

作用力如随时间迅速改变其大小、方向或位置，则称为动力。作用于结构的这种荷载称为动力荷载或动荷载。结构在动力荷载作用下，其位移和内力也随着时间发生变化。与第 2 章介绍的结构局部破坏作用不同，这里结构的破坏是由于结构在动荷载作用下发生振动，致使结构内力（弯矩、剪力等）过大或变形过大而造成，属于整体破坏。结构动力分析的主要目的，就是研究动力作用下结构的运动规律，并确定其最大位移和内力，以便进行结构设计。

防护结构在不同工作条件下，可能受到各种的动力作用。防护结构主要承受爆炸空气冲击波以及土中地冲击等冲击爆炸荷载。这些荷载均属瞬态荷载或短时间作用的动荷载。

在进行防护结构设计时，如在动荷载作用下的工作状态中，不允许出现不可恢复的残余变形，动力分析时则将结构视为弹性体系。反之，如果设计时可以利用结构的塑性变形性能，则视为弹塑性体系。有些重要或有特殊要求的防护结构和设备，要求按弹性体系进行动力分析和设计。如安全度要求很高，或防止产生残余变形影响设备开启，或不允许因构件裂隙过大引起毒气渗漏等。此外，结构按弹性体系动力分析的知识，也是进一步进行弹塑性动力分析的基础。

7.1.1 动力问题的基本特性

在动荷载作用下，结构随时间变化的位移是由振动加速度所引起的。动力问题的基本特性是不能忽略结构质量运动加速度的影响，亦即在考虑结构的力平衡问题时，必须计入振动加速度引起的惯性力，或者在能量守恒中不能忽略动能的影响。

图 7.1 反映了静力问题和动力问题的区别。如果一简支梁承受一静荷载 p 作用（图 7.1a），则它的弯矩、剪力及挠曲线形状直接依赖于给定的荷载，而且可根据力的平衡原理求出。但是，如果动荷载 $p(t)$（图 7.1b），则梁的位移与振动加速度有关，这种加速度又引起与其反向的惯性力。于是梁的内力（弯矩和剪力）不仅要平衡外加的荷载，而且要平衡由于梁振动的加速度所引起的惯性力。如果运动是如此缓慢，以致惯性力小到可以忽略不计，则即使荷载和反应可能随时间而变化，仍可用静力分析方法。结构动力分析的根本困难，在于引起惯性力的变形和位移本身又受这些惯性力的影响。

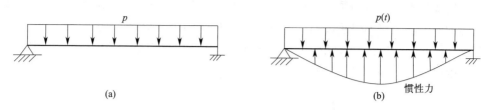

图 7.1 静荷载与动荷载的基本区别
（a）静荷载作用；（b）动荷载作用

7.1.2 爆炸荷载作用下结构动力响应的特点

图 7.2 给出了典型的核爆炸荷载和化爆荷载作用下钢筋混凝土梁的位移反映。从图 7.2 可以看出：

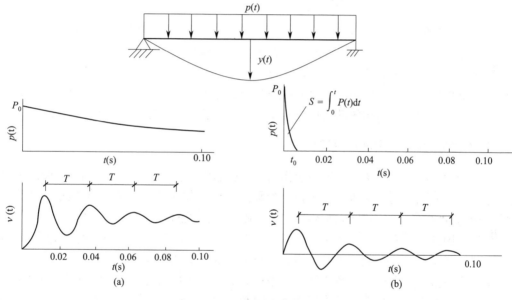

图 7.2 梁的动力反应
（a）核爆；（b）化爆

1）梁的跨中位移随时间上下波动，即产生了振动。振动逐渐衰减，反映了各种阻尼力的作用。化爆荷载作用时间短，构件主要在动荷载消失以后做振动，即做自由振动，并出现与正向位移相同量级的反向位移，上下振动一周的时间即为自振周期 T；核爆荷载作用时间相对较长，构件主要在动荷载作用下做振动，即做强迫振动，其振动周期也为 T。

2）最大动位移 y_m 发生在位移时程曲线 $y(t)$ 的第一个峰值上。从工程设计的角度看，就是要使结构能够安全度过这一峰值位移（化爆下还有负向峰值位移）。图 7.3 表示普通钢筋混凝土梁的抗力曲线，其中反映了梁的位移与梁的恢复力（抗力）之间的关系，抗力可看成是与产生这一位移相应的静荷载。抗力曲线是构件固有的力学性能，它给出了构件的最大抗力以及能够提供的极限变形或位移的能力。静荷载设计时我们往往习惯于从构件的强度或最大抗力看问题，但在动荷载作用下还要着眼于最大变形或最大位移，使动荷载产生的最大动位移不要超过构件本身所能提供的极限位移值或规定的某一允许值 y_u。设计抗爆结构时，一般都允许结构进入塑性阶段工作，但要使最大动位移不超过构件抗力曲线中极限位移。

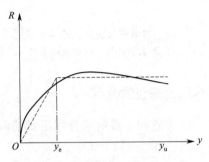

图 7.3　钢筋混凝土梁的抗力曲线

3）化爆荷载作用下结构发生最大动位移的时刻一般要比荷载的作用时间长得多。由此可见，冲量对于结构的动力反应起着关键作用。核爆荷载衰减较慢，有时构件已经到达最大动位移而此时的荷载还衰减甚少，这样 $p(t)$ 曲线中的峰值荷载对于动力反应起关键作用，可将外加荷载当作突加平台荷载进行动力分析。

但在一般情况下，结构的动力反应与荷载的波形、峰值及作用时间都有关系。

7.1.3　结构构件的自由度及其简化

结构动力分析时必须考虑惯性力的作用，这就需要研究质量的位置变化，因而首先要选定用来确定质量运动位置所需的独立参数的个数。如图 7.2 的梁具有连续分布质量，可将它分为许多微段，它们之间为弹性连接，则每一微段的质量均需有一个独立的参数确定其位置。因此，实际的结构或构件严格来说都是无限自由度体系。用来确定质量位置的参数，可以是直角坐标参数，也可采用其他坐标参数，例如角度或用特定形状的变位曲线的幅度作为参数。这种坐标参数称为广义坐标。对分布质量而言，任一时刻的变位曲线可视为一系列相互独立的位移函数或振型函数之和，每一个位移函数具有固定的形状，但其幅值可以改变。这样的函数还必须满足支座边界条件。例简支梁的位移，可以用 $\sum\limits_{n=1}^{\infty}$ $A_n\sin\dfrac{n\pi x}{l}$ 来表示，其中 n 为任意的正整数。这里采用的广义参数是正弦函数的振幅 A_n，共有无限个参数 A_n，相应有无限个自由度。当然，也可采用其他能满足边界条件的位移函数，不一定是正弦曲线。

体系的自由度个数越多，动力分析就越复杂，所以在允许的误差范围内，常将无限自由度的实际结构简化成有限个自由度体系。而在防护结构的动力分析中，经常简化成单自由度体系或多自由度体系。在构件的单自由度动力分析中，通常取均布静荷载作用下的挠曲线形状作为振动曲线形状，以其跨中幅度作为这个单自由度体系的坐标参数。

7.1.4　动力分析的基本原理

动力体系中因惯性力由结构位移产生，反过来位移又受惯性力大小的影响。这种相互影响的关系使得分析非常复杂，必须将问题用微分方程表示。对于质量连续分布的实际结构，如果要确定全部的惯性力，则要求确定每一个质点的位移和加速度。此时，因为各质点的位置及时间都必须看作独立变量，故分析就须用偏微分方程来描述。若已简化为单自由度体系，其运动方程（描述动力位移的数学表达式）仅为常微分方程。求解体系的运动微分方程，就可以得到结构体系的位移和变形的规律，进而求得工程设计所需的结构内力和应力。建立动力体系的运动方程可以用不同的方法，它们在研究不同的特殊问题时，各有特点。下面介绍两种常用的分析方法。

1. 直接平衡法

动力作用下结构运动并发生变形，在结构内部产生与这一变形相应的内力称为抗力。如图 7.4 的单自由度体系，设作用于质量 M 上的外力为 P，体系抗力为 R，根据牛顿第二定律有：

$$M\frac{\mathrm{d}^2 y}{\mathrm{d}t^2} = P + (-R) \tag{7-1}$$

将质量与加速度的乘积称为惯性力 I，并取其方向与加速度方向相反，则得：

$$P + (-R) + I = 0 \tag{7-2}$$

上式是将运动方程表示为动力平衡方程，即可看成是一个力系的平衡方程。与静力平衡方程相比只多了一项惯性力。引入惯性力的概念，把惯性力计入在全部力系内，就可以将动力问题按照静力问题的方式来处理，这就是达朗贝尔（D'Alembert）原理。直接平衡法是应用达伦贝尔原理来建立运动方程。

惯性力中的加速度是位移对时间的二阶导数，所以动平衡方程是微分方程，而静平衡方程则为代数方程。

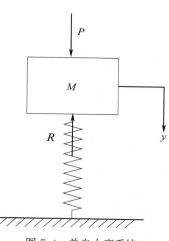

图 7.4　单自由度系统

2. 能量法

能量法是能量守恒原理的应用。结构在动力作用下因变形积蓄应变能，其质量因获得速度具有功能，外力则因作用点移动而做功。在任一时刻，外力到此时为止所做的功 W，等于该时刻的结构应变能 U 与动能 V 之和，写成能量方程式为：

$$W = U + V \tag{7-3}$$

与静力问题相比，能量方程中多了一项动能。如为自由振动，则外力功的一项为常量。如果结构运动时还有阻力作用，则在方程式（7-2）内应加入一项阻力 D，在方程式（7-3）的外力功中应减去阻力消耗的能量。

动力平衡方程是向量（矢量）方程，能量方程是非向量（标量）方程。

此外，动力体系的运动方程还可以分别应用虚功方程（虚位移原理）、拉格朗日（Lagrange）方程、汉密尔顿（Hamilton）原理来建立。应当指出，这些方法是等同的，可导出相同的运动方程。当然，应用达朗贝尔原理，直接建立作用于体系上全部力的动力平衡方程，是最简单明了的。但对于更复杂的体系，特别是对那些质量和弹性只在有限区域是分布特性的体系，建立直接的矢量平衡方程可能较困难，而应采用仅包含功和能等标量来建立方程式的方法，可能更为方便。其中又以应用虚位移原理的方法最为直接。

7.1.5 无阻尼弹性体系的自振频率与振型

若式(7-1) 中 $P = 0$，则微分方程的解式(7-4) 表示单自由度弹性体系的无阻尼自由振动。

$$y = y_0 \cos\omega t + \frac{\dot{y}_0}{\omega} \sin\omega t = A\sin(\omega t + \phi) \tag{7-4}$$

式中，$A = \sqrt{y_0^2 + \left(\frac{\dot{y}_0}{\omega}\right)^2}$，$\phi = \tan^{-1}\left(\frac{\omega y_0}{\dot{y}_0}\right)$，$\omega = \sqrt{\frac{K}{M}}$，$y_0$ 和 $\dot{y}_0$ 分别为初始位移和初始速度。

这种自由振动是一种以正弦函数规律随时间变化的简谐振动。自振周期 $T = \frac{2\pi}{\omega}$，$\omega = \sqrt{\frac{K}{M}}$ 称为自振圆频率，一般简称为自振频率。体系的质量 m 越大，或者刚度 K 越小，则自振频率越低。在振动最大位移 y_m、最大速度 $\dot{y}_\mathrm{m}$ 和最大加速度 $\ddot{y}_\mathrm{m}$ 之间有下列关系：

$$\omega^2 = \frac{\ddot{y}_\mathrm{m}}{y_\mathrm{m}}, \omega^2 = \frac{\ddot{y}_\mathrm{m}}{y_\mathrm{m}} \tag{7-5}$$

对于多自由度体系而言，在某一适当的初始条件下，体系内各质点可同时按某一固定的频率做简谐振动，在这种情况下各质点间的位移比值在任一时间内均保持不变，体系按此频率发生的无阻尼自由振动称为主振动。体系做主振动时，保持固定的振动形式，称为主振型。显然，一种主振动有一固定的频率与之相应。在主振型振动中，只需要一个参数即能确定体系全部质点的位移。

可以证明，体系有多少个自由度，就有多少个主振型。每一主振型相应有一个自振频率，其中最低的一个自振频率称为第一自振频率或基振频率（基频），相应的主振型称为第一主振型或基振型。按照频率值由低到高，依次有第二自振频率、第三自振频率等，以及第二主振型、第三主振型等。

应当明确，n 个自由度体系有 n 个主振型，这是弹性体系的固有特性。然而，弹性体系在动荷载作用下产生哪几种主振型的强迫振动，则与动荷载特征有密切关系。

7.1.6 动力分析的基本方法

防护结构动力分析方法主要分两大类：①弹性或弹塑性的单自由度分析方法；②多自由度分析方法。

采用多自由度的结构分析可能相当复杂，一般需要借助数值分析方法。但是，对于爆炸荷载并且仅需峰值响应时（如最大动位移和最大动弯矩），则可以忽略高次振型的影响，即只考虑少数几个低阶振型，甚至只考虑一个最低振型，也即第一主振型的影响。特别是由于动荷载本身参数的确定是很近似的。所以在工程实际设计中，对许多结构来说用单自由度系统分析就足够了。当然，对复杂的工程结构，也可采用数值分析方法或多自由度体系的结构动力学分析方法。本章重点介绍爆炸荷载作用下结构分析的单自由度分析方法。

7.2　梁板构件的等效单自由度分析方法

7.2.1　等效单自由度体系的建立

1. 等效体系

在动荷载作用下，严格来说，只有当动荷载的分布形式与惯性力的分布形式始终一致时，或者说只有当动荷载作为静荷载作用时的静挠曲线形状与动荷载的分布形式完全一致时，振动变形形式才是一个不变的振型即主振型，并可将构件视为单自由度体系。

讨论单自由度体系，就要确定对应的振型。一般来说，动荷载作用下构件挠曲线的几何形状随着时间变化，构件内任两点的位移比值均随时间改变，而不是像主振型中那样保持常值。但是，如作用于两端支承的构件上的动荷载均按同一规律随时间变化，荷载又比较均布，构件的挠曲线形状虽也随时间改变但其变化程度往往不大，这就有可能近似假定构件是按某一固定不变的振型振动。通常可将动荷载作为静力作用时的静挠曲线形状作为振型。

若构件进入塑性阶段，则构件的变形主要集中在塑性铰处，在塑性铰（塑性区域）之间的构件区段，则看作不再变形的刚片，结构的运动成为由刚片组成的可变机构的运动。于是，结构在塑性阶段的振动形式就成为唯一不变的，体系在塑性阶段也就可以视为单自由度体系。所以，构件如果进入塑性阶段，振型可取为极限静荷载下的可变机构图形。

这样，承受动荷载作用，只考虑弹性工作的体系，可简化为等效单自由度弹性体系；允许进入塑性阶段工作的结构体系，就可简化为等效单自由度弹塑性体系。

以简支梁为例，梁在均布荷载 q 作用下的挠曲线方程为：

$$y(x)=\frac{qx}{24EJ}(l^3-2lx^2+x^3) \tag{7-6}$$

因为振型是表达振动过程中构件上各点位移的相对关系，反映出构件振动的几何形状，故可令梁中任一点作为代表点，令其位移为 1。现以跨中作为代表点，跨中挠度 $f=\frac{5}{384}\frac{ql^4}{EJ}$，则均布动荷载下的振型（图 7.5）可取为：

$$X(x)=\frac{y(x)}{f}=\frac{16}{5l^4}(l^3x-2lx^3+x^4) \tag{7-7}$$

在塑性阶段，假定在跨中出现塑性铰，且认为塑性铰的位置固定不变，这时的挠度曲线可看成由塑性铰连接的直线段（刚体）组成，取振型（图 7.5）为：

$$X(x)=\frac{x}{l/2} \qquad 0\leqslant x\leqslant\frac{l}{2} \tag{7-8}$$

根据上述要求，现在已将实际构件（如简支梁）简化为单自由度分布质量体系，进而将这个单自由度分布质量构件用简单的质点弹簧体系来代表，后者称为实际构件的等效体系（图 7.6）。对等效体系的要求：

（1）等效体系中质点的位移与构件中具有代表性的点（例如梁的跨中挠度）的位移完全相同；

（2）等效体系的自振频率与按假定振型振动的构件的自振频率相等。

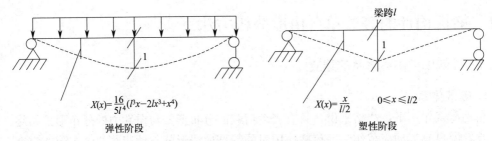

$$X(x)=\frac{16}{5l^4}(l^3x-2lx^3+x^4)$$

弹性阶段

梁跨l

$$X(x)=\frac{x}{l/2} \qquad 0\leqslant x \leqslant l/2$$

塑性阶段

图 7.5　简支梁的假定振型

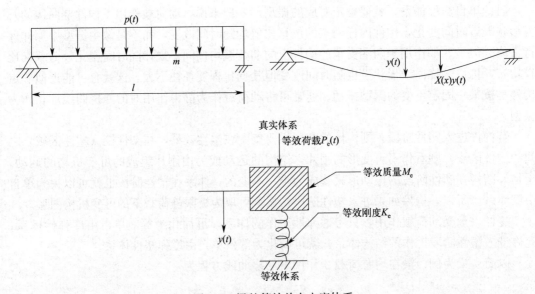

图 7.6　梁的等效单自由度体系

这样，实际构件的动力分析，就简化为直观明了的等效单自由度质量弹簧体系的动力分析了。

要满足等效体系的上述两点要求，实际构件与等效体系两者必须有完全相同的运动方程。运动方程可以用能量原理建立，因此等效体系的动能、位能和荷载功必须与实际构件中的各个相等。根据此原则，可以求出等效体系中的等效动荷载$P_e(t)$、等效质量M_e、等效刚度K_e和等效抗力R_e与实际构件体系动荷载、质量、抗力之间的换算关系。

2. 等效系数

1）等效荷载系数

根据动荷载所做的功在两个体系中应该相等的原则来确定动荷载的等效关系。

设实际构件上的动荷载为分布荷载$p(x)\cdot f(t)$，其中$p(x)$是峰值，$f(t)$是随时间的变化规律。构件的振型为$X(x)$，则任一点处任一时刻t时的位移为$X(x)\cdot y(t)$。

到t时刻，等效体系的荷载$P_e(t)$［即$P_e\cdot f(t)$］所做的功等于：

$$W_e=\int_0^y P_e(t)\mathrm{d}y=\int_0^y P_e\cdot f(t)\mathrm{d}y \tag{7-9}$$

真实体系所做的功等于：

$$W = \int_0^y \int_0^l p(x) \cdot f(t) \mathrm{d}x \cdot X(x) \mathrm{d}y \qquad (7\text{-}10)$$

令两者相等，可得：

$$P_e(t) = \int_0^l p(x) \cdot f(t) \cdot X(x) \mathrm{d}x \qquad (7\text{-}11)$$

如仅受均布荷载 $p(x) \cdot f(t) = p_m \cdot f(t)$ 作用，则上式为：

$$P_e(t) = p_m \cdot f(t) \int_0^l X(x) \mathrm{d}x \qquad (7\text{-}12)$$

定义构件在均布动荷载作用下的"荷载系数 K_L"：

$$K_L = \frac{1}{l} \int_0^l X(x) \mathrm{d}x \qquad (7\text{-}13)$$

K_L 的物理意义是将作用于原体系上的总荷载 $[P(t) = p_m l \cdot f(t)]$ 乘以荷载系数后，等于等效体系中的集中荷载 $P_e(t)$（等效动荷载）。

以简支梁为例，弹性阶段的振型为静挠曲线形状 $X(x) = \dfrac{16}{5l^4}(l^3 x - 2lx^3 + x^4)$，塑性阶段的振型为 $X(x) = \dfrac{x}{l/2}(0 \leqslant x \leqslant l/2)$，将 $X(x)$ 代入式(7-13)，可得均布动荷载下简支梁的荷载系数为：

弹性阶段：$\quad K_L = \dfrac{1}{l} \int_0^l \dfrac{16}{5l^4}(l^3 x - 2lx^3 + x^4) \mathrm{d}x = \dfrac{16}{25} = 0.64$

塑性阶段：$\quad K_L = \dfrac{1}{l} \cdot 2 \int_0^{l/2} \dfrac{x}{l/2} \mathrm{d}x = \dfrac{1}{2} = 0.5$

2）等效质量系数

根据等效体系和真实体系的动能应该相等的原则来确定等效质量系数。

设构件的质量沿构件长度分布为 $m(x)$，则动能：

$$T = \frac{1}{2} \int_0^l m(x) \mathrm{d}x \left[X(x) \frac{\mathrm{d}y}{\mathrm{d}t} \right]^2 \qquad (7\text{-}14)$$

式中 $\dfrac{\mathrm{d}y}{\mathrm{d}t}$——代表点（跨中）的速度；

$X(x) \dfrac{\mathrm{d}y}{\mathrm{d}t}$——构件任一点的速度。

等效体系的动能为：

$$T_e = \frac{1}{2} M_e \left(\frac{\mathrm{d}y}{\mathrm{d}t} \right)^2 \qquad (7\text{-}15)$$

令两者动能相等，可得：

$$M_e = \int_0^l m(x) X^2(x) \mathrm{d}x \qquad (7\text{-}16)$$

对于等截面构件有 $m(x) = m$，上式为：

$$M_e = m \int_0^l X^2(x) \mathrm{d}x \qquad (7\text{-}17)$$

定义均匀分布质量构件的"质量系数 K_M"：

$$K_M = \frac{1}{l} \int_0^l X^2(x)\,\mathrm{d}x \qquad (7\text{-}18)$$

其物理意义是将真实体系的总质量 $M = ml$ 乘以质量系数 K_M 后，等于等效体系中的集中质量 M_e（等效质量）。

对于均布荷载下的简支梁，将上述 $X(x)$ 代入上式，可得质量系数：

弹性阶段： $\qquad K_M = \frac{1}{l} \int_0^l \left[\frac{16}{5l^4}(l^3 x - 2lx^3 + x^4) \right]^2 \mathrm{d}x = \frac{1}{2} = 0.5$

塑性阶段： $\qquad K_M = \frac{1}{l} \cdot 2 \int_0^l \left[\frac{x}{l/2} \right]^2 \mathrm{d}x = \frac{1}{3} = 0.33$

3）等效抗力系数

构件的抗力是变形引起的内力，因而抗力可以用不同的方法来表述。为运算方便现用产生这一变形的外加静荷载来表示，并取静荷载的分布形式与动荷载相同。根据等效体系的应变能必须等于真实体系应变能的原则，可以确定两者之间抗力换算关系。为了避免通过计算内力和变形来直接计算应变能的冗繁运算，可采用如下办法来求应变能。因为当振型假定为静荷载作用下的挠曲线形状时，体系的应变能必然等于产生这一变形状态的外加静荷载所做的功，所以抗力之间的换算关系与荷载之间的换算关系必定是一样的。这样，等效体系的抗力 R_e 与真实体系的总抗力 R 的比值，即变换的等效抗力系数 K_R 必然与荷载系数 K_L 相等。

$$K_R = K_L \qquad (7\text{-}19)$$

等效抗力系数 K_R 的物理意义是将原体系的抗力乘以抗力系数后，等于等效体系的抗力。显然 $K_R = \dfrac{R_e}{R} = \dfrac{K_e}{K} = K_L$，$K$ 与 K_e 分别为真实体系和等效体系的刚度。

同样，对于承受均布动荷载的平板，它的三个等效系数可表示为：

$$K_L = \frac{1}{S} \iint_S X(x,y)\,\mathrm{d}x\,\mathrm{d}y \qquad (7\text{-}20)$$

$$K_M = \frac{1}{S} \iint_S X^2(x,y)\,\mathrm{d}x\,\mathrm{d}y \qquad (7\text{-}21)$$

$$K_R = K_L \qquad (7\text{-}22)$$

式中 $\quad X(x,y)$ ——板的振型曲线；

$\qquad S$ ——板的面积。

3. 等效体系的运动方程

至此，已将具有分布质量的实际结构构件简化为等效单自由度质量弹簧体系，并明确了两者之间参数的换算关系。当忽略阻尼时，图 7.6 所示等效体系的运动方程为：

$$M_e \frac{\mathrm{d}^2 y}{\mathrm{d}t^2} + R_e = P_e(t) \qquad (7\text{-}23)$$

若真实体系的总质量为 M，总荷载为 $P(t)$，总抗力为 R，总刚度（弹簧常数）为 K，则有：$M_e = K_M M$，$P_e(t) = K_L P(t)$，$R_e = K_L R$。

对理想弹塑性体系（图 7.7b），在弹性阶段，$R = Ky$；在塑性阶段，$R = R_m$。

将上式代入运动方程，得：

$$K_{\mathrm{M}} \cdot M \frac{\mathrm{d}^2 y}{\mathrm{d}t^2} + K_{\mathrm{L}} R = K_{\mathrm{L}} P(t) \tag{7-24}$$

或:

$$K_{\mathrm{ML}} M \frac{\mathrm{d}^2 y}{\mathrm{d}t^2} + R = P(t) \tag{7-25}$$

式中　$K_{\mathrm{ML}} = \dfrac{K_{\mathrm{M}}}{K_{\mathrm{L}}}$，称为质量荷载系数。

所以只要将图 7.6 构件的总质量乘以系数 K_{ML}，就可以直接写出它的等效体系的运动微分方程，其中的荷载和抗力为构件的总荷载和总抗力，不必再作换算。

等效体系是简单的质量弹簧体系，有关这种体系动力分析的解答都可直接引用，它的自振频率为 $\omega = \sqrt{\dfrac{K_{\mathrm{e}}}{M_{\mathrm{e}}}} = \sqrt{\dfrac{K}{K_{\mathrm{ML}} M}}$。例如均布荷载下的等截面简支梁，单位长度质量为 m，可算得 $\omega = \dfrac{9.91}{l^2} \sqrt{\dfrac{EJ}{m}}$，与实际构件精确分析求得的第一主振型的基振频率 $\dfrac{9.87}{l^2} \sqrt{\dfrac{EJ}{m}}$ 非常接近。

等效体系的 $y(t)$ 曲线就是原构件中某一代表点的运动状态 $y(t)$ 曲线。因此，此处"等效"的确切含义，仅是构件代表点处位移变形规律的等效，应当指出，等效体系的内力或支座反力与原构件的内力或反力是有差异的。但有了原构件中某一点的 $y(t)$ 运动规律，也不难求出构件的内力和反力的近似值。

由于弹性阶段构件的振型与塑性阶段的振型不一样，所以等效体系中的质量荷载系数 K_{ML} 在弹性和塑性阶段也不一样。如以塑性工作阶段的荷载质量系数标为 $\overline{K}_{\mathrm{ML}}$（$\overline{K}_{\mathrm{ML}} = \dfrac{\overline{K}_{\mathrm{M}}}{\overline{K}_{\mathrm{L}}}$），其中 $\overline{K}_{\mathrm{M}}$、$\overline{K}_{\mathrm{L}}$ 分别为塑性阶段的质量系数和荷载系数；弹性工作阶段以"K_{ML}"表示，则当运动方程用于塑性阶段时，运动微分方程式(7-25)中的换算质量从 $K_{\mathrm{ML}} \cdot M$ 就变为 $\overline{K}_{\mathrm{ML}} \cdot M$。由于塑性阶段动力反应与初始条件有关，而塑性阶段的初始条件就是弹性阶段终结时的体系运动状态。

表 7.1、表 7.2 列出了梁（单向板）及双向板的等效系数值。

进入塑性阶段后体系按等效单自由度体系进行动力分析，其精度较弹性阶段时高，这是因为在塑性阶段时，塑性铰处的塑性变形产生的位移远大于塑性铰间构件区段的弹性变形位移。因此，构件在塑性阶段时的实际振动形式，非常接近于塑性铰和刚片组成的机动链的位移形式，可将其视为塑性阶段的唯一振型。

梁（单向板）等效系数　　　　　　　　　　表 7.1

支座情况	荷载情况	变形范围	荷载系数 $K_{\mathrm{L}}(\overline{K}_{\mathrm{L}})$	质量系数 $K_{\mathrm{L}}(\overline{K}_{\mathrm{M}})$	质量荷载系数 $K_{\mathrm{ML}}(\overline{K}_{\mathrm{ML}})$	动反力 $V(t)$
两端简支	均布	弹性	0.64	0.50	0.78	$0.39R(t)+0.11P(t)$
		塑性	0.50	0.33	0.66	$0.38R_{\mathrm{m}}+0.12P(t)$
两端固定	均布	弹性	0.53	0.41	0.77	$0.36R(t)+0.14P(t)$
		塑性	0.50	0.33	0.66	$0.38R_{\mathrm{m}}+0.12P(t)$

续表

支座情况	荷载情况	变形范围	荷载系数 $K_L(\overline{K}_L)$	质量系数 $K_L(\overline{K}_M)$	质量荷载系数 $K_{ML}(\overline{K}_{ML})$	动反力 $V(t)$
一端简支，另一端固定	均布	弹性	0.58	0.45	0.78	—
		塑性	0.50	0.33	0.66	

均布荷载作用下双向板等效系数 表 7.2

支座情况	变形范围	短跨/长跨 a/b	荷载系数 $K_L(\overline{K}_L)$	质量系数 $K_L(\overline{K}_M)$	质量荷载系数 $K_{ML}(\overline{K}_{ML})$	动反力 V_A(短边)	动反力 V_B(长边)
四边简支	弹性	0.5	0.55	0.41	0.75	$0.09R(t)+0.04P(t)$	$0.28R(t)+0.09P(t)$
		0.6	0.53	0.39	0.74	$0.11R(t)+0.04P(t)$	$0.26R(t)+0.09P(t)$
		0.7	0.51	0.37	0.73	$0.13R(t)+0.05P(t)$	$0.24R(t)+0.08P(t)$
		0.8	0.49	0.35	0.71	$0.14R(t)+0.06P(t)$	$0.22R(t)+0.08P(t)$
		0.9	0.47	0.33	0.70	$0.16R(t)+0.06P(t)$	$0.20R(t)+0.08P(t)$
		1.0	0.45	0.31	0.68	$0.18R(t)+0.07P(t)$	$0.18R(t)+0.07P(t)$
	塑性	0.5	0.42	0.25	0.59	$0.08R_m+0.04P(t)$	$0.27R_m+0.11P(t)$
		0.6	0.40	0.23	0.58	$0.10R_m+0.05P(t)$	$0.25R_m+0.10P(t)$
		0.7	0.38	0.22	0.58	$0.12R_m+0.06P(t)$	$0.22R_m+0.10P(t)$
		0.8	0.37	0.20	0.54	$0.13R_m+0.07P(t)$	$0.20R_m+0.10P(t)$
		0.9	0.35	0.18	0.51	$0.15R_m+0.08P(t)$	$0.18R_m+0.09P(t)$
		1.0	0.33	0.17	0.51	$0.16R_m+0.09P(t)$	$0.16R_m+0.09P(t)$
四边固支	弹性	0.5	0.43	0.31	0.72	$0.08R(t)+0.05P(t)$	$0.25R(t)+0.12P(t)$
		0.6	0.41	0.29	0.71	$0.09R(t)+0.06P(t)$	$0.23R(t)+0.12P(t)$
		0.7	0.38	0.27	0.71	$0.11R(t)+0.07P(t)$	$0.21R(t)+0.11P(t)$
		0.8	0.36	0.25	0.69	$0.12R(t)+0.08P(t)$	$0.19R(t)+0.11P(t)$
		0.9	0.34	0.23	0.68	$0.14R(t)+0.09P(t)$	$0.17R(t)+0.10P(t)$
		1.0	0.33	0.21	0.63	$0.15R(t)+0.10P(t)$	$0.15R(t)+0.10P(t)$
	塑性	0.5	0.42	0.25	0.59	$0.08R_m+0.04P(t)$	$0.27R_m+0.11P(t)$
		0.6	0.40	0.23	0.58	$0.10R_m+0.05P(t)$	$0.25R_m+0.10P(t)$
		0.7	0.38	0.22	0.58	$0.12R_m+0.06P(t)$	$0.22R_m+0.10P(t)$
		0.8	0.37	0.20	0.54	$0.13R_m+0.07P(t)$	$0.20R_m+0.10P(t)$
		0.9	0.35	0.18	0.51	$0.15R_m+0.08P(t)$	$0.18R_m+0.09P(t)$
		1.0	0.33	0.17	0.51	$0.16R_m+0.09P(t)$	$0.16R_m+0.09P(t)$

7.2.2 结构构件的抗力

1. 典型抗力曲线

如前所述，体系的抗力是因变形引起的内力，抗力 R 只与变形有关，两者的关系 $R(y)$ 称为抗力函数。抗力在数值上常用产生这一变形的外加静荷载来表示，所以结构的最大抗力在数值上等于结构所能承受的最大静荷载。图 7.7 表示几种典型的抗力函数曲线，R_m 为体系的最大抗力，y_u 为体系丧失抗力时的最大变形。图 7.7(a) 的抗力曲线为一斜直线，称为弹性模型。图 7.7(b) 的抗力曲线开始为一斜直线，到最大抗力后转变为一水平线，称为理想弹塑性模型。如弹性变形部分相对很小可以忽略，则可将抗力曲线简化成图 7.7(c)，称为刚塑性模型。图 7.7(d)、(e) 的抗力曲线，在超过弹性极限变形后分别呈现强化或软化状态。图 7.7(f) 的抗力曲线呈现指数变化。

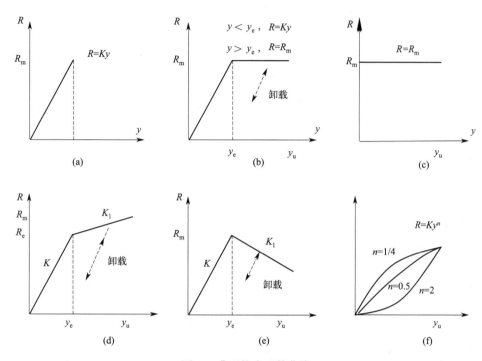

图 7.7 典型抗力函数曲线

(a) 弹性模型；(b) 理想弹塑性模型；(c) 刚塑性模型；
(d) 线性强化模型；(e) 线性软化模型；(f) 指数变化模型

　　单自由度集中质量弹簧体系，是将实际结构构件理想化的一种计算模型。结构构件的抗力也是与其构件的变形相对应的。为便于运算，结构的抗力在数值上常用产生这一变形的外加静荷载来表示，所以结构的最大抗力在数值上等于结构所能承受的最大静荷载。抗力函数及曲线上的特征值 R_m 和 y_e，以及弹性阶段的弹簧常数 K 等参数，都是体系所固有的力学特性。如图 7.8 的等效单自由度体系，若为理想弹塑性体系，则在图 7.8(a) 中 K 为弹簧单位伸长所需的静力；在图 7.8(b) 中 K 为简支梁跨中产生单位挠度所需的静力；在图 7.8(c) 中 K 为悬臂梁顶端产生单位水平位移所需的静力；R_m 则为弹簧伸长到屈服时的外加静力（图 7.8a）或梁中的最大弯矩达到断面的抗弯极限值 M_R 时的外加静力（图 7.8b、c）。

　　防护结构在动荷载作用下产生动位移，构件内产生动内力。此时结构的抗力代表了结构抗动位移的能力，在数值上近似用产生相应动位移所需的与动荷载分布规律一致的外加静荷载来表示。当用这种表示法时，抗力的量纲和外加静荷载的量纲是一致的，以便于进行动力分析。

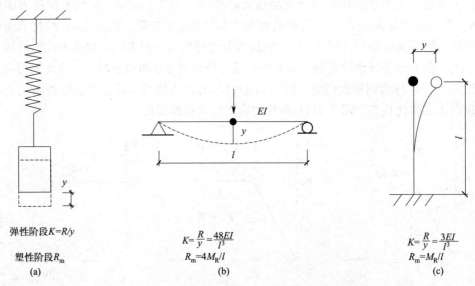

图 7.8 单自由度集中质量体系的弹簧常数与最大抗力

下面来分析比较不同抗力函数的单自由度体系（质量 M、弹簧刚度 K）在典型动荷载作用下所需要的最大抗力。

1）突加平台荷载（图 7.9a）

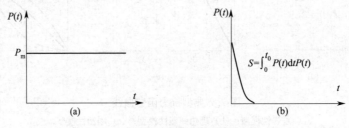

图 7.9 典型荷载

（a）突加平台荷载；（b）瞬息冲量荷载

设动荷载下的最大位移为 y_m，且 $y_m \leqslant y_u$，则动荷载到这时为止所做的功为：

$$W = \int_0^{t_m} P(t) \cdot dy \cdot dt = P_m y_m \qquad (7\text{-}26)$$

式中 t_m——位移达到 y_m 值的时间。

位移最大时，质点的速度为零，故动能 V 为零。体系的应变能等于抗力函数图中抗力曲线与横坐标所围成的图形面积，若体系抗力呈理想弹塑性（图 7.7b），这时有应变能为：

$$U = \frac{1}{2} R_m y_e + R_m (y_m - y_e) \qquad (7\text{-}27)$$

将 W、U 代入式(7-3) 得：

$$R_m = \frac{1}{1 - \dfrac{y_e}{2y_m}} P_m = \frac{1}{1 - \dfrac{1}{2\beta}} P_m \qquad (7\text{-}28)$$

$$\beta = \frac{y_m}{y_e} \tag{7-29}$$

式中，β 定义为延性比，即体系最大动位移与弹性极限位移之比。

如体系按弹性设计或抗力函数为弹性关系，则 $\beta=1$，得 $R_m=2P_m$，这说明突加平台荷载作用时弹性体系所需的最大抗力为静力作用时的两倍。如按弹塑性体系设计，允许最大动位移 y_m 处于塑性阶段，则当 β 等于 1.5、3、5 和 10 时，可从式(7-28)算出所需的最大抗力 R_m 为 P_m 的 1.5、1.2、1.11 和 1.05 倍，分别为弹性设计时的 75%、60%、56% 和 53%。当 β 超过 5 时，利用塑性变形来降低最大抗力的作用已不明显。

对于抗力函数的关系式为 $R=Ky^n$ 的体系（其中 K 为常数、n 为大于零的正数），根据相似的运算，可得需要的最大抗力为：

$$R_m = (1+n)P_m \tag{7-30}$$

当 $n<1$，抗力曲线弯向 y 轴（图 7.7f），R_m/P_m 值处于 1~2 之间，n 越小表示塑性变形的成分越多，相应的 R_m/P_m 值也越小。

当 $n>1$，抗力曲线弯向 R 轴（图 7.7f），R_m/P_m 值大于 2，超过弹性时的数值。

线性强化抗力体系（图 7.7d）在突加平台荷载作用下的 R_m/P_m 比值见图 7.10，且有：

$$\frac{R_m}{P_m} = \frac{1}{\frac{1+A}{2} - \frac{1}{2\beta}} \tag{7-31}$$

式中，$A = \left[1 + \frac{K_1}{K}(\beta-1)\right]^{-1}$。

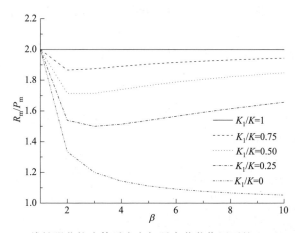

图 7.10　线性强化抗力体系在突加平台荷载作用下的 R_m/P_m 比值

一般来说，抗力曲线中能够提供的最大变形 y_u 值越大，就能承受越大的动荷载。但线性软化抗力曲线（图 7.7e）的体系在突加平台动荷载作用下的情况就不一定如此。这可以用图 7.11 来说明，图中曲线 OAB 表示动荷载下最大变形为不同 y_m 时的体系应变能 U，即抗力图中与不同变形值相应的图形面积。OA 段为 $y_m<y_e$，即弹性工作时的应变能曲线，此时 $U=\frac{1}{2}Ky_m^2$，其斜率随 y_m 的增加而不断增加。超过 y_e 后由于抗力衰减，

AB 段的曲线斜率变小。另外，突加平台荷载所做的功 $P_m y_m$ 应该等于体系的应变能，P_m 值反映在图 7.11 中点 O 与曲线 OAB 上任一点的直线斜率。从图 7.11 中可见，只有与曲线相切的直线 OC 的斜率具有最大的斜率，这时的变形为 y_1，相应的 P_m 值达到最大。超过 y_1 后能够承受的动荷载峰值反而降低，意味着抗力曲线软化段中超过 y_1 的那部分变形能力并不能发挥作用。

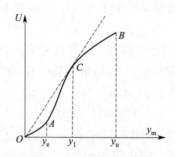

图 7.11　线性软化抗力体系受突加平台荷载作用

2）瞬息冲量荷载（图 7.9b）

冲量荷载的作用时间比自振周期短许多，整个荷载的作用是给质点一个冲量使其获得初始速度而引起自由振动。设冲量为 $S = \int_0^{t_0} P(t) \mathrm{d}t$，则初始速度为 $\dot{y}_0 = \dfrac{S}{M}$，但初始位移为零，所以开始时的体系动能和应变能分别为：

$$V_0 = \frac{1}{2} M \dot{y}_0^2 = \frac{1}{2} \frac{S^2}{M}, U_0 = 0 \tag{7-32}$$

当体系运动到最大位移 y_m 时，速度和动能 V_m 为零。设抗力曲线为理想弹塑性，这时的应变能为式(7-27)。

根据式(7-3)，应有 $U_m + V_m = U_0 + V_0$，于是得：

$$R_m = \frac{S^2}{M y_e \left(2 \dfrac{y_m}{y_e} - 1 \right)} \tag{7-33}$$

代入 $y_e = R_m / K$ 可得：

$$R_m = \frac{S}{\sqrt{\dfrac{M}{K}}} \cdot \frac{1}{\sqrt{2 \dfrac{y_m}{y_e} - 1}} = \frac{\omega S}{\sqrt{2\beta - 1}} \tag{7-34}$$

如按弹性设计时，$\beta = 1$，则 $R_m = \omega S$。

如按理想弹塑性设计，取 $\beta = 1.5$、3、5 和 10，可得所需的最大抗力 R_m 分别为弹性设计时的 71%、45%、33% 和 23%。

可见冲量作用下考虑结构塑性，比突加平台动荷载下更为有利。这时无论体系的抗力曲线形状为强化型还是软化型，塑性变形能力对提高体系的承载能力均至关重要。另外，体系的质量 M 对于抵抗瞬息冲量的大小也起到十分重要的影响。

从以上分析可以清楚看出，动荷载作用下考虑塑性变形的重要意义。静荷载设计时衡量一个结构的承载能力主要看结构的最大抗力，但动荷载设计时衡量一个结构的承载能力要看整个抗力函数关系，不仅要看最大抗力，还要看塑性变形能力。一个塑性变形良好的结构，即使最大抗力不高，但它抵抗动荷载的能力很可能比另一个最大抗力虽高而塑性变形能力很差的结构要强得多。

2. 防护结构梁板构件的抗力特性

众所周知，钢筋混凝土简支梁的抗力曲线可简化成图 7.12(a) 或图 7.7(b) 所示的理想弹塑性模型，直线 OA 段称为构件变形的弹性阶段，直线 AB 段称为构件的塑性阶段，B 点为相应构件的破坏。只考虑在弹性阶段工作的结构称为弹性体系。既考虑弹性阶段工作，又考虑在塑性阶段工作的结构称为弹塑性体系。在塑性阶段，结构在某些断面（称为塑性铰）或某些区域集中发展了塑性变形，结构变成了可变机构。对超静定结构如固端梁（图 7.12b），在弹性阶段与塑性阶段之间还有一个弹塑性阶段。在弹塑性阶段，虽在结构的某些断面或某些区域已经发展了塑性变形，但整个结构并未变成可变机构。

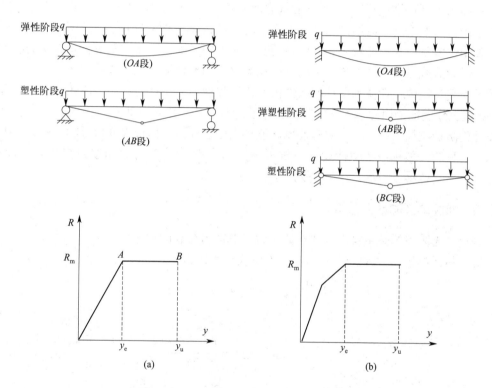

图 7.12　钢筋混凝土梁的不同工作状态所对应的抗力模型
（a）简支梁；（b）固支梁

从图 7.12 可以看出，钢筋混凝土结构是在产生了相当大的塑性变形，即经历了塑性阶段之后才失去承载能力而破坏的。当结构承受静荷载时，结构一般当作弹性体系，即限制结构的位移（挠度）小于最大弹性位移 y_e，使之不进入塑性阶段。这是由于静荷载的特点是不随时间变化，因此在静荷载作用下结构一旦进入塑性阶段工作，结构就要出现屈服，变形急剧增长而很快失去承载能力。

正如前面分析可知，防护结构由于主要承受的是冲击或爆炸作用的瞬息或短时荷载，即使结构进入塑性阶段工作，只要动荷载作用所引起的构件最大变形不超过结构破坏的极限变形，在荷载作用消失后，构件做有阻尼的自由振动，其变形将逐渐衰减，最后恢复到静止状态，并保留有一定残余变形。所以在防护结构的动力计算中，考虑构件在塑性阶段工作，将结构当作弹塑性体系分析，不仅有可能而且可以充分发挥材料的潜力，有很大的经济意义。

接近于理想弹塑性抗力曲线的构件有：钢筋混凝土受弯构件、钢筋混凝土偏心受压构件以及钢结构构件等。

如果构件的流幅（图 7.12 中 AB 段）相对于 OA 比较长，则在计算大变形时可以忽略弹性阶段的影响，这将给计算带来很大的简化。忽略弹性阶段工作的构件抗力曲线如图 7.7（c）所示。忽略弹性工作阶段只考虑塑性工作阶段的构件称为刚塑性体系。刚塑性体系计算方法，对于具有很大塑性的钢结构所得的计算结果，与实际比较符合。对于钢筋混凝土构件则结果稍差，不宜采用，而应采用弹塑性体系计算方法。

从图 7.12 所示理想弹塑性体系的抗力曲线可以看到，抗力曲线与横坐标所包围的面积表示结构的变形能。而结构达到最大变形时，动荷载所做的功即转变为构件的变形能，显然弹塑性体系的变形能较之弹性体系的变形能大为增加，因而体系吸收荷载功的能力也就大。对动荷载而言，这意味着结构可以承受更大的设计动荷载；或换言之，对于承受同样的动荷载，按弹塑性体系设计的构件截面比按弹性体系设计的要小。前述定义的延性比 β 参数就充分表征了构件进入塑性阶段工作发挥材料变形潜力的程度。由此，按弹塑性体系设计的防护结构，如果允许的延性比 β 值越大则越经济，但最大变形及相应的残余变形也越大。显然，如体系按弹性设计或抗力函数为弹性，则 $\beta = 1$。如按弹塑性体系设计，则允许最大动位移 y_m 处于塑性阶段，有 $\beta > 1$。

7.2.3 弹性体系的动力分析

现讨论无阻尼等效单自由度弹性体系对一般动力荷载的响应。

等效体系的运动方程式(7-20)在弹性阶段可写成：

$$M_e \frac{d^2 y(t)}{dt^2} + K_e y(t) = P_e(t) \qquad (7\text{-}35)$$

或

$$\frac{d^2 y(t)}{dt^2} + \omega^2 y(t) = \frac{P_e \cdot f(t)}{M_e} \qquad (7\text{-}36)$$

式中，$P_e(t) = P_e \cdot f(t)$；ω 为等效体系的自振频率，$\omega = \sqrt{\dfrac{K_e}{M_e}}$。

式(7-36)是二阶常系数线性常微分方程。其通解可以用它的一个特解与对应的齐次方程的通解之和来表述。

应用高等数学中的参数变易法可求得特解：

$$y(t) = \frac{P_e}{M_e \omega} \int_0^t f(\tau) \sin\omega(t - \tau) \, d\tau \qquad (7\text{-}37)$$

故其通解为：

$$y(t) = y_0 \cos\omega t + \frac{\dot{y}_0}{\omega} \sin\omega t + \frac{P_e}{M_e \omega} \int_0^t f(\tau) \sin\omega(t - \tau) \, d\tau \qquad (7\text{-}38)$$

上式表达的是无阻尼单自由度弹性体系在一般动力荷载下的动力反应。式中前两项表示由初始条件引起的体系的自由振动，后一项表示荷载引起的强迫振动。

对于动荷载作用于初始静止的结构，则由动荷载引起的动力反应仅有：

$$y(t) = \frac{P_e}{M_e \omega} \int_0^t f(\tau) \sin\omega(t-\tau) \, \mathrm{d}\tau \tag{7-39}$$

在结构动力学的单自由度体系动力分析中，式(7-39)也称为无阻尼体系的杜哈梅（Duhamel）积分。

现将式(7-36)中的$\frac{P_e}{M_e \omega}$作一些变换。令y_{cm}表示为动荷载峰值，视作静荷载作用下，体系代表点（一般为结构构件的跨中）的挠度，则由等效体系可直接得出$y_{cm} = \frac{P_e}{K_e}$。因此：

$$\frac{P_e}{M_e \omega} = \frac{P_e \omega}{M_e \omega^2} = \frac{P_e \omega}{K_e} = y_{cm} \omega \tag{7-40}$$

将上式代入式(7-39)，得：

$$y(t) = y_{cm} \omega \int_0^t f(\tau) \sin\omega(t-\tau) \, \mathrm{d}\tau \tag{7-41}$$

令：

$$K(t) = \omega \int_0^t f(\tau) \sin\omega(t-\tau) \, \mathrm{d}z \tag{7-42}$$

则：

$$y(t) = K(t) \cdot y_{cm} \tag{7-43}$$

即动挠度$y(t)$随函数$K(t)$变化而变化，$K(t)$称为位移动力函数。令$\frac{\mathrm{d}K(t)}{\mathrm{d}t} = 0$，可求得$t = t_m$时，$K(t)$的最大值$K_d = K(t_m)$。所以，最大动挠度$y_d$：

$$y_d = K_d y_{cm} \tag{7-44}$$

K_d称为位移动力系数，也称为动力放大系数，简称动力系数，它表示动荷载对结构作用的动力效应，是最大动挠度与将动荷载最大值当作静荷载作用下的静挠度之比，即因动力效应而放大的倍数。

由动力函数$K(t)$的式(7-42)可以看出，K_d是结构自振频率及荷载随时间变化规律的函数。若已知动荷载对一定结构作用时，其动力系数K_d的数值与动荷载最大值的大小无关，仅与$f(t)$及ω有关。

从上述实际结构的等效体系动力分析中可以看出，在动荷载作用下的体系最大动位移，数值上等于动荷载最大值作为静荷载作用下的静位移，乘以相应的动力系数。换言之，如果已知对应于不同动荷载的动力系数，就可以将动力问题当作静力问题来处理了。下面讨论在不同动荷载形式下的动力系数K_d。

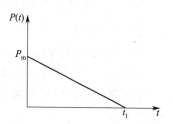

图7.13　突加线性衰减荷载

1. 突加线性衰减荷载（图7.13）

由第3章可知，爆炸产生的空气冲击波荷载随时间一般是按曲线规律变化的，为简化设计计算，在进行结构动力分析时，常通过换算将其折算成直线衰减变化。

1）空气冲击波长作用时间的荷载

此种情况一般是结构在荷载作用期间达到了最大变位，即 $t_m < t_1$，t_m 为结构达到最大变位的时间，t_1 为荷载作用时间。这相应于核爆炸空气冲击波荷载作用的情况。

这种荷载可以写成：

$$P(t) = P_m \left(1 - \frac{t}{t_1}\right) \tag{7-45}$$

$$K(t) = \omega \int_0^t \left(1 - \frac{\tau}{t_1}\right) \sin\omega(t-\tau) \, \mathrm{d}\tau = 1 - \cos\omega t + \frac{1}{\omega t_1}\sin\omega t - \frac{t}{t_1} \tag{7-46}$$

令 $\dfrac{\mathrm{d}K(t)}{\mathrm{d}t} = 0$，求 t_m。即：

$$\frac{\mathrm{d}K(t)}{\mathrm{d}t}\bigg|_{t=t_m} = \omega\sin\omega t_m + \frac{1}{t_1}(\cos\omega t_m - 1) = 0 \tag{7-47}$$

简化后有 $\omega\cos\dfrac{\omega t_m}{2} - \dfrac{1}{t_1}\sin\dfrac{\omega t_m}{2} = 0$，或 $\tan\dfrac{\omega t_m}{2} = \omega t_1$，求得：

$$t_m = \frac{2}{\omega}\tan^{-1}\omega t_1 \tag{7-48}$$

将 t_m 代入式（7-46），得：

$$K_d = 1 - \cos\omega t_m + \frac{1}{\omega t_1}\sin\omega t_m - \frac{t_m}{t_1} \tag{7-49}$$

考虑到 $\tan\dfrac{\omega t_m}{2} = \omega t_1$，可先求出 $\sin\dfrac{\omega t_m}{2} = \dfrac{\omega t_1}{\sqrt{1+(\omega t_1)^2}}$，$\cos\dfrac{\omega t_m}{2} = \dfrac{1}{\sqrt{1+(\omega t_1)^2}}$，然后再求出 $\sin\omega t_m$ 及 $\cos\omega t_m$ 并代入式（7-49），化简后得：

$$K_d = 2\left(1 - \frac{1}{\omega t_1}\tan^{-1}\omega t_1\right) \tag{7-50}$$

上式是在 $t_m < t_1$ 的条件下导出的，由式（7-48）可知式（7-50）的适用条件为：

$$\omega t_1 \geqslant \frac{3}{4}\pi = 2.356 \tag{7-51}$$

即 $t_1 \geqslant \dfrac{3}{8}T$（$T$ 为结构的自振周期），这个条件对于核爆炸冲击波作用于防护结构的情况通常是满足的。

2）空气冲击波短作用时间的荷载

式（7-51）的条件，对于炮航弹等常规武器爆炸及普通炸药化学爆炸产生的冲击波，由于装药量较小，作用时间 t_1 也很小，通常难以满足。这就需要讨论短时作用的冲击波荷载的情况。

此时，通常 $t_m > t_1$，现分析 $t > t_1$ 的动力函数 $K(t)$。

$$K(t) = \omega\left[\int_0^{t_1}\left(1 - \frac{\tau}{t_1}\right)\sin\omega(t-\tau)\,\mathrm{d}\tau\right]$$

$$= \frac{1}{\omega t_1}\sin\omega t(1 - \cos\omega t_1) - \cos\omega t\left(1 - \frac{1}{\omega t_1}\sin\omega t_1\right) \tag{7-52}$$

同样，令 $\dfrac{\mathrm{d}K(t)}{\mathrm{d}t}\bigg|t=t_\mathrm{m}=\dfrac{1}{t_1}\cos\omega t_\mathrm{m}(1-\cos\omega t_1)+\omega\sin\omega t_\mathrm{m}\left(1-\dfrac{1}{\omega t_1}\sin\omega t_1\right)=0$

由此求得 $\tan\omega t_\mathrm{m}=-\dfrac{1-\cos\omega t_1}{\omega t_1-\sin\omega t_1}$。

于是有：

$$t_\mathrm{m}=\frac{1}{\omega}\left[\pi-\tan^{-1}\left(\frac{1-\cos\omega t_1}{\omega t_1-\sin\omega t_1}\right)\right] \tag{7-53}$$

$$K_\mathrm{d}=\sqrt{\left(\frac{\omega t_1-\sin\omega t_1}{\omega t_1}\right)^2+\left(\frac{1-\cos\omega t_1}{\omega t_1}\right)^2} \tag{7-54}$$

动力系数式（7-49）及式（7-54）的计算曲线见图 7.14。出现最大动位移的时间 t_m，由式（7-48）及式（7-53）的计算曲线见图 7.15。

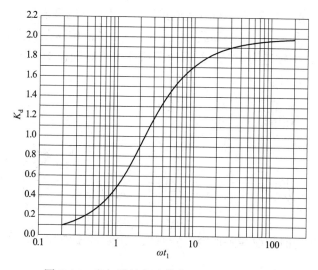

图 7.14　突加线性衰减荷载下的动力系数 K_d

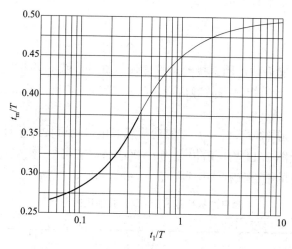

图 7.15　突加线性衰减荷载下的 t_m/T 值

对于图 7.13 所示的突加衰减荷载，若 $t_1 \to \infty$，则相应于 $P(t) = P_m$。这种动荷载不随时间而变化，称为突加平台载。

由图 7.14 可以看出，如允许 K_d 的计算误差小于 5%，则当 $t_1 > 5T$（或 $\omega t_1 > 10\pi$）时，可以将空气冲击波荷载近似地视为突加载。此时 K_d 不必经过计算，可直接取：

$$K_d = 2 \tag{7-55}$$

这相应于核爆炸冲击波作用于刚度很大的钢筋混凝土结构（如钢筋混凝土防护门）的情况。

由图 7.15 可见，当 $t_1/T \to \infty$ 时，$t_m/T \to 0.50$。实际当 $t_1/T > 10$ 时，可近似取：

$$\frac{t_m}{T} = \frac{1}{2} \quad \text{或} \quad t_m = \frac{T}{2} \tag{7-56}$$

2. 瞬息冲量荷载（图 7.9b）

由前述 K_d 的讨论可知，引入动力系数 K_d 后即可将动力问题化为静力问题来处理。对于静力作用的弹性体系，体系位移与荷载成正比。引入 K_d 的概念后，结构承受 $P(t)$ 动荷载的最大动位移与承受 $K_d P_m$ 的静荷载（$q_e = K_d P_m$）的静位移在数值上是相等的。

相应于化爆距结构较近的情况，此时由于荷载作用时间极短，可以认为 $t_1 \to 0$，因此可将式（7-54）进一步化简。

$$q_e = K_d \cdot P_m = \lim_{t_1 \to 0} P_m \sqrt{\frac{(\omega t_1 - \sin\omega t_1)^2 + (1 - \cos\omega t_1)^2}{(\omega t_1)^2}}$$

$$= \lim_{t_1 \to 0} \frac{P_m t_1 \omega}{2} \sqrt{\frac{4}{(\omega t_1)^2}\left(1 - \frac{\sin\omega t_1}{\omega t_1}\right)^2 + \left[\frac{\sin\dfrac{\omega t_1}{2}}{\dfrac{\omega t_1}{2}}\right]^4} \tag{7-57}$$

因 $\dfrac{1}{2}P_m t_1$ 是压力时程曲线图形围成的面积，表示冲击波压力的冲量 S，无论多近距离的化爆作用，这是一个有限值。而当 $t_1 \to 0$ 时，$\dfrac{\sin\dfrac{\omega t_1}{2}}{\dfrac{\omega t_1}{2}} \to 1$，于是有：

$$q_e = \omega S \tag{7-58}$$

所以，当一个化爆荷载作用直接给出其冲量数值时，就不必考虑其压力随时间的变化规律，可按式（7-58）计算出其等效静荷载。与式（7-54）相比，按式（7-58）计算的误差如表 7.3 所示。

由表 7.3 可知，通常对于 $t_1 < T/4$ 的动荷载作用，均可按冲量计算。

同时由表 7.3 及图 7.14 均可看出，当 t_1 极小时，有可能 $K_d < 1$。这是由荷载作用时间极短，而结构自身的惯性又很大所致。

瞬息冲量荷载 K_d 计算公式的误差分析

表 7.3

t_1	K_d 按式（7-54）的精确计算	K_d 按式（7-58）的近似计算	误差（%）
$3T/8$	1.0	1.17	17.0
$T/4$	0.73	0.78	6.9
$T/8$	0.385	0.39	1.7

3. 突加折线变化荷载

这种变化规律的荷载，相应于作用于出入口内防护门上的核爆炸冲击波荷载，如图 7.16 所示。

若令：$\alpha = \dfrac{P_m}{P_m - P(\tau_1)}$；则：$\tau_2 = \alpha\tau_1$，$P(\tau_1) = P_m\left(\dfrac{\alpha-1}{\alpha}\right)$。

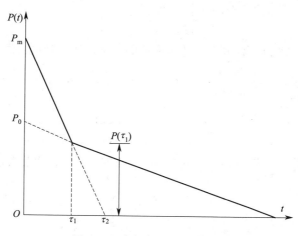

图 7.16 突加折线律变化荷载

于是：

$$P(t) = \begin{cases} P_m\left(1 - \dfrac{t}{\alpha\tau_1}\right) & (0 \leqslant t \leqslant \tau_1) \\[3mm] P_m\left(\dfrac{\alpha-1}{\alpha}\right)\left(\dfrac{t_1-t}{t_1-\tau_1}\right) & (\tau_1 < t \leqslant t_1) \end{cases} \tag{7-59}$$

结构可能在 $0 \leqslant t \leqslant \tau_1$、$\tau_1 \leqslant t \leqslant t_1$、$t_1 < t$ 三个时间区间中发生最大动变位。因此，可以按照前述类似的步骤分段讨论动力函数 $K(t)$ 的变化，求出其最大值 K_d 并绘制出计算曲线。但如此计算比较繁琐，工程上可采用下述偏于安全的近似计算方法。

现将 P_m 分为两段 $P_m = P_0 + (P_m - P_0)$，将 $P(t)$ 视为两部分三角形荷载之和。取突加折线律变化的动荷载的等效静荷载：

$$q_e = K_{d0}P_0 + K_{d1}(P_m - P_0) \tag{7-60}$$

式中，K_{d0} 为按 ωt_1 在图 7.14 上查取的突加线性衰减荷载的 K_d；K_{d1} 为按 $\omega t_1 = \omega\tau_1$ 在图 7.14 上查取的突加线性衰减荷载的 K_d。

上述近似方法是会带来误差的，这是由于两个部分荷载规律不一致，以致结构出现最大动位移、最大动内力的时间 t_m 不同，所以不能直接相加，否则计算出的动挠度、动内力将偏大。但是计算经验表明，近似方法的误差对实际结构设计而言很小，且偏于安全。

4. 升压平台形荷载

相应于爆炸冲击波经过在非饱和土中传播而作用于地下防护结构的动荷载，近于图 7.17 中虚线所示的三角形变

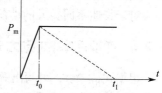

图 7.17 升压平台形荷载

化规律。一般地下钢筋混凝土结构刚度较大，如果 t_1 时间较长，那么结构通常出现最大动变位的时间 t_m 大于 t_0 但非常接近 t_0。因此可近似以图 7.17 中水平实线来代替斜线。计算结果表明 $\omega t_0 > 30$ 时，按有升压平台形荷载计算的误差很小。实际工程设计中，常采用升压平台形荷载，即：

$$P(t)=\begin{cases} P_m \dfrac{t}{t_0} & 0 \leqslant t \leqslant t_0 \\ P_m & t > t_0 \end{cases} \tag{7-61}$$

在 $0 \leqslant t \leqslant t_0$ 时，动力函数 $K(t)$ 总是递增的，不可能达到最大值。在 $t > t_0$ 时：

$$K(t) = \omega \int_0^{t_0} \frac{\tau}{t_0} \sin\omega(t-\tau)\,\mathrm{d}\tau + \omega \int_{t_0}^{t} \sin\omega(t-\tau)\,\mathrm{d}\tau$$

$$= 1 - \frac{2}{\omega t_0} \cdot \sin\frac{\omega t_0}{2} \cdot \cos\omega\left(t - \frac{t_0}{2}\right) \tag{7-62}$$

由上式可直接看出，当 $\cos\omega\left(t_m - \dfrac{t_0}{2}\right)$ 等于 ± 1 时，$K(t)$ 达最大值，即：

$$K_d = 1 + \frac{\left|\sin\dfrac{\omega t_0}{2}\right|}{\dfrac{\omega t_0}{2}} \tag{7-63}$$

一般 $\sin\dfrac{\omega t_0}{2}$ 为正，所以由 $\cos\omega\left(t_m - \dfrac{t_0}{2}\right) = -1$，可推出：

$$\omega\left(t_m - \frac{t_0}{2}\right) = n\pi \quad \text{或} \quad \frac{t_m}{t_0} = \frac{1}{2} + \frac{n}{2} \cdot \frac{T}{t_0} \quad (n = 1、3、5\cdots\cdots) \tag{7-64}$$

式中　　n——$t_m > t_0$ 的最小正奇数；

　　　　T——结构自振周期。

由式（7-63）绘制的 K_d 曲线是随 ωt_0 变化的波浪形曲线（图 7.18），尤其是当 ωt_0 接近 $2n\pi$ 时 K_d 变化较显著。考虑到 t_0 是近似确定的，由此带来 K_d 的剧烈变化是不符合实际的，所以实际工程设计中，取该波浪形曲线的包络线（虚线）为工程计算中 K_d 的使用曲线，这样也偏于安全。

t_m/t_0 随 t_0/T 的变化曲线是锯齿形曲线（图 7.19），工程设计中也取其包络线（虚线）为工程计算的使用曲线。

从图 7.18 可以看出，对于有升压时间的平台荷载，当 $t_0/T < 0.1$ 时，K_d 趋近于 2，相当于突加平台荷载；当 $t_0/T > 4 \sim 5$ 时，K_d 趋近于 1，这时的荷载已无明显的动力作用而相当于静荷载。

对于其他不同类型的动荷载，同样可以按照上述方法得到动力系数。

7.2.4　弹塑性体系的动力分析

根据式（7-24），可写出等效弹塑性体系运动方程：

弹性阶段：

$$K_{ML} M \ddot{y}(t) + R = P(t) \tag{7-65}$$

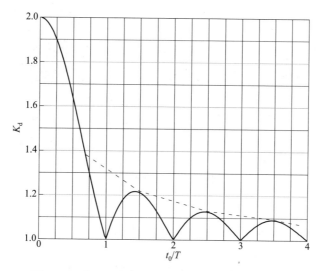

图 7.18　升压平台形荷载下理想弹性体系的 K_d 值

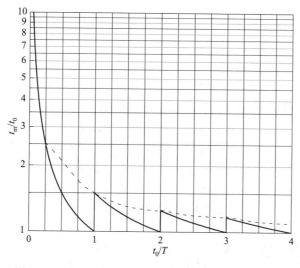

图 7.19　升压平台形荷载下理想弹性体系的 t_m/t_0 值

塑性阶段：

$$\overline{K}_{\mathrm{ML}} M \ddot{y}(t) + R_m = P(t) \qquad (7\text{-}66)$$

塑性阶段的初始条件为弹性阶段的终止条件。弹塑性体系的运动微分方程中的抗力项 R，应根据所处的不同变形阶段代以不同的数值，如果荷载的表达式又比较复杂，求解过程将变得极为冗繁。一般需用求解微分方程的数值解法。

这里考虑结构为理想弹塑性体系（图 7.7b）。因此，在均布荷载 $p_{\mathrm{m}} f(t)$ 作用下，等效体系（图 7.20）的运动方程变为：

$y < y_{\mathrm{e}}$ 时：

$$K_{\mathrm{ML}} M \ddot{y}(t) + K y(t) = P_{\mathrm{m}} f(t) \qquad (7\text{-}67)$$

$y_{\mathrm{e}} < y < y_{\mathrm{m}}$ 时：

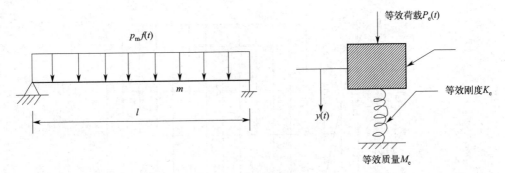

图 7.20　弹塑性体系

$$K_{ML} M \ddot{y}(t) + R_m = P_m f(t) \tag{7-68}$$

式中，总质量 $M = ml$；总荷载 $P_m = p_m l$；总抗力 $R_m = q_m l$。

对于弹塑性体系，进行动力分析的最终目的，是在计入动荷载的动力效应的条件下，确定结构所需提供的最大抗力。而按照约定的关于结构体系抗力的表达方式，弹塑性体系的最大抗力在数值上相当于体系能够承受的最大静荷载 q_m，所以类似于弹性阶段的位移动力系数，这里引入抗力动力系数 K_h。

$$K_h = \frac{q_m}{p_m} \tag{7-69}$$

式中　p_m——作用动荷载的峰值；

　　　q_m——弹塑性体系的最大抗力。

弹性体系的位移动力系数 K_d 值仅与体系的自振频率和动荷载的变化规律有关。但对于弹塑性体系，由 7.2.2 节的分析可知，承受同样的动荷载，如果进入塑性阶段的最大位移不同，则体系可以有不同的最大抗力。所以，弹塑性体系的抗力动力系数 K_h 不仅与体系的自振频率和动荷载的变化规律有关，而且还与体系的塑性变形发展程度有关，即与反映这一状态的参数延性比 β 的大小有关。这就要求具体研究不同动荷载作用下，弹塑性体系的变形运动规律，特别是进入塑性阶段后体系最大变位的发展状态，从而求得 K_h 的值。

1. 突加平台荷载（图 7.9a）

对突加平台载，有：

$$P(t) = P_m, f(t) = 1 \tag{7-70}$$

运动微分方程为：

弹性阶段：

$$K_{ML} M \ddot{y} + K y = P_m \tag{7-71}$$

塑性阶段：

$$\overline{K}_{ML} M \ddot{y} + K y_e = P_m \tag{7-72}$$

弹性阶段运动方程式(7-71) 的解为：

$$y = y_c (1 - \cos\omega t) \tag{7-73}$$

$$\dot{y} = \omega y_c \sin\omega t \tag{7-74}$$

式中，$\omega = \sqrt{\dfrac{K}{K_{ML} M}}$，$y_c = \dfrac{P_m}{K}$。

当 y 达到 y_e 时弹性阶段终结，由式（7-73）得塑性阶段开始时的时间 t_e：

$$t_e = \frac{1}{\omega} \cos^{-1}\left(1 - \frac{y_e}{y_c}\right) \tag{7-75}$$

塑性阶段开始时的初始条件为：

$$y = y_e, \dot{y} = \omega y_c \sin\omega t_e \tag{7-76}$$

塑性阶段运动方程式（7-72）的解为：

$$y = \frac{1}{2\overline{K}_{ML}M}(P_m - R_m)t_1^2 + c_1 t_1 + c_2 \tag{7-77}$$

相应：

$$\dot{y} = \frac{1}{\overline{K}_{ML}M}(P_m - R_m)t_1 + c_1 \tag{7-78}$$

式中，$t_1 = t - t_e$，积分常数 c_1、c_2 根据初始条件（$t_1 = 0$ 或 $t = t_e$）求出。

将初始条件代入上式，得：

$$c_1 = \omega y_c \sin\omega t_e, c_2 = y_e \tag{7-79}$$

所以塑性阶段的位移曲线方程等于：

$$y = \frac{1}{2\overline{K}_{ML}M}(P_m - R_m)t_1^2 + \omega y_c t_1 \sin\omega t_e + y_e$$

或：

$$y = \frac{1}{2\overline{K}_{ML}M}(P_m - R_m)t_1^2 + \frac{P_m}{\omega K_{ML}M}t_1 \sin\omega t_e + y_e \tag{7-80}$$

为求得塑性阶段的最大位移 y_m，需先求达到 y_m 的时间 t_m。

令 $\dfrac{\mathrm{d}y(t)}{\mathrm{d}t_1} = 0$，即 $\dot{y} = \dfrac{1}{\overline{K}_{ML}M}(P_m - R_m)t_1 + \dfrac{P_m}{\omega K_{ML}M}\sin\omega t_e = 0$。

得：

$$t_1 = \frac{P_m}{\omega K_{ML}(R_m - P_m)}\sin\omega t_e \tag{7-81}$$

代入式（7-80），求得最大位移：

$$y_m = y_e\left[1 + \frac{\overline{K}_{ML}}{2K_{ML}}\left(\frac{2 - \dfrac{R_m}{P_m}}{\dfrac{R_m}{P_m} - 1}\right)\right] \tag{7-82}$$

严格来说，由于弹塑性体系在两个变形阶段中的振型是不同的，因而 $\overline{K}_{ML}/K_{ML} \neq 1$。但计算分析表明 $\overline{K}_{ML}/K_{ML} \approx 1$，一般梁板构件的 $\overline{K}_{ML}/K_{ML}$ 值在均布荷载下在 0.8～0.9，且其数值的变化对动力分析的计算结果影响不大，工程设计中可取其等于1。只有在集中荷载且荷载的作用时间较短时，按 $\overline{K}_{ML}/K_{ML} \approx 1$ 处理会带来较大的误差。

又因 $\beta = y_m/y_e$，$K_h = R_m/P_m$，代入式（7-82），得：

$$K_h = \frac{2\beta}{2\beta - 1} \tag{7-83}$$

体系到达最大位移时间 t_m 按下式计算：

$$\frac{t_m}{T}=\frac{1}{2\pi}\left[\cos^{-1}(1-K_h)+\frac{\sqrt{2K_h-K_h^2}}{K_h-1}\right] \tag{7-84}$$

式中　T——自振周期。

在式(7-83) 中，如取体系延性比 $\beta=3$ 时，$K_h=1.2$，β 值越大，则 K_h 越小。但 $\beta>5$ 以后 K_h 的变化就很缓慢了。

另外还可看出，在突加平台形荷载作用下，若取 $\beta=1$（即为弹性体系），则 $K_h=2$，而弹塑性体系的 $K_h<2$。这也说明承受动荷载作用的防护结构按弹塑性体系设计，比按弹性体系设计要经济。

突加平台形荷载下理想弹塑性体系的 K_h、t_m、t_e 的计算曲线见图 7.21。

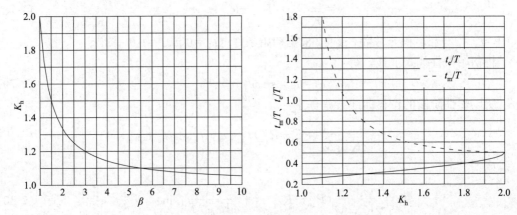

图 7.21　突加平台形荷载下理想弹塑性体系的 K_h、t_m、t_e 值

2. 瞬息冲量荷载（图 7.9b）

在瞬息冲量 S 作用下，同样可推导出体系的抗力动力系数 $K_h(K_h=\frac{q_m}{\omega S})$ 到达最大位移的时间 t_m 以及塑性阶段开始时的时间 t_e 值，相关计算公式如下：

$$\beta=1+\frac{\overline{K}_{ML}}{2K_{ML}}\frac{1-K_h^2}{K_h^2} \tag{7-85}$$

$$t_e=\frac{1}{\omega}\arcsin K_h \tag{7-86}$$

$$\frac{t_m}{T}=\frac{t_e}{T}+\frac{\overline{K}_{ML}}{K_{ML}}\frac{\sqrt{1-K_h^2}}{2\pi K_h} \tag{7-87}$$

忽略 $\frac{\overline{K}_{ML}}{K_{ML}}$ 的影响，可得 $K_h=\sqrt{\frac{1}{2\beta-1}}$，$t_m/T=t_e/T+\frac{\sqrt{1-K_h^2}}{2\pi K_h}$，绘制的有关计算曲线如图 7.22 所示。

3. 升压平台形荷载

此种荷载的表达式为：

$$f(t)=\begin{cases}\dfrac{t}{t_0} & t\leqslant t_0 \\ 1 & t>t_0\end{cases} \tag{7-88}$$

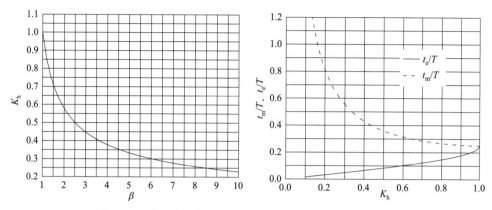

图 7.22　瞬息冲量荷载下理想弹塑性体系的 K_h、t_m、t_e 值

升压平台形荷载作用下的抗力动力系数 K_h，及到达最大位移时间 t_m，除了与延性比 β 有关外，还取决于升压时间 t_0 与自振周期 T 的比值。

K_h 值见图 7.23。同理想弹性体系一样，设计中使用的这一曲线图，也是取其有波动变化的理论计算曲线的包络线的数据。

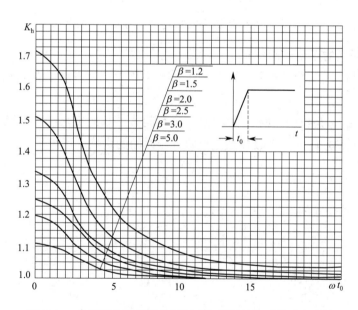

图 7.23　升压平台形荷载作用下理想弹塑性体系的动力系数

4. 突加线性衰减荷载

$$f(t)=\begin{cases}(1-\dfrac{t}{t_d}) & 0\leqslant t\leqslant t_d \\ 0 & t>t_d\end{cases} \tag{7-89}$$

突加线性衰减形荷载作用下的抗力动力系数 K_h 及到达最大位移的时间 t_m，除与延性比 β 有关外，还与荷载作用时间 t_d 与自振周期 T 的比值有关。同样根据上述分析方法可推导出 K_h 等参数的计算公式，但过程非常繁琐，这里给出 K_h 的简化计算公

式，如下：

$$K_h = \left[\frac{2}{\omega t_d} \sqrt{2\beta - 1} + \frac{2\beta - 1}{2\beta \left(1 + \frac{4}{\omega t_d}\right)} \right]^{-1} \tag{7-90}$$

一般按弹塑性体系设计时钢筋混凝土受弯构件通常取 $\beta = 3$，此时 K_h 及 t_m 值见图 7.24。

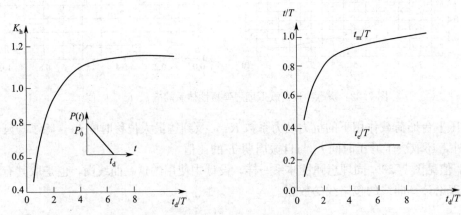

图 7.24　突加线性衰减形荷载下理想弹塑性体系 $\beta = 3$ 的 K_h、t_m、t_e 值

5. 有升压时间的三角形荷载

有升压时间 t_0 的三角形荷载（图 7.25）的抗力动力系数可近似表示为如下：

$$K_h = \psi K_h \big|_{t_0 = 0} \tag{7-91}$$

式中，$K_h \big|_{t_0 = 0}$ 是作用时间 t_d 相同但升压时间 $t_0 = 0$ 的突加线性衰减荷载的抗力动力系数，按式(7-90) 计算。系数 ψ 值是反映升压时间的影响，可表示为：

$$\psi = \frac{1}{2} + \frac{\sqrt{\beta}}{\omega t_0} \sin \left(\frac{\omega t_0}{2\sqrt{\beta}} \right) \tag{7-92}$$

这一近似计算公式的误差一般不超过 10%。

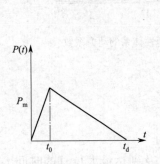

图 7.25　有升压时间的三角形荷载

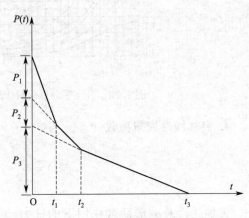

图 7.26　突加折线变化的荷载

6. 突加折线变化的荷载

对于如图 7.26 所示的荷载，所需的最大抗力可作下列估算：

$$\frac{\sum P_i K_{hi}}{R_m}=1 \text{ 或 } R_m=\sum P_i K_{hi} \tag{7-93}$$

式中，K_{hi} 是峰值为 P_i、作用时间为 t_i 的突加三角形荷载作用下的抗力动力系数，可按式（7-90）计算。

上式给出的 R_m 值永远偏大，通常情况下误差不大于 10%。

7.3　防护结构的等效静荷载设计计算方法

7.3.1　等效静荷载的计算

在前面动力系数的讨论中，已初步提到等效静荷载的概念。

对于弹性阶段工作的体系来说，等效静荷载所产生的体系位移等于动荷载作用下的最大动位移。由实际受弯构件的无限自由度体系分析可以知道，确定最大动位移与最大动弯矩时均可忽略高次振型的影响，只取相应基本主振型的动位移与动弯矩，即认为构件振型不变，而且该振型通常取与动荷载值作为静荷载作用的静挠曲线相同。因此，结构在动荷载作用下的最大动位移和最大动弯矩将与静荷载作用时的值保持线性关系。

对于弹塑性阶段工作的体系来说，等效静荷载等于动荷载作用下位移达到规定延性比值时所需要的最大抗力。

所以从设计角度来看，只要知道等效静荷载并按等效静荷载确定体系内力就能满足动荷载作用下最大抗力的要求。这样进行结构动力计算的方法称为等效静荷载法。

结构的等效静荷载等于动荷载峰值与动力系数的乘积：

对于按弹性阶段工作设计：

$$q_d=K_d p_m \tag{7-94}$$

对于按弹塑性阶段工作设计：

$$q_m=K_h p_m \tag{7-95}$$

式中　q_d、q_m——分别为按弹性和弹塑性阶段工作设计的等效静荷载；

p_m——动荷载峰值；

K_d、K_h——分别为弹性和弹塑性阶段工作设计的动力系数。

等效静荷载法的思想就是考虑动荷载对结构的动力效应，将动荷载峰值乘上动力系数从而将作用在结构上的动荷载等效成一个静荷载，并使该静荷载作用下的位移和内力与动荷载作用下的最大动位移与最大动内力相等或该静荷载能满足动荷载作用下最大抗力的要求。

等效静荷载法的基本假定如下：①忽略 $\overline{K}_{ML}/K_{ML}$ 的影响，结构的动力系数 K_d、K_h 等于相同自振频率的等效简单质量弹簧体系中的数值；②结构在等效静荷载作用下的各项内力（如弯矩、剪力和轴力）等于动荷载下相应内力的最大值。

应当指出，等效静荷载法是一种近似的动力分析方法。在单自由度分布质量体系的等效体系中，由于体系的惯性力分布规律与动荷载的分布形式不可能一致，因而在等效静荷载作用下一般只能做到某一控制截面的内力（如弯矩）与动荷载下的最大值相等。实际上动荷载产生的最大内力，如弯矩 M_d、轴力 N_d、剪力 Q_d 与动荷载最大值作为静力作用时的内力 M_{cm}、N_{cm}、Q_{cm} 的比值，三者并不完全相等（即等于 K_d 或 K_h），而是存在有误差。

按等效静荷载法设计时，结构的自振频率可按照假定的振型用能量法求出，宜采用静挠曲线形状作为假定振型，或者从现成的计算手册中挑选一个合适的主振型频率作为计算用的自振频率。应该指出，对于连续梁和框架来说，第一主振型并不一定是合适的振型。

等效静荷载法一般适用于单个构件，也可用于简单框架与直墙拱顶结构分析，即将简单框架与直墙拱顶结构等效成单自由度体系分析，但可能误差较大。等效静荷载法最大的好处就是可以利用各种现成的图表，按照结构静力分析计算的模式来代替动力分析计算的一种实用、近似的方法。

防护结构常由多种构件组成，如顶板、梁、外墙、柱等构件，属于多构件体系。这些构件有的直接受到不同峰值的外加动荷载，有的承受上部构件传来的动反力，比如对梁来说，它的动荷载是由顶板传来的动反力。动荷载作用的时间有先后，变化规律也不一致。对这种结构体系作综合的精确动力分析一般不太可能，通常将它拆分成单个构件，每一个构件都按单独的等效单自由度体系，采用等效静荷载法进行分析。

7.3.2 防护结构构件允许延性比的确定

为了确定塑性工作阶段的等效静荷载，还需要知道构件的延性比。在设计中通常用允许延性比 $[\beta]$ 来控制。很显然，当 $[\beta]=1$ 时，结构处于弹性工作阶段；当 $[\beta]>1$ 时，构件处于弹塑性工作阶段。

结构构件的允许延性比 $[\beta]$，主要取决于两个条件：一是满足结构的密闭防水以及挠度控制等功能要求，在动荷载作用下不残留过大的变形及裂缝；二是根据构件本身可能提供的延性，这与构件的受力状态、材料及配筋方式等因素有关。如结构构件具有较大的允许延性比，则能较多地吸收变形能，这对于抵抗动荷载是十分有利的。

根据防护结构的防毒密闭、防水以及结构的受力特点，对钢筋混凝土构件通常按表7.4选取允许延性比 $[\beta]$ 值；对砌体结构构件，由于其脆性较大，通常允许延性比取 $1.0\sim1.2$。

钢筋混凝土构件的允许延性比 $[\beta]$ 表7.4

使用要求	构件受力状态			
	受弯	大偏压	小偏压	轴心受压
密闭、防水要求高	1.0	1.0	1.0	1.0
密闭、防水要求一般	3.0	2.0	1.5	1.2
无密闭及变形控制要求	5.0	3.0	1.5	1.2

一般来说，核爆荷载作用下结构构件的允许延性比 $[\beta]$ 取小值。但对于化爆荷载，由于其作用时间较短（相对于核爆炸荷载），易使结构构件产生变形回弹的特点，其允许延性比 $[\beta]$ 相对于核爆炸下取大一些，以充分发挥结构材料的塑性性能，更多地吸收爆炸

能量。因此，钢筋混凝土构件在化爆炸荷载作用下按弹塑性工作阶段计算时，其允许延性比 $[\beta]$ 可取表 7.4 中的大值。如无变形限制要求，受弯构件的允许延性比 $[\beta]$ 可不受表 7.4 所列数值的限制，但不宜超过 10，并满足配筋率的要求。

虽然允许延性比不完全反映结构构件的强度、挠度及裂缝等情况，但很显然与这三者都有密切的关系，且能直接表明结构构件所处极限状态。所以，用允许延性比表示结构构件的工作状态，既简单适用，又比较合理。

7.3.3　防护结构构件的等效单自由度体系的自振频率

采用等效静荷载法，将结构承受动荷载按弹性体系或弹塑性体系计算的动力分析问题，归结为求动力系数 K_d 或 K_h，而求动力系数 K_d 或 K_h 首先要确定结构的自振频率。

在前述实际结构构件等效体系的讨论中，曾列出自振频率的计算公式。

$$\omega = \sqrt{\frac{K_e}{M_e}} \tag{7-96}$$

但是，在计算等效系数时，需要知道真实的结构振型 $X(x)$。准确来说，振型 $X(x)$ 事先并不知道。由严格的无限自由度或多自由度体系的分析可知，精确的振型 $X(x)$ 与自振频率 ω 是同时求得的。因此，虽然式 (7-96) 的表述是精确的，但实际应用上式直接求 ω 时只能先给出 $X(x)$ 的近似表达式，然后求 ω 的近似值，特别是求基频的近似值。

分布质量构件简化为单自由度体系求自振频率的近似方法，通常采用瑞利法，这是用于求基频 ω 的一种能量法。以受弯构件为例，假定振型为 $X(x)$，构件上代表点处的位移为 $y(t)$，则构件任一点的位移为 $X(x) \cdot y(t)$，速度为 $X(x) \cdot \dot{y}(t)$，取任一微端 dx、质量为 $m\,dx$，其动能 $dK = \frac{1}{2}m\,dx \cdot (X(x) \cdot \dot{y}(t))^2$，应变能 $dU = \frac{1}{2}EJ\left[\dfrac{d^2(X(x) \cdot y(t))}{dx^2}\right]^2 dx$。整个构件的动能 V 和应变能 U 为：

$$V = \frac{1}{2}\int_0^l mX^2(x) \cdot \dot{y}^2(t)\,dx \tag{7-97}$$

$$U = \frac{1}{2}\int_0^l EJ\left[\frac{d^2X(x)}{dx^2}\right]^2 \cdot y^2(t)\,dx \tag{7-98}$$

也就有最大动能 $V_m = \frac{1}{2}\int_0^l mX^2(x) \cdot \dot{y}_m^2\,dx$，最大应变能 $U_m = \frac{1}{2}\int_0^l EJ\left(\dfrac{d^2X(x)}{dx^2}\right)^2 \cdot y_m^2\,dx$。

自由振动时，$V_m = U_m$。自由振动为简谐振动，故有 $\omega^2 = \left(\dfrac{\dot{y}_m}{y_m}\right)^2$，得：

$$\omega^2 = \frac{\displaystyle\int_0^l EJ\left(\frac{d^2X(x)}{dx^2}\right)^2 dx}{\displaystyle\int_0^l mX^2(x)\,dx} \tag{7-99}$$

如选取的振型为静荷载 q 作用下的静挠曲线形状，设挠曲线方程为 y_x，则有 $y_x = y_0 \cdot X$，其中 y_0 是 q 作用下构件代表点处的位移，代入上式得：

$$\omega^2 = \frac{\int_0^l EJ \left(\dfrac{\mathrm{d}^2 y_x}{\mathrm{d}x^2} \right)^2 \mathrm{d}x}{\int_0^l m y_x^2 \, \mathrm{d}x} \tag{7-100}$$

又因为静荷载 q 作用下，构件的应变能必等于静荷载 q 所做的功，即：

$$\int_0^l EJ \left(\frac{\mathrm{d}^2 y_x}{\mathrm{d}x^2} \right)^2 \mathrm{d}x = \int_0^l q \cdot y_x \, \mathrm{d}x \tag{7-101}$$

所以式 (7-100) 可写成：

$$\omega^2 = \frac{\int_0^l q y_x \, \mathrm{d}x}{\int_0^l m y_x^2 \, \mathrm{d}x} \tag{7-102}$$

此式在杆件系统中使用较方便，因而应用广泛。

用能量法按假定振型得出的自振频率都比真实振型的频率偏大。因为任何不是真实的振型都相当于增加约束，使体系的刚度增加。通常采用静荷载作用下的静挠曲线作为假定振型，求得的基频都有较好的精度。因为基频是最低频率，一般函数在其极值附近的变化都非常缓慢，故而在改变其振型计算基频时，其值改变不是很显著。能量法的计算结果还可以利用振型函数性质结合迭代法加以改进，从而得到任意要求的精确度。

7.3.4 几种常用结构自振频率的计算图表

1. 梁

梁（单向板）的自振频率 ω 按下式计算：

$$\omega = \frac{\Omega}{l^2} \sqrt{\frac{\psi B}{m}} \tag{7-103}$$

式中 Ω——频率系数，查表 7.5；

$\quad\quad m$——梁的单位长度质量（kg/m）；

$\quad\quad l$——梁的跨长（m）；

$\quad\quad B$——梁的抗弯刚度（N·m^2），$B = \dfrac{E_{\mathrm{d}} b h^3}{12}$；

$\quad\quad E_{\mathrm{d}}$——动荷载作用下材料弹性模量（Pa）；

$\quad\quad h$——梁的高度（m）；

$\quad\quad b$——梁的宽度（m）。

单跨及等跨梁、单向板的频率系数 表 7.5

支承情况与振型形式	梁的高跨比 h/l						
	≤0.05	0.10	0.15	0.20	0.25	0.30	0.40
⊢————	3.52	3.50	3.48	3.45	3.42	3.38	3.31
⟋⌣⌣⌣⟍	9.87	9.67	9.48	9.28	9.08	8.88	8.39

支承情况与振型形式	梁的高跨比 h/l						
	≤0.05	0.10	0.15	0.20	0.25	0.30	0.40
	15.40	14.80	14.50	14.00	13.60	13.10	11.90
	22.30	21.30	20.50	19.50	18.40	17.30	15.10
	9.87	9.67	9.48	9.28	9.08	8.88	8.39
	15.40	14.80	14.50	14.00	13.60	13.10	11.90
	9.87	9.67	9.48	9.28	9.08	8.88	8.39
	18.90	18.00	17.50	16.80	16.00	15.20	13.50

注：h、l 分别为梁的高度和计算跨度（m）。

对于钢筋混凝土构件还要考虑裂缝对刚度的影响。引入刚度折减系数 ψ，按表 7.6 选用。

刚度折减数 ψ　　　　表 7.6

构件种类	匀质弹性材料构件（如钢材）	钢筋混凝土构件	
		未出现裂缝	裂缝开展后
ψ	1.0	0.85	$0.073+18.2\rho$

注：ρ 为纵向受拉钢筋配筋率。

2. 板

板的自振频率按下式计算：

$$\omega = \frac{\Omega}{a^2}\sqrt{\frac{\psi D}{m}} \tag{7-104}$$

式中　Ω——频率系数，查表 7.7；

　　　a——板的短边计算跨度（m）；

　　　D——板的抗弯刚度（N·m），$D = \dfrac{E_d d^3}{12(1-u^2)}$；

　　　d——板厚（m）；

　　　μ——泊松系数；

　　　m——单位面积质量（kg/m²）。

矩形薄板的频率系数　　　　表 7.7

板的边界条件	简图	厚跨比	$H/\sqrt[3]{Q}<0.35$								
			1/3	1/2	1/1.5	1/1.2	1.0	1.2	1.5	2.0	3.0
四边简支		0.10	11.1	12.4	14.3	16.7	19.8	16.7	14.3	12.4	11.1
		0.20	10.5	11.5	13.0	15.0	17.4	15.0	13.0	11.5	10.5
		0.30	9.8	10.7	12.0	13.7	15.8	13.7	12.0	10.7	9.8
		0.40	9.1	9.8	10.9	12.3	14.0	12.3	10.9	9.8	9.1

板的边界条件	简图	厚跨比	$H/\sqrt[3]{Q}<0.35$								
			1/3	1/2	1/1.5	1/1.2	1.0	1.2	1.5	2.0	3.0
四边固定		0.10	23.6	24.9	27.2	30.9	36.1	30.9	27.2	24.9	23.6
		0.20	21.0	21.7	23.1	25.8	29.6	25.8	23.2	21.7	21.0
		0.30	17.7	18.2	19.3	21.5	24.6	21.5	19.3	18.2	17.7
		0.40	14.9	15.2	16.1	17.6	19.9	17.6	16.1	15.2	14.9
三边简支一边自由		0.10	10.3	10.6	11.1	11.6	12.2	9.1	6.5	4.3	2.6
		0.20	9.9	10.0	10.2	10.5	11.0	8.2	5.9	4.1	2.5
		0.30	9.2	9.3	9.4	9.7	10.0	7.6	5.5	3.8	2.3
		0.40	8.6	8.6	8.7	8.8	8.9	6.8	5.0	3.5	2.2

注：厚跨比为板的厚度与其短边跨度之比。

3. 框架结构

防护结构常可简化为平面框架结构计算。框架结构的振型应尽可能是动荷载作为静荷载作用时的挠曲线，否则会带来较大的误差。平面框架由若干杆件组成，称为杆件系统，其频率的确定方法类似于梁。框架结构自振频率计算公式可简化为：

$$\omega=\frac{\Omega}{l^2}\sqrt{\frac{\psi B}{m}}$$ (7-105)

式中 Ω——频率系数，单跨框架的 Ω 值查表 7.8，更复杂的框架结构可查阅相应的设计手册或资料；

l——顶板构件跨度（m）；

B——顶板构件截面抗弯刚度；

m——顶板构件单位长度质量。

框架结构的频率系数　　　　　　　　　表 7.8

结构型式	d_2/d_1 h/l	1	$\frac{5}{6}$	$\frac{4}{5}$	$\frac{3}{4}$	$\frac{2}{3}$	$\frac{1}{2}$
	1.4	5.811	5.185	5.060	4.867	4.523	3.712
	1.2	7.568	6.764	6.608	6.371	5.958	4.999
	1.0	10.00	8.937	8.739	8.444	7.955	6.904
	0.9	11.451	10.219	9.993	9.661	9.128	8.072
	0.8	12.955	11.537	11.277	10.901	10.310	9.256
	0.7	14.369	12.770	12.474	12.045	11.379	10.281
d_1—顶板厚度	0.6	15.568	13.826	13.496	13.011	12.254	11.031
d_2—侧墙厚度	0.5	16.538	14.713	14.353	13.818	12.964	11.545
	0.4	17.401	15.549	15.166	14.587	13.635	11.972

结构型式	h/l ＼ d_2/d_1	1	$\frac{5}{6}$	$\frac{4}{5}$	$\frac{3}{4}$	$\frac{2}{3}$	$\frac{1}{2}$
	1.4	8.393	7.436	7.251	6.971	6.489	5.400
	1.2	10.593	9.395	9.169	8.834	8.277	7.093
	1.0	13.140	11.642	11.365	10.961	10.318	9.125
	0.9	14.368	12.722	12.416	11.971	11.273	10.069
	0.8	15.442	13.674	13.340	12.852	12.088	10.826
	0.7	16.318	14.471	14.113	13.584	12.747	11.368
	0.6	17.032	15.151	14.774	14.209	13.298	11.757
	0.5	17.681	15.803	15.412	14.817	13.834	12.096
	0.4	18.382	16.538	16.138	15.517	14.460	12.492

4. 圆拱

双铰圆拱和固端圆拱做对称振动时的自振频率，可按下式计算：

$$\omega = \frac{\Omega}{l^2}\sqrt{\frac{\psi B}{m}} \tag{7-106}$$

式中　Ω——频率系数，查表 7.9；

　　　l——拱跨；

　　　B——截面抗弯刚度；

　　　m——单位长度质量。

上述等截面圆拱的自振频率是采用有限元法计算的，并已考虑了轴向变形的影响。

等截面圆拱的自振圆频率系数　　　　　　表 7.9

支承情况与振型形式	半圆心角 $t(°)$	径厚比 $t_a \div t_+$								
		4	6	8	10	12	14	18	20	30
	20	11.0	12.8	14.9	17.2	19.7	22.2	27.5	30.2	43.6
	30	15.1	20.4	26.1	31.8	37.5	43.2	53.8	58.5	71.2
	40	21.7	31.2	40.5	49.1	56.4	61.4	66.0	66.8	68.4
	50	29.2	41.9	51.8	56.9	58.9	59.9	60.7	60.9	61.3
	60	35.5	46.7	50.6	51.8	52.3	52.6	52.9	53.0	53.1
	70	37.5	42.4	43.6	44.0	44.2	44.4	44.5	44.5	44.6
两端简支，对称振型	80	33.5	35.2	35.7	35.9	36.0	36.1	36.2	36.2	36.2
	90	27.1	27.8	28.1	28.2	28.2	28.3	28.3	28.3	28.3

支承情况与振型形式	半圆心角 $t(°)$	径厚比 $t_a \div t_+$								
		4	6	8	10	12	14	18	20	30
两端固定,对称振型	20	21.8	22.6	23.7	25.1	26.6	28.3	32.1	34.1	45.0
	30	22.8	26.2	30.2	34.6	39.3	44.2	53.8	58.6	78.8
	40	25.9	33.3	41.2	49.1	56.8	63.9	75.7	79.1	87.3
	50	30.7	41.9	52.8	62.0	68.8	73.2	77.6	78.5	80.6
	60	35.5	48.9	58.8	64.2	66.9	68.3	69.7	70.0	70.7
	70	38.7	50.3	55.5	57.0	58.5	59.0	59.6	59.7	60.0
	80	38.3	45.2	47.3	48.1	48.5	48.8	49.0	49.1	49.3
	90	33.9	37.1	38.1	38.5	38.7	38.8	38.9	38.9	39.0
两端简支,反对称振型	20	28.0	35.1	36.2	36.5	36.6	36.7	36.7	36.7	36.8
	30	31.3	32.9	33.3	33.5	33.6	33.6	33.7	33.7	33.7
	40	28.5	29.3	29.6	29.7	29.7	29.8	29.8	29.8	29.8
	50	24.6	25.1	25.3	25.4	25.4	25.4	25.5	25.5	25.5
	60	20.4	20.7	20.9	20.9	20.9	20.9	21.0	21.0	21.0
	70	16.3	16.5	16.6	16.6	16.6	16.6	16.7	16.7	16.7
	80	12.5	12.6	12.7	12.7	12.7	12.7	12.7	12.7	12.7
	90	9.13	9.20	9.23	9.24	9.25	9.25	9.26	9.26	9.26
两端固定,反对称振型	20	29.2	43.2	53.9	56.8	57.4	57.7	57.9	57.9	58.0
	30	40.3	50.8	52.7	53.2	53.4	53.6	53.7	53.7	53.8
	40	43.2	46.9	47.7	48.0	48.1	48.2	48.3	48.3	48.4
	50	39.6	41.3	41.7	41.9	42.0	42.1	42.2	42.2	42.2
	60	34.1	35.1	35.4	35.5	35.6	35.6	35.7	35.7	35.7
	70	28.3	28.9	29.1	29.1	29.2	29.2	29.2	29.3	29.3
	80	22.6	22.9	23.1	23.1	23.1	23.2	23.2	23.2	23.2
	90	17.4	17.6	17.7	17.7	17.7	17.7	17.7	17.7	17.7

注:t_+ 为拱截面厚度(m)。

5. 直墙圆拱

等截面直墙圆拱结构做对称振动时的自振频率按下式计算:

$$\omega = \frac{\Omega}{l^2}\sqrt{\frac{\psi B}{m}} \tag{7-107}$$

式中符号含义同前,等截面双铰直墙圆拱对称振动基频的频率系数 Ω 值查表 7.10。

直墙圆拱的自振圆频率系数　　　　　表 7. 10

简图与振型形式	半圆心角 $D(°)$	径厚比 r/h_g								
		4	6	8	10	12	14	18	20	30
	30	13.5	19.1	24.8	30.4	35.8	41.0	49.5	52.7	60.7
	40	20.6	39.8	38.3	45.2	50.1	53.3	56.1	56.7	56.7
	50	27.9	38.8	45.7	48.8	50.1	50.8	51.3	51.5	51.8
	60	33.0	40.7	43.2	44.0	44.3	44.6	44.8	44.8	44.9
	70	33.1	36.3	37.1	37.4	37.5	37.6	37.7	37.7	37.7
	80	28.9	30.1	30.4	30.6	30.6	30.7	30.8	30.8	30.8
	90	23.3	23.8	24.0	24.0	24.1	24.1	24.1	24.1	24.1

注：h_g 为拱截面厚度（m）。

7.4　防护结构构件的动剪力与动反力的计算

结构在动荷载作用下会产生动弯矩、动剪力等动内力。另外，在整个结构体系中，动荷载的作用，会从一个构件以动反力相互作用的形式传递到另一构件上。例如在防护门设计中，动荷载就从门扇传递到门框，因此进行门框墙计算时，就要确定门扇作用于其上的动反力。又如在构件支承处附近作截面抗剪强度校核时，也须确定构件支承处的动剪力，亦即在支座的动反力。再如梁板结构体系，作用在顶板上的动荷载会传递到梁上，同样需要确定顶板作用于梁上的动反力。

目前对结构构件的动内力和动反力计算方法主要有三种：等效静荷载法、叠加惯性荷载法以及振型叠加法。下面对这些方法加以分析和讨论，以便更好地确定构件的动内力与动反力。

7.4.1　按等效静荷载法计算动剪力的误差分析

真实构件简化为等效体系，从确切的意义上讲，是构件代表点处动位移的等效。动力分析直接求得的是相应位移的变化规律。一般来说，在确定动荷载作用下构件截面的最大内力时，采用等效静荷载法来确定弯矩所产生的误差不大，而计算剪力则可能产生较大的误差。

这是因为，采用等效静荷载法计算内力时是基于下式的认定（假设按弹性工作阶段）：

$$\frac{y_d}{y_{cm}} = \frac{M_d}{M_{cm}} = \frac{Q_d}{Q_{cm}} = K_d \qquad (7\text{-}108)$$

式中　y_d、M_d、Q_d——分别为动荷载作用时的动位移、动弯矩及动剪力；

　　　y_{cm}、M_{cm}、Q_{cm}——分别为动荷载峰值作为静荷载作用时的位移、弯矩及剪力；

　　　K_d——位移动力系数。

由于实际振型 $X(x)$ 与近似振型 $X_c(x)$（静力挠曲线）虽然相差不大，但其高阶导数则可能相差较大。这就决定了动、静荷载作用时的内力与相应位移不成比例。实际上若 $y(x, t_m) = y_d \cdot X(x)$，则：

$$Q_d = Q(x, t_m) = -EJ \frac{\partial^3 y(x, t_m)}{\partial x^3} = -EJ y_d X(x)^{\text{III}}$$

$$M_d = M(x, t_m) = -EJ \frac{\partial^2 y(x, t_m)}{\partial x^2} = -EJ y_d X(x)^{\text{II}} \qquad (7\text{-}109)$$

式中　EJ——刚度。

$$Q_{cm} = -EJ y_{cm} X_c(x)^{\text{III}}$$

$$M_{cm} = -EJ y_{cm} X_c(x)^{\text{II}} \qquad (7\text{-}110)$$

所以：

$$\frac{Q_d}{Q_{cm}} = \frac{y_d}{y_{cm}} \cdot \frac{X(x)^{\text{III}}}{X_c(x)^{\text{III}}}$$

$$\frac{M_d}{M_{cm}} = \frac{y_d}{y_{cm}} \cdot \frac{X(x)^{\text{II}}}{X_c(x)^{\text{II}}} \qquad (7\text{-}111)$$

一般来说 $X(x)$ 和 $X_c(x)$ 可保证有三点相重合，即两端点与跨中点，但即使如此，跨端点处的三阶导数仍可以有很大的差别。而二阶导数误差则不大，因此 $\dfrac{Q_d}{Q_{cm}} \neq \dfrac{y_d}{y_{cm}}$，即，$Q_d \neq K_d Q_{cm}$。

正如前面所指出的，等效静荷载法如用于动弯矩计算，误差不大，其精度是可以满足工程设计要求的；如用于动剪力或动反力计算，则误差较大，需要修正。

7.4.2　动剪力计算的叠加惯性荷载法

实际上，动荷载作用下，构件任一时刻的动内力，应是该时刻的动荷载与该时刻的惯性荷载共同作用下产生的内力。由于惯性力的分布形状与振型成比例，和作用动荷载的分布形式不完全一致，见图 7.27。因此这样计算得到的动反力精度必然较等效静荷载法为高。

下面以均布动荷载 $p(t)$ 作用下的简支梁为例，说明采用叠加惯性荷载法近似确定支座反力（或支座截面剪力）的方法和步骤，这种方法也称作 Biggs 方法。

1. 弹性阶段

设振型为静挠曲线形状 $X(x)$，跨中位移为 $y(t)$，则惯性力为 $(m dx) \cdot X(x) \cdot \ddot{y}(t)$。取半跨长的梁为隔离体（图 7.27a），作用于隔离体上的外力有动荷载 $\frac{1}{2} p(t) l$、惯性力 $I/2$，以及支座反力 $V(t)$ 和跨中截面的内力 $M_{L/2}(t)$。

$$M_{L/2}(t) = \frac{Rl}{8} = \frac{l}{8} K \cdot y(t) \qquad (7\text{-}112)$$

式中　K——构件的弹簧常数。

惯性力的合力中心到支座的距离为：

$$a = \frac{\int_0^{\frac{L}{2}} x \cdot X(x) \, dx}{\int_0^{\frac{L}{2}} X(x) \, dx} = \frac{61}{192} l \qquad (7\text{-}113)$$

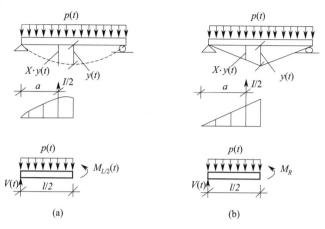

图 7.27　确定动反力的计算图形

将隔离体上全部作用力对惯性力的合力作用点取矩，写出平衡方程：

$$V(t) \cdot a - M_{\frac{L}{2}}(t) - \frac{P(t)}{2}\left(a - \frac{l}{4}\right) = 0 \tag{7-114}$$

式中，$P(t) = p(t) \cdot L$ 为总荷载，代入 a、$M_{L/2}(t)$的数值，得：

$$V(t) = 0.39K \cdot y(t) + 0.11P(t) \tag{7-115}$$

或：

$$V(t) = 0.39R(t) + 0.11P(t) \tag{7-116}$$

因此，动反力是荷载和抗力的函数，荷载与抗力两者又都是时间的函数。既然方程式 (7-115)、式(7-116) 也必须适用于静荷载，而在该情形下 $R = P$，所以两个系数之和必等于 0.5。对于其他荷载或支承条件的梁或板，也可进行如上相同的计算并得到类似的反力计算公式，只是假定的挠曲线有所不同而已。表 7.1、表 7.2 给出了均布动荷载作用下梁板构件动反力的计算表达式。

对于动荷载为突加平台形荷载，有 $P(t) = P_m$，这时可由构件的运动方程解得：

$$y(t) = \frac{P_m}{K}(1 - \cos\omega t) \tag{7-117}$$

代入上式得：

$$V(t) = P_m(0.5 - 0.39\cos\omega t) \tag{7-118}$$

上式的反力变化曲线见图 7.28，其最大值 $V_m = 0.89 P_m = 0.89 p_m l$。图示的反力变化曲线是近似的，实际上在起始点不会有突增的起始值。由式(7-28) 可知动力系数 $K_d = 2$。故等效静荷载为 $q_d = K_d \cdot P_m = 2P_m$，按等效静荷载法计算的反力为 $\overline{V}_m = P_m = p_m l$。此处 $V_m \approx \overline{V}_m$，因此对于对称结构承受均布动荷载，两种方法计算的反力最大值相差约 10%。

从图 7.28 可见，反力在 $T/2$ 的时间上升到最大值然后下降。对于支承构件来说，这种形式的动荷载当支承构件的自振周期与上部构件相近时，会有较大的动力作用。但如果支承构件的自振频率非常高（如墙、柱），则图 7.28 所示动反力的动力作用是很小的。

2. 塑性阶段

塑性阶段的振型 $X(x)$ 假定为三角形，跨中弯矩 $M_{L/2} = M_R$，惯性力合力中心到支

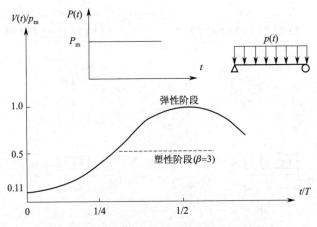

图 7.28　简支梁在突加平台形荷载下的动反力

座距离 $a = l/3$，见图 7.27(b)，取半跨梁为隔离体，对惯性力合力中心取矩列出平衡方程，可得：

$$V(t) = \frac{3}{8}R_m + \frac{1}{8}P(t) \tag{7-119}$$

式中　$P(t)$——构件上的总荷载，$P(t) = p(t) \cdot L$；

　　　R_m——构件的最大抗力，$R_m = 8M_R/l$。

表 7.1、表 7.2 给出了均布动荷载作用下梁板构件塑性阶段动反力的计算表达式。

如荷载为突加平台形荷载 $P(t) = P_m$，并取延性比 $\beta = 3$，由表 7.1 可知均布载作用下简支梁的 $K_{ML} = 0.78$、$\overline{K}_{ML} = 0.66$，根据式(7-83)可求得动力系数 $K_h = R_m/P_m = 1.18$。这与简单质量弹簧体系在同样 β 值下的 $K_h = 1.2$ 非常接近。此时的反力为：

$$V(t) = \frac{3}{8} \times 1.18P_m + \frac{1}{8}P_m = 0.568P_m \approx 0.5R_m \tag{7-120}$$

突加平台形荷载作用下，当构件进入塑性工作阶段后反力等于常数，反力的变化类似于有升压平台形荷载。如果其升压时间较短，而支承构件的自振频率较低，则可能对支承构件产生明显的动力效应。由于弹塑性体系的等效静荷载 $q_m = K_h \cdot P_m = R_m$，所以等效静荷载下的简支梁反力等于 $0.5R_m$，此时如果将等效静荷载下的反力作为一种静力作用于下部支承构件，就有可能低估了实际反力的动力作用。

从图 7.28 还可看出，由于跨中载面进入塑性阶段，使得支座动反力显著降低，从而减小了支承结构和支座附近截面抗剪的负荷，因此在组合结构体系中，上部构件设计过强，对整个结构体系的安全度可能反而有害。

思考题

7-1　抗力动力系数的物理意义是什么？静荷载是动荷载的特殊情况，静荷载的动力系数是多少？

7-2　什么叫动力系数、等效静荷载？什么情况下挠度和内力的动力系数相等？

7-3　塑性铰与理论铰有什么区别？

7-4　什么叫内力调幅？为什么要考虑内力调幅？民用结构的内力调幅与防护工程中的进入塑性状态有什么区别？

计算题

7-1　防护门尺寸如图 7.29 所示，厚为 10cm，为 C30 钢筋混凝土结构，$E=3.1\times10^4\,N/mm^2$，自振频率 $\mu=0.2$，如果其受如图 7.29 所示的冲击波荷载，试计算其等效静荷载。

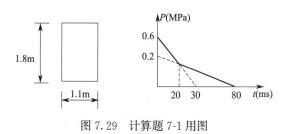

图 7.29　计算题 7-1 用图

第8章

防护结构材料和构件的抗爆性能

在进行结构动力分析时，为确定构件的运动和受力状态，并进行截面设计，需要知道构件的抗力函数，以了解结构构件在各种受力状态下的抗力特性、变形性能及破坏形态。

爆炸动荷载作用下结构材料的性能，由于快速变形而有了改变。通常所说的材料强度指标是在标准试验方法下得出的，其中规定了标准的加载速率。而防护结构承受爆炸动荷载时的应变速率通常在 $0.05 \sim 1\mathrm{s}^{-1}$ 的范围，远大于标准材料试验的应变速率。动荷载下结构的变形过程取决于动荷载随时间的变化规律和结构的自振周期 T。在弹性工作状态下，结构从开始受力发生变位到最大值的时间 t_{m}，在化爆作用时约为 $T/4$，核爆时接近且不超过 $T/2$。如果动荷载有升压时间 t_1，则 t_{m} 也与 t_1 有关，但不超过 $(t_1+\dfrac{T}{2})$。结构若处于弹塑性工作状态，结构到达最大塑性变形的时间要大于弹性时的数值，而结构到达最大抗力或开始屈服的时间 t_{y} 则比弹性工作时的 t_{m} 值低。结构材料从开始变形到应力达最大值的时间，大体上就是结构变位或抗力达最大值的时间（防护结构通常其值小于50ms），从而可以大致确定防护结构在动荷载下的应变速率范围。由于结构材料从受力变形到破坏是有一个变形过程的，在快速变形时，这一过程表现为滞后，反映在材料强度指标上就是强度提高，但变形特征如塑性性能等则一般变化不大。

防护结构允许进入塑性阶段工作，承受动荷载的构件设计也就必须保证其有足够的塑性变形能力，并避免发生突然性的脆性破坏。这也与动荷载作用下结构构件经历的工作状态和所表现的性能密切相关。

本章着重讨论结构材料的动力性能以及钢筋混凝土构件，在爆炸等动荷载下受弯、轴压、偏压、受剪时的性能。

8.1 爆炸荷载作用下结构材料的动力性能

8.1.1 钢材

防护结构中使用较多的是低碳钢的热轧钢筋。这种钢筋的应力-应变曲线有明显的弹性部分和塑性部分及屈服点。塑性部分由屈服台阶和硬化段所组成，在断裂前有相当大的相对伸长，其延性比可达 20~30，如图 8.1 所示。

建筑钢材是经热处理的高碳钢、低合金钢等高强度钢材。其应力-应变曲线没有明显的屈服点和屈服台阶，如图 8.2（b）所示。这类无明显屈服点的钢材，作为钢材强度指标的值是以残余应变为 0.002 时的应力来定义的。

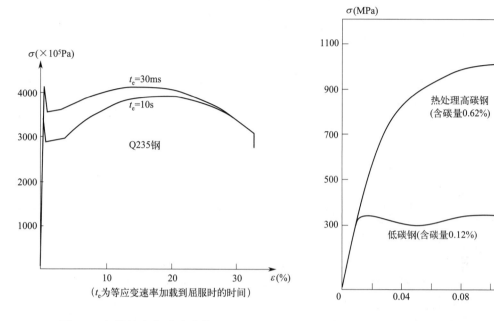

图 8.1　钢筋的应力-应变曲线　　　　图 8.2　钢材的应力-应变曲线

防护结构中一般不使用冷轧带肋钢筋或冷拉、冷拔钢筋等经冷加工处理的钢筋，因为这些冷加工处理的钢筋，虽然能提高屈服强度，但其伸长率低，塑性变形能力差，延性不好。

钢筋应力-应变曲线在快速变形下与静荷载时相比的变化见常应变速率加载下单轴试验的结果（图 8.1）。根据大量的常应变速率加载下试验结果，有如下结论：

1）钢筋的屈服强度随着应变速率的增加而增加。一般而言，静荷载作用下，屈服强度低者，快速变形下提高得多，反之则少。对于防护结构设计，不同类型钢筋的屈服强度提高值见表 8.1。

对没有明显屈服点和屈服台阶的高强钢材，在快速变形下强度提高很小，在设计时可不予考虑。

2）钢筋在快速变形下，极限强度提高很少（HPB 300 级钢筋）或基本不变（HRB 400 以上钢筋），工程设计中一般不考虑极限强度的提高。

3）钢筋抗拉与抗压具有相同的强度提高比值。

4）钢筋在快速变形下的弹性模量不变；屈服台阶长度、极限强度时的应变、极限引伸率等均无明显变化。

5）初始静应力的存在不影响屈服强度的提高。在动荷载作用下，如锚杆等预应力结构中的钢材，仍可采用无预应力时的提高比值。

6）钢筋动剪切屈服强度约等于动拉力屈服强度的 0.6 倍；极限剪切强度约等于极限拉力强度的 0.75 倍。

对于型钢、钢板、钢管等构件，其强度提高系数可取相应材质钢筋的数值。

动荷载作用下材料强度综合提高系数r_d 表 8.1

材料		r_d
钢材	HPB300(Q235)	1.40(1.50)
	HRB400、RRB400(Q390、Q420)	1.20
	HRB500	1.10
	HTRB630(T63/E/G)	1.08
	HTRB700(T70/E/G)	1.05
混凝土	≤C55	1.50
	C60~C80	1.40
钢纤维混凝土	≥CF70	1.40
砌 体	料石	1.20
	混凝土砌块	1.30

注：对于采用蒸汽养护或掺入早强剂的混凝土，表中r_d值应乘以 0.90 的折减系数。

8.1.2 混凝土

静荷载作用下混凝土的单轴压应力-应变曲线如图 8.3 所示。根据大量试验结果，混凝土有如下主要特性：

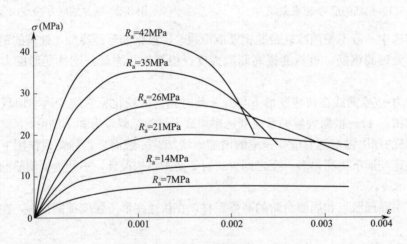

图 8.3 混凝土的单轴静压应力-应变曲线

1）混凝土是脆性材料，在构件中通常都在常用钢筋的屈服应变值（0.002）附近达到最大强度，然后强度随变形的发展迅速下降。一般混凝土的最大应变值为强度极限时的应变的两倍。

2）应力-应变曲线的初始斜率随混凝土抗压强度的提高而增加。

3）混凝土在二向或三向受力状态下，其抗压强度将大大提高。因此，约束混凝土如钢管混凝土、钢板包裹的混凝土等具有很高的抗力。但混凝土存在侧向拉应力时，抗压强度将比单轴时显著降低。

4）混凝土抗压强度随其龄期的增加而增长。普通混凝土一年后的抗压强度至少可比 28d 的标准强度提高 30％。防护结构设计中可以考虑混凝土的后期强度提高，其提高比值可取 1.2～1.3。

快速变形下：

1）随着应变速率的增加，混凝土的应力-应变曲线的初始段更接近直线，其抗压变形模量（初始切线模量）也随之增加。

2）抗压强度随应变速率的增加而提高。在一般防护结构应变速率范围内，常用强度等级的混凝土强度提高比值大体相同，约为 1.2，如图 8.4 所示。

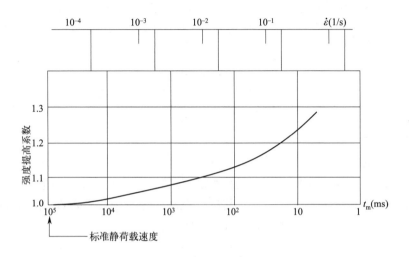

图 8.4　应变速率对强度的影响

所以，在动荷载作用下防护结构中的混凝土设计强度，是静荷载强度与快速变形和龄期两个提高比值的乘积。

3）混凝土的抗拉强度在快速变形下的提高比值比抗压时大，但抗拉的后期强度增长比值没有抗压多，综合两者因素，将动荷载作用下混凝土抗拉设计强度的提高比值取与抗压时相同。

4）混凝土动力抗压强度对于混凝土不均匀性比静荷载时更为敏感，即由此而引起的强度降低更多，因此动力强度提高值宜偏低取用。

5）混凝土被水饱和时，动力强度提高，而静力强度降低。

6）混凝土的极限应变值、泊松系数基本不受应变速率影响。

混凝土动力强度提高系数参见表 8.1，其值未考虑混凝土的后期强度。防护结构设计实践表明，通常 t_m 值均小于 50ms。

对于高强度等级混凝土，试验数据较少。试验表明，高强度等级混凝土在快速变形下强度提高和普通混凝土大致一样，可取同样的值，但是高强度等级混凝土后期强度增长比普通混凝土小一半以上。

工程设计中，承受爆炸作用的钢筋混凝土结构其混凝土强度等级通常采用 C30～C80，承受静荷载作用的结构则采用不低于 C20 的等级。

8.1.3 其他建筑材料

1. 水泥砂浆

在快速变形下，水泥砂浆抗压强度提高比值及变形模量提高比值，与混凝土没有太大差异，可取相同数值。

2. 砌体

在快速变形下，砖砌体抗压强度随加载速率的增加而提高。当快速加载过程的 t_m 为 150ms 和 10ms 时，强度提高比值可达 1.3 和 1.45。其弹性模量亦有提高的趋势，但规律性不明显。在各种加载速率下，砖砌体的抗压极限变形均在 $(1.1\sim2.0)\times10^{-4}$ 之间。各种应变速率下砖砌体的强度提高比值见表 8.2。料石和混凝土砌块的动力提高系数仍参见表 8.1。

砖砌体强度动力提高系数   表 8.2

应变速率 $\dot{\varepsilon}$ (1/s)	0.002~0.01	0.01~0.1	0.1~0.25	>0.25
t_m (ms)	1000~110	110~12	12~10	<10
抗压强度动力提高系数	1.3	1.35	1.40	1.40

3. 钢丝网水泥

在快速变形下，钢丝网水泥的抗压强度及变形模量的提高比值，可取与混凝土相同的数值，一般可取强度提高比值为 1.15。其抗压极限变形及泊松系数在快速变形下无明显变化，与混凝土无多大差异，约为 3.5×10^{-3} 及 0.22。

4. 木材

木材在动荷载作用下的设计强度取值需要考虑两个因素。其一是应变速率的影响，快速变形下动力强度试验值比静力强度试验值提高约 $15\%\sim30\%$。另一个因素是一般的木材构件设计所用的静荷载设计强度，考虑了静荷载的持久作用条件，取值较静荷载试验强度值低 $50\%\sim60\%$。由于防护结构是承受瞬时动荷载作用，所以其木材构件的动力设计强度可取为静力设计强度的 2 倍，变形模量较静荷载时提高 12%。

8.1.4 材料动态强度设计值

目前防护工程结构设计规范中规定的截面设计方法，已是以概率论为基础的极限状态设计法。规范中给出的材料强度综合调整系数，是由三项因素确定的：①民用规范中的材料分项系数；②材料在快速加载下的动力强度提高和有些材料的后期强度提高；③根据防护工程结构构件的受力特点进行的可靠度分析。本章内容实际是着重讨论了其中的第二项因素。在动荷载单独作用或动、静荷载同时作用时，材料强度设计值可按下列公式计算：

当 $q_d/(q_j+q_d)\geqslant a$ 时：

$$f_d=\gamma_d f \tag{8-1}$$

当 $q_d/(q_j+q_d)<a$ 时

$$f_d=\left[1+\frac{\gamma_d-1}{a}\left(\frac{q_d}{q_j+q_d}\right)\right]f \tag{8-2}$$

式中 f_d——材料在动荷载作用下的强度设计值（MPa）；

f——材料在静荷载作用下的强度设计值（MPa）；

γ_d——动荷载作用下材料强度综合提高系数，可按表 8.1、表 8.2 选用；

q_d——动荷载标准值（MPa）；

q_j——静荷载标准值（MPa）；

a——动荷载与总荷载的比值，对钢材取 0.20，对混凝土、钢纤维混凝土及砌体取 0.6。

由于混凝土强度提高系数中考虑了龄期效应的因素，其提高系数为 1.2～1.3，故对不应考虑后期强度提高的混凝土（如蒸汽养护构件或掺入早强剂）应乘以折减系数，取为 0.9。

为简化设计，在人防工程结构设计中，在动荷载和静荷载同时作用下材料动力强度设计值也可取为动荷载作用下的材料强度设计值。

另外，试验表明，脆性破坏的安全储备小，延性破坏的安全储备大，为了使结构构件在最终破坏前有较好的延性，必须采用强柱弱梁与强剪弱弯的设计原则。同时考虑到等效静荷载法计算剪力或反力误差较大。因此，在下列情况下需适当折减材料的设计强度以提高构件的安全储备。

（1）当按等效静荷载法计算得到的内力，进行墙、柱受压构件正截面承载力验算时，应将动荷载作用下混凝土及砌体的轴心抗压强度设计值降低 20%。

（2）当按等效静荷载法分析计算得到的内力，进行梁、柱斜截面及板柱抗冲切承载力验算时，在动荷载作用下应将混凝土强度设计值降低 20%。

8.2　钢筋混凝土受弯构件的抗爆性能

8.2.1　构件的抗力曲线

钢筋混凝土受弯构件（如梁）的抗力曲线，随其配筋率及破坏形式的差别有很大不同。受弯构件依配筋率的多少可分为适筋梁、少筋梁和超筋梁，破坏形态有弯曲破坏和剪切破坏。

少筋梁配筋太少，钢筋不足以承受受拉区混凝土在开裂前承受的拉应力。因此，受拉区混凝土出现裂缝后，挠度会突然迅速增长，导致在混凝土受压区边缘达到极限变形前，受拉钢筋就屈服、强化以致断裂。这种构件受拉区只有一两条较宽的裂缝。梁的抗力很低（图 8.5）。超筋梁配筋率过高，当受拉区钢筋尚未达到屈服时，受压区混凝土就已破损开裂，导致承载能力急剧降低，构件发生脆性破坏。这种破坏易造成体系的突然坍毁，工程设计中应当避免。

适筋梁受力过程经历了 I-I$_a$-II-II$_a$-III-III$_a$ 几个阶段。在各个受力阶段中钢筋与混凝土的受力状态及其发展过程可从图 8.6 中看出。在最后一个阶段的后期处于III$_a$ 阶段时，构件控制截面中的受拉钢筋达到屈服强度 f_y，受压区混凝土达到抗压极限强度 f_c。这时构件的抗弯能力达到最大值（极限弯矩 M_p^S）。

如前所述，受弯构件的抗力变形关系可以有不同的表示方法。在防护结构动力分析中经常将构件简化为单自由度体系，并取构件有代表性的总变形（如跨中挠度 y）作为运动

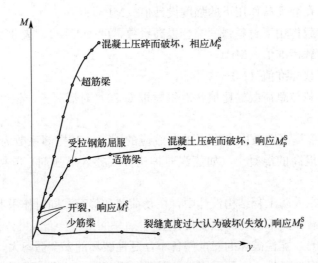

图 8.5　三种抗弯强度比较

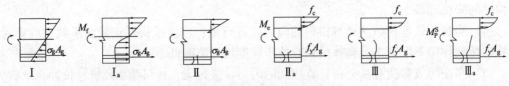

图 8.6　钢筋混凝土适筋梁

微分方程的参变数，构件的抗力变形关系则用抗力与位移来表示，即 R-y 的关系。R 是相应于这一变形下的内力或恢复力，用产生变形 y 的外加总静荷载来表示。构件达到最大抗力 R_m 时，构件产生变形为 y_c，受弯构件相应的极限弯矩为 M_P^S。适筋简支梁的抗力曲线如图 8.7 所示，往往根据应变能相等的原则简化为理想弹塑性，如图中虚线所示，适筋梁既有较高的抗力，又具有良好的延性，是防护结构正截面强度设计的依据。

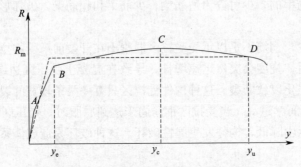

图 8.7　受弯构件的抗力曲线（简支梁）
A—拉区混凝土开裂；B—钢筋开始屈服；C—压区混凝土开始破损；
D—抗力明显下降；R_m—根据截面抗弯能力计算得出的最大抗力

　　钢筋开始屈服时的抗力约为计算最大抗力的 95% 左右。构件的最大抗力主要取决于最大弯矩截面的抗弯能力，后者可以相当准确地按照《混凝土结构设计规范》GB

50010—2010（2015 年版）所采用的计算图形算出。低配筋梁截面的实际抗弯能力比计算值大，这是因为钢筋的应力最后进入强化段超过屈服强度的缘故。级别高的钢筋屈服台阶段，实际抗弯能力超出计算值更多，例如配筋率为 0.5% 的梁，当用 $16M_n$ 和 $45Si_2Ti$ 配筋时，实际最大抗力比计算值可分别超出 10% 和 25% 以上。但偏于安全考虑，通常还是根据计算来确定最大抗力。

在动荷载作用下，构件的抗力曲线形状与静荷载下并无根本区别，只不过最大抗力有所提高，这是由于材料强度在快速变形下增长引起的。

8.2.2 纵向受拉钢筋配筋范围

提高混凝土的强度等级和选用较低的配筋率，可以增加抗弯构件的延性。配筋率增大会降低受弯构件的延性。《混凝土结构设计规范》GB 50010—2010（2015 年版）为防止受弯构件发生超筋破坏，对矩形截面规定最大配筋率为 $\mu_{max}=0.55 f_c/f_y$，f_c 和 f_y 分别为混凝土和钢筋的设计强度。对于高强度钢筋或高强度等级混凝土受弯构件，取值约在 $(0.3\sim0.4) f_c/f_y$ 之间。配筋率高又容易剪坏，所以防护结构中的受弯构件最大配筋率宜取偏低数值。为保证其延性比 $\beta>1.5$，可约取最大配筋率 $\mu_{max}=0.3 f_c/f_y$，也即防护结构或构件的纵向钢筋最大配筋率，应比民用结构设计规范中所规定的数值要小。

配筋率过低时，截面的抗裂强度大于屈服强度，受拉区混凝土一开裂，抗力会骤然下降。最小配筋率系根据下列原则定出：① 截面的抗裂强度不大于截面的抗弯极限强度；② 在压区混凝土应变到达破损之前，拉区钢筋不应发生颈缩。根据大量的试验结果，可以定出不同钢筋种类在不同强度等级的混凝土构件中的最小配筋率 μ_{min}。由于我国的民用混凝土结构设计规范中所给出的钢筋最小配筋率，是世界各国结构设计规范中较小的，且考虑到钢筋混凝土结构在动荷载作用下的受力特性，以及防护结构的混凝土强度等级比一般民用建筑结构较高，故防护结构或构件的纵向钢筋最小配筋率，应比民用结构设计规范中所规定的数值要大一些。

经过综合分析，防护结构可参考表 8.3、表 8.4 所示的配筋率范围，进行受弯构件的纵向钢筋配置。

8.2.3 受压区钢筋和箍筋

防护结构构件的抗弯截面，应当配置适当的构造压筋和封闭式箍筋。它们虽然对截面抗弯强度的提高影响不大，但可以提高构件振动反弹的抗力，尤其是可以延长最大抗力明显下降时的塑性变形，并使抗力缓慢地丧失，故对结构的防塌甚为重要。如压筋数量与拉筋相近，同时箍筋又十分密集，以致混凝土受到约束而不致成块剥落，从而使压筋不致失稳压曲，具有比普通构件更好的延性。此外，压筋的布置无疑可以提高构件反弹的抗力。

承受动荷载作用的钢筋混凝土受弯构件应双面配筋。梁、板等受弯构件按计算不需配筋的受压区构造钢筋的配筋率，不宜小于纵向受拉钢筋的最小配筋率。在连续梁支座和框架节点处，且不小于受拉主筋的 1/3。

箍筋配置除按《混凝土结构设计规范》GB 50010—2010（2015 年版）要求外，对于承受动荷载作用的连续梁支座及框架、刚架节点，其箍筋体积配筋率不应小于 0.15%，其构造要求也有较严格规定。

纵向受拉钢筋最大配筋百分率（%） 表 8.3

钢筋种类	混凝土强度等级	
	C25～C60	C65～C80
HPB300	1.5	2.0
HRB400、RRB400、HRB500、HRTB630(T63/E/G)、HRTB700(T70/E/G)	1.4	1.9

纵向受力钢筋的最小配筋率（%） 表 8.4

受力钢筋		最小配筋百分率
受压构件的全部纵向钢筋	强度等级 630MPa、700MPa	0.45
	强度等级 500MPa	0.50
	强度等级 400MPa	0.55
	强度等级 300MPa	0.60
受压构件的一侧纵向钢筋，偏心受拉构件中的受压钢筋		0.20
受弯构件、偏心受拉、轴心受拉构件中的受拉钢筋		0.20 和 $45f_{td}$ 中的较大者

注：1. 受压构件全部纵向钢筋最小配筋百分率，当采用 C60 以上强度等级的混凝土时，应按表中规定增加 0.10；
2. 受压构件的全部纵向钢筋和一侧纵向钢筋的配筋率以及轴心受拉构件和小偏心受拉构件的配筋率应按构件的全截面面积计算；受弯构件、大偏心受拉构件一侧受拉钢筋的配筋率应按全截面面积扣除受压翼缘面积后的截面面积计算；
3. 当钢筋沿构件截面周边布置时，"一侧纵向钢筋"系指沿受力方向两个对边中的一边布置的纵向钢筋；
4. 卧置于地基上的混凝土板，板中受拉钢筋的最小配筋率可适当降低，但不应小于 0.15%。

8.2.4 构件的延性

承受动荷载作用并允许进入塑性阶段工作的防护结构构件的延性，是保证受弯构件不出现突发脆性破坏的重要力学特征。如前所述，构件的延性通常用参数延性比 β 表示。构件设计可提供的最大延性比，必须满足按弹塑性工作阶段设计的允许延性比的要求，一般对钢筋混凝土受弯构件，可取 3～5。过高的配筋率会降低构件的延性。若结构构件按弹塑性工作阶段设计，对一般工程受拉钢筋的配筋率不宜超过 1.5%。当必须超过时，受弯构件或大偏心受压构件的允许延性比应符合下列表达式的要求：

$$[\beta] \leqslant \frac{0.5}{x/h_0} \tag{8-3}$$

式中，x/h_0 为混凝土受压区高度与截面有效高度之比，其值可按防护结构有关设计规范计算。

8.2.5 构件的抗弯刚度

结构动力分析中需要知道自振频率与构件截面的刚度，截面刚度又取决于受拉区混凝土是否开裂的应力状态。试验表明，抗弯截面的刚度在拉区开裂前可按整体刚度 B_0 计算，对矩形截面有：

$$B_0 = \frac{1}{12}bh^3E_d \tag{8-4}$$

式中 b——截面宽度；
h——截面高度；
E_d——动荷载作用下材料弹性模量。

为计算自振频率所用的截面刚度值 B 可近似采用下式：

$$B = \psi B_0 \tag{8-5}$$

式中，折减系数 ψ 按表 7.6 取值。

8.2.6 构件的抗剪性能

钢筋混凝土构件的抗剪性能相当复杂，抗剪能力受多种因素的影响，抗剪机理仍不十分清楚，其设计计算方法基本上是经验性的。一般来说，静力情况下剪坏可以有斜拉、压剪、斜压等不同的破坏类型。在动荷载作用下，构件的剪坏类型除了上述几种的斜剪破坏以外，还可能会在支撑处或荷载突变处发生与荷载平行的直剪破坏，特别是在作用时间较短的脉冲荷载作用下更有可能发生。这种破坏发生突然、迅速，通常发生在结构响应的早期阶段，属于脆性破坏，破坏时结构的弯曲变形很小，也就是说结构还来不及发挥其自身的抗弯承载能力就被剪坏，见图 8.8。

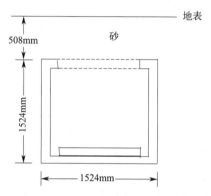

图 8.8 美国 FOAMHEST 试验中 FH2 顶板的直剪破坏形式

另外，在动荷载作用下，结构的最大抗剪能力也会有所提高。提高的幅值与剪坏的形态有关。直剪破坏与斜拉剪坏时提高最多，大体与相应变形速度下的混凝土抗拉强度的提高幅值相当。斜压剪坏时提高最少，大体与混凝土抗压强度的提高幅值相当。而压剪破坏时的提高幅度大体介于两者之间。箍筋在快速变形下的强度提高也会对抗剪强度的增长做出贡献，但对其变形速度很难作出估计。

剪切破坏呈脆性，特别是直剪破坏及斜拉破坏。由于防护结构简化动力分析中常忽略高次振型影响，这会给剪力的计算值带来较大误差，而工程设计又常忽略一些对抗弯有利的因素，这些都会增加剪坏的危险，所以处理构件的抗剪问题时宁可偏于安全考虑。设计防护结构钢筋混凝土梁式构件时，抗剪计算公式中的混凝土的动力强度设计值应予以折减，并对箍筋及弯起钢筋有较高的构造要求。

通常讨论钢筋混凝土构件的抗剪强度问题，都是指主筋屈服前发生的剪坏，即构件的承载能力是剪坏控制而不是受弯屈服。防护结构一般以受拉主筋屈服后的塑性工作状态为其正常工作状态，所以设计时也必须考虑屈服后的抗剪性能。屈服后的剪坏有两种：①由于受拉主筋强化或内力重分布等原因，使构件的作用剪力在主筋屈服后仍有所增加，于是因抗剪强度不足而剪坏。这种剪坏的机理与屈服前剪坏没有根本区别，因此设计时应对可能产生的最大作用剪力有足够的估计或给抗剪以更多的安全储备。②典型的屈服后剪坏，发生在同时有较大负弯矩和较大剪力作用的截面，例如框架节点或连续梁支座处及其附近。其机理是主筋屈服后拉区裂缝迅速向深处发展，压区混凝土面积不断缩小，于是在剪力作用下出现斜截面剪坏。屈服后剪坏时剪力大小是由构件的抗弯屈服能力确定的，并不代表构件的实际抗剪能力。因此屈服后剪坏的实际效应是限制了弯曲延性的充分发挥，剪力的存在使弯曲屈服截面（或区段）在变形过程中提前遭到剪坏。屈服后剪坏是斜截面破坏，但在跨高比较小的构件中也可能出现接近正截面的剪坏。

《混凝土结构设计规范》GB 50010—2010（2015 年版）中的抗剪承载力计算公式，仅适用于普通工业与民用建筑中的构件，它的特点是较高的配筋率、较大的跨高比（跨高比大于 14 的较多）、中低混凝土强度等级以及适中的截面尺寸等；而防护工程中的构件特点是较低的配筋率、较小的跨高比（跨高比在 8～14 之间较多）、较高混凝土强度等级以及较大的截面尺寸。为弥补上述差异产生的不安全因素，考虑跨高比对剪力承载力计算的影响，以及考虑屈服后剪坏的延性要求，在防护结构有关的设计规范中，对《混凝土结构设计规范》GB 50010—2010（2015 年版）中的抗剪承载力计算公式进行了修正。

无论是普通梁还是高梁，若同时作用有轴向压力时，则其抗剪能力有所提高；若作用有拉力，则降低。

8.2.7 面力效应

实验研究结果表明：受弯构件的实际承载能力总是高于理论估计的值，并且承载能力的提高大小还与边界的约束条件有关。这是因为在荷载作用过程中结构构件中产生了面力，这种面力使构件的抗弯能力提高，从而提高了结构的承载能力。

现用一钢筋混凝土约束梁简单说明面力的形成及其对承载力的提高作用。如图 8.9 所示，在荷载作用下，下部纤维伸长，混凝土梁拉区开裂。由于支座的约束，"伸长"是不自由的，在梁中出现一纵向压力 N，这种压力（或拉力）方向与结构构件中面平行，故称为面力。这时梁的跨中不仅受弯矩作用，而且受纵向压力作用。与纯弯相比，其抗弯强度提高。在保证不发生非弯曲破坏的前提下，梁的实际极限承载力必然高于不计面力作用的理论计算值。

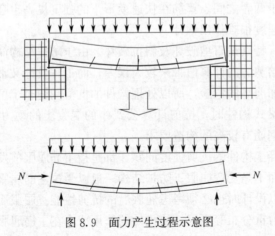

图 8.9　面力产生过程示意图

显然，受弯构件横向"约束"是面力产生的重要条件，而发生较大变形是面力效应充分发挥的前提。防护结构允许进入塑性，产生大变形，是因为这种结构主要考虑承受冲击爆炸作用，荷载作用时间短。在防护结构中约束作用的表现形式有四种：①钢筋混凝土结构周围的岩土介质提供的约束。结构受荷引起侧墙外鼓变形时，这种约束作用即表现出来。②箱形结构的环箍作用，这种约束是直接对顶板和底板起作用。如图 8.10 所示，前后侧墙约束顶板、底板在 x 方向伸长，左右侧墙约束在 y 方向伸长。由于这种环箍作用，顶板和底板受荷发生变形时会产生面力。③对于格构式顶板，划分格构的梁就是它们所包围的板块的约束。④自锁作用。图 8.11 反映的是一钢筋混凝土简支板在大变形情况下的自锁作用。当变形很大时在板的中部混凝土几乎没有作用，只有钢筋受拉，在此范围以外的板边区域则产生压力，这就是拉-压自锁作用。

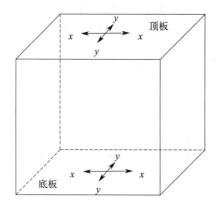

图 8.10　环箍作用示意图

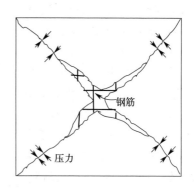

图 8.11　自锁作用示意图

很显然，考虑面力作用，可充分发挥防护结构构件的承载潜力。但计入面力效应的构件抗力分析十分复杂。通常在工程实践中，为计算简便在计算内力时不再直接考虑面力效应的有利作用，但对跨中截面的计算弯矩予以折减。

另外，在因面力作用抗弯能力得到大幅度提高的条件下，应考虑受弯构件抗剪强度的匹配，以保证不发生剪切破坏。

8.3　钢筋混凝土受压构件的抗爆性能

8.3.1　中心受压构件

1. 中心受压短柱

钢筋混凝土中心受压柱的抗力曲线见图 8.12。快速变形下的最大抗力，由于钢材及混凝土材料在动力作用下强度的提高而增大，极限变形值变化不大，极限应变约为 2×10^{-3}。

中心受压柱是脆性材料，抗力曲线只反映出少量的塑性变形，简化成理想弹塑性体系后，能提供的延性比较小，约为 $1.3\sim1.5$，通常宜取下限，而高强度等级混凝土的延性比则接近于 1。

根据动荷载试验，钢筋混凝土柱的纵向配筋率超过 2.5%，仍有一定的延性。国外有关资料规定，钢筋混凝土柱在动荷载作用下，纵向钢筋配筋率可达 8%。在防护结构设计中，规定在动荷载

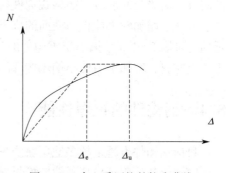

图 8.12　中心受压柱的抗力曲线

作用下，柱中全部纵向钢筋配筋率不得超过 5%，当柱中的纵向受力钢筋配筋率超过 3% 时，应对柱的箍筋直径、间距及配箍方式做严格的限制。

箍筋有利于提高构件的延性，密集配置的箍筋可以约束混凝土的侧向崩裂，从而提高混凝土的极限强度和防止纵筋过早压屈。因而也就可以大幅度提高构件的极限抗力。密排箍筋能使中心受压构件抗力达到最大值后的抗力曲线段缓慢下降，所以防护结构的柱子配置箍筋比静荷载作用时更为重要，应予足够重视。

混凝土在纵向受力下横向膨胀，箍筋能给核心混凝土以侧向的约束力，当箍筋较密又较强时，混凝土最后呈三向受力状态，这种"约束混凝土"具有很好的塑性变形性能。抗爆结构的重要节点和受力截面宜采用约束混凝土的构造方式。

2. 钢管混凝土柱

钢管混凝土柱中的外壁钢管在柱充分承载时，处于环向受拉状态，其核心混凝土受到钢管的侧向约束，呈三向受压状态，大大提高了构件的纵向抗压强度和塑性性能。与一般配筋柱比较，钢管截面积对提高柱子承载力的作用，相当于同样面积纵向钢筋作用的两倍，而且可省去箍筋。在动荷载作用下，由于混凝土和钢管材料强度的提高，更进一步提高了钢管混凝土柱的抗力。其强度计算可以按《混凝土结构设计规范》GB 50010—2010 (2015 年版) 进行，但应计入材料的动力强度提高因素。防护结构中多为短粗的柱子构件，设计时一般不必考虑纵向的压屈稳定问题。

钢管混凝土柱的优点还在于将中心受压构件的脆性破坏转变为延性破坏。钢管混凝土柱具有良好的延性，在最大承载力时，构件的纵向应变已超过 5×10^{-3}，继续加载可保持抗力不变而变形继续发展，直至应变达 5×10^{-2} 以上。

防护结构体系中，如人防地下室结构柱的计算内力很大时，采用钢管混凝土柱具有很好的效果，其对于多种原因造成的轴力偏心具有较好的承受能力，而且施工较方便。

8.3.2　偏心受压构件

偏心受压构件承受弯矩 M 和轴力 N 的联合作用。它同时反映有梁和柱的性能，其中哪一种性能占优势取决于两种荷载效应 M 与 N 的相对量。

试验表明，在动荷载作用下偏心受压构件抗力有所提高，其最大抗力可以用静力作用时的公式计算，只须将其中的材料强度值取为动力设计强度即可。

偏心受压构件的抗力曲线形态介于梁式受弯构件与轴心受压构件之间。大偏心受压构件的抗力曲线与配筋较多的梁式构件相似，受力时拉筋首先屈服，然后继续变形至压区混凝土破坏，增加轴力能提高截面的抗弯能力，但使塑性变形性能降低，通常大偏压构件的延性比可取 2～3。小偏心受压构件的抗力曲线与中心受压构件相似，通常能提供的延性为 1.5 左右。增加轴力使小偏压构件的抗弯能力迅速降低。

8.4　钢构件的抗爆性能

目前钢构件也越来越多地用在防护结构中，如防护结构中的口部钢防护门、防爆波活门等防护设备，用于口部平战转换封堵的型钢梁、封堵钢板以及口部防倒塌棚架等受到爆炸等动荷载的结构构件。因此，本节重点讨论冲击爆炸动荷载作用下钢构件的动力性能。

1. 受弯构件

钢构件的设计或分析通常以构件的非弹性工作状态为依据。对于钢材，其设计方法是属于塑性设计。塑性设计不仅使用塑性弯曲理论，而且还使用由于塑性铰形成产生的弯矩重分布概念。在对承受爆炸作用的钢构件承载能力的设计或分析过程中，可使用静荷载作用下钢结构塑性分析的许多概念和计算公式，但应计入材料的动力强度提高因素。

在结构型钢构件的塑性抗弯强度的估算中，一个重要的考虑是梁受压翼缘的侧向支撑问题。在梁到达弯曲强度之前，梁受压翼缘不应发生屈曲。相关规范给出受压翼缘挑出构件的宽厚比和腹板的高厚比。

对于平板钢构件，其最大挠度和最大应力受板的几何形状及板边支承形式的影响。除非设有加劲体系，否则平板在侧向荷载作用下只有很小的抗弯能力。在大部分情况下，板的大变形将产生薄膜作用，并主要由此承担外加荷载。使用井式型钢梁或加劲肋可减少平板的大挠度，例如钢防护门。根据井式梁的特性，可给出类似的基本关系式来计算抗弯能力。此外，在所有情况下，都应该考虑扭曲的影响。

剪力影响构件的塑性弯曲能力。在弯矩和剪力同时存在的刚性或连续支承处，剪切屈服的出现将使构件的弯曲能力降低。然而，Ⅰ字形梁的上下翼缘主要用于抗弯，腹板主要用于抗剪。由于较大的剪力和弯矩通常同时发生在弯矩梯度最陡的部位，试验表明，直到剪切屈服应力完全布满腹板的有效高度时，梁的塑性抗弯能力才有显著的降低。

钢梁的抗力函数与结构超静定程度有关，通常由两段或三段直线组成，见图 8.13，有时也简化成刚塑性。对一般密闭、变形要求，受弯构件的延性比可取 3~5，对没有变形要求的可取到 10 或更大。在计算自振频率时，钢梁的抗弯刚度可按式(8-2)的整体刚度 B_0 计算，不考虑进入塑性状态的刚度折减。

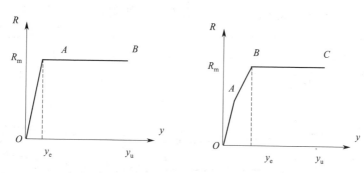

图 8.13 受弯钢构件的抗力曲线

2. 受压构件

受压构件包括轴心受压以及压弯构件。

当结构受到侧向爆炸荷载作用时，柱子将同时受到弯矩和轴向荷载作用。这时柱子应作为压弯构件来对待。

许多受压构件也受到弯矩作用，因此可看作为压弯构件。如果承受轴向荷载的构件抗屈曲支撑足够牢固，那么施加的弯矩和轴力将使结构构件进入塑性状态。如果横向支撑不足和主轴之间的弯曲刚度差别太大时，结构构件将在弯矩作用平面外发生弯曲并且同时产生扭曲。对于具有中等长细比的柱子，这种屈曲通常发生在柱子某些部分已经屈服的情况。

动荷载作用下受压构件的承载能力计算、工作状态、破坏形态均可参照静荷载下的情况，但要计及材料的动力效应。

8.5 钢筋混凝土叠合板的动力性能

叠合板是在预制钢筋混凝土板上再现浇上一层钢筋混凝土制成的。由于这种方法在现场可少用或不用模板，施工简便，节省时间，减少投资，故具有较好的经济效益。在人防工程中也有不少应用此种结构形式的工程。

下面讨论的叠合板是在叠合面上无腹筋，且为自然粗糙面（振捣后不抹光、不刷浆）的普通情况。接触面分为两种形式：一种是无榫槽的普通叠合面；另一种是有榫槽的。由于两部分混凝土施工先后不同会产生收缩差，叠合面的抗拉、抗剪能力会与整体浇筑的板有所不同。有关这些差别对抗力、延性的影响，下面介绍一些试验情况，可供设计时参考。

8.5.1 单跨叠合板

1. 破坏情况

叠合板在不同的跨高比、不同配筋情况下，有三种破坏形式：

（1）整体弯曲破坏；

（2）叠合面出现水平裂缝后弯曲破坏；

（3）整体剪坏。

叠合面上是否出现水平裂缝取决于"叠合面的抗裂强度"与构件其他力学量的相对关系。当 l_0/h_0 较小时（l_0/h_0 约小于 5，l_0 为净跨，h_0 为混凝土截面有效高度），整体抗剪能力小于叠合面抗裂强度，这时构件一般出现整体剪坏，而不出现叠合面开裂；当配筋率较低时，构件的抗弯能力低于叠合面的抗裂强度，这时构件也不出现叠合面开裂而发生弯曲破坏。

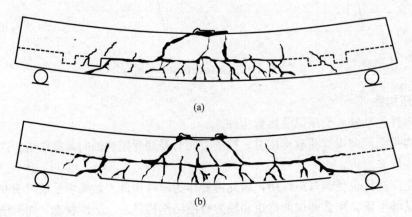

(a)

(b)

图 8.14 单跨叠合板在静荷载下的破坏情况

构件叠合面正确的施工方法及适当适量的槽齿，可提高叠合面的抗剪能力。

当单向叠合板发生第二种破坏时，在离支座 1/3 跨附近在拉剪共同作用下有可能首先发生开裂，并向跨中及支座方向发展。齿槽连接的叠合面，对防止这种发展是有利的。沿叠合面发展的水平裂缝，只要不与支座边缘连通，就不会明显影响构件的抗弯能力。但当受力筋屈服后，叠合面的水平缝会向下发展与垂直缝连通及向上发展与压区混凝土破损区连通，从而削弱构件的延性。图 8.14（a）及图 8.14（b）分别是齿槽叠合面及普通叠合面的叠合板在静力作用下的弯曲破坏情况。

在动荷载作用下，其破坏形式大体与静荷载时类似。

2. 延性

叠合板的抗力曲线如图 8.15 所示。有些情况表现为屈服后有些抖动，这是由于这些构件水平裂缝发展的影响。但从总体来看，与整体浇筑的梁没有多大区别，在设计中仍可将它简化为双折线的模型。

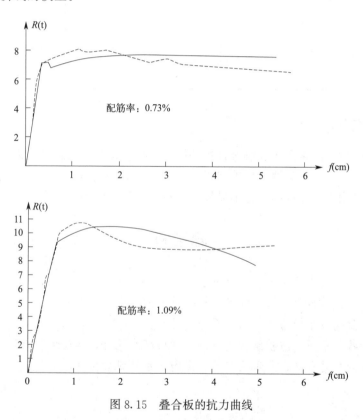

图 8.15　叠合板的抗力曲线

对于出现水平裂缝弯坏的这种破坏情况，由于水平裂缝最终和压区混凝土及拉区混凝土的裂缝连通，造成构件的延性比整体板差，但是这时的延性比已达 10 以上。在防护结构中，一般控制设计延性比 1.5～3，极少数有达到 5 的。叠合板具有 10 以上的延性比，已能满足工作需要。表 8.6 是清华大学关于叠合板静力试验的结果，由表中可见，在压区混凝土开始剥落时（此时构件达到最大抗力）叠合板与整体式板的延性比几乎一样（延性比为 10 以上），仅到最大抗力大幅度下降时才显出差别，而这时叠合板已具有 15 以上的延性比值了。

在动力条件下，当定义压区混凝土开始剥落时的挠度与弹性极限挠度之比为延性比，

地下防护结构

则和整体板时的情况一样，仍可用式(8-1) 来估计构件的最大延性比。

3. 抗力和刚度

从表 8.5 中可以看到，叠合板与整体板具有几乎一样的屈服抗力和最大抗力。

动力试验表明，在动力加载条件下，其抗力值可以按规范用整体浇筑的有关公式计算。其中的材料强度要用快速变形下的材料强度代入即可。

叠合板的刚度和抗剪能力，和整体板的接近，都可以用相应的公式及动力加载下的材料强度及弹性模量值代入计算。

叠合板与整体板的抗力比较 表 8.5

类型	屈服抗力(t)	最大抗力(t)	压区混凝土剥落时的延性比	抗力大幅度下降时的延性比
普通叠合板	11.45 11.26	14.15 14.25	11.2 11.4	16.9 19.0
整体板	11.36	14.10	12.5	>23
榫槽叠合板	10.89 11.72	13.63 14.38	12.3 11.3	12.8 17.7
整体	11.57	14.0	11.4	>22

8.5.2 连续叠合板

在实际工程中，经常采用连续叠合板的结构形式。试验表明，其抗力、延性及刚度仍与整体板基本一致，其抗裂性能比单向板还更好些，这是因为支座负弯矩会提高叠合面的抗裂能力，此外由于支座的连续也不易发生沿叠合面推出的情况。

思考题

8-1 简述动荷载作用下钢筋、混凝土材料的动态性能。

8-2 简述防护结构梁、板、柱等结构中箍筋的作用。

8-3 防护结构最小配筋率的确定原则是什么？

8-4 动荷载作用下，防护结构构件的剪切破坏有几类，各有何特点？

8-5 面力效应是什么，对结构有什么影响，设计时如何考虑？

第9章

防护结构设计的一般要求与步骤

9.1 防护结构设计极限状态

9.1.1 防护工程"破坏"的概念

防护工程的功能是对人员、装备和物资等进行防护，保障其战时的安全与稳定。防护工程的"破坏"，应广义地理解为工程在抗御战时袭击的条件下，可以允许的最低限度不能完成其预定功能的状态。由此可见，防护工程的破坏类型，应包括结构的破坏和工程的作用或功能损坏，其中结构的破坏主要由爆炸引起的应力波效应、振动效应等所导致，按照破坏机理和破坏形态又分为局部破坏和整体破坏。爆炸引起的地震动，也属于力学效应，会造成内部设备和人员的损伤，导致功能破坏，因此也纳入了结构防护的内容。

9.1.2 地下防护结构设计的极限状态

防护工程结构的破坏，可以是由于达到以下几种工作极限状态，而影响防护工程完成所预定的功能。

（1）承载能力的极限状态：对常规武器的冲击爆炸和核爆炸荷载的整体作用下，不允许产生整体破坏（弹性和塑性工作阶段）的防护结构。

（2）局部作用的极限状态：对常规武器作用下不允许产生局部破坏的防护结构。

（3）密闭（裂缝开展）的极限状态：对在爆炸动荷载作用下，要求不出现贯穿裂缝的密闭防护结构。

（4）稳定性的极限状态：对不允许有整体滑动或倾覆的防护结构。

防护结构通常按承载能力的极限状态和局部作用的极限状态设计；对有密闭性要求的构件则按裂缝控制附加设计；稳定性的极限状态设计，一般通过选址要求和埋深、构造等要求实现，对有特殊情况的工程，则需进行验算。

本章主要介绍防护结构承载能力的极限状态设计，局部作用的极限状态在后续的章节进行介绍。

9.2 防护结构设计特点

对防护工程结构的"作用"，除了平时正常使用时承受的静荷载，战时炮航弹等常规武器冲击爆炸或核武器爆炸产生的动荷载，是计算防护结构的主要荷载，这种作用的效应有别于一般的工业与民用建筑荷载。因此，防护结构设计具有以下不同于一般民用工程的特点。

9.2.1　目标可靠指标可适当降低

一般工业与民用建筑在正常使用时的静荷载，是其永久作用的主要荷载。如果建筑物一旦破坏，将在和平时期危害人民生命财产的安全，造成严重的后果。因此在民用工程设计中对安全度的要求很高，或者说建筑物的破坏概率或失效概率必须很低。炮航弹的冲击爆炸荷载或核爆炸冲击波荷载，对于防护结构并不是经常出现和固定不变的，而是在战争爆发时才可能承受的瞬时作用的荷载。考虑到防护结构的这种荷载特性和使用特点，可以容许防护结构有相对较低一些的安全度，其总安全系数相当于将民用建筑结构所采用的总安全系统乘以 0.7，也即防护结构的目标可靠指标可以降低。例如，在《建筑结构可靠性设计统一标准》GB 50068—2018 中规定安全等级为二级的工业与民用建筑结构构件延性破坏类型的目标可靠指标为 3.2，脆性破坏类型为 3.7；三级的工业与民用建筑结构构件延性破坏类型的目标可靠指标为 2.7，脆性破坏类型为 3.2。而对于防护结构，延性破坏的目标可靠指标值约为 1.5，脆性破坏的约为 2.0~2.5。一般来说，民用建筑结构设计延性构件的失效概率约为 $10^{-3} \sim 10^{-4}$，防护结构的失效概率则约为 $5 \times 10^{-2} \sim 8 \times 10^{-2}$。

9.2.2　应考虑结构的动力响应

防护结构承受的主要荷载是炮航弹的冲击爆炸荷载和核武器爆炸荷载，其他如防护层静压力、支撑结构自重、永久设备自重等静荷载，通常只占较少的比例。在冲击、爆炸动荷载作用下，结构将产生振动，发生不同于静荷载作用的动应力和动位移。与一般民用建筑工程结构承受的动力作用（如地震作用）不同，作用于防护结构的动荷载是瞬息或短暂作用的。在动荷载作用下结构的动力分析非常复杂，在一般的防护结构设计中通常是通过计算等效单自由度体系的动力系数，采用近似的等效静荷载法将动力计算转化为静力计算。仅对少数特殊的防护工程结构，才进行比较准确的动力分析，按多自由度体系直接计算结构的动应力和动位移。

实际工程中，结构构件一般是无限多自由度的体系。尽管结构的有限元等数值分析方法及计算机的应用有了迅速的发展，鉴于防护结构设计是在变异性较大的荷载下的极限设计，以及其他一些随机因素的影响，在大多数情况下，工程上过分追求改进计算方法的繁杂运算分析是没有必要的。实际工程设计中，防护结构通常采用近似的按等效单自由度体系的等效静荷载法，因此只要求保证一般的计算精度。

但也应当指出，在进一步深入了解防护结构的工作机理和改进设计计算方法的研究中，仍然需要采取精确而繁琐的运算分析。后者的不断解决，正是为了使得近似分析方法有坚实可靠的基础。

9.2.3　结构允许进入塑性阶段工作

在静荷载作用条件下，对于静定的钢筋混凝土构件，如果静荷载大小超过了静定构件的抗力（构件的变形进入了塑性阶段），此时构件就会在静荷载持续作用下因失去承载能力而破坏。这就意味着在静荷载作用时，构件不允许进入塑性阶段工作。抵抗杀伤武器破坏作用的防护结构，则有不同的特点。由于防护结构主要是承受炮航弹的冲击爆炸荷载或核爆炸荷载，这种动荷载具有瞬息和短暂作用的性质，并随时间而衰减。因此，即使构件进入了塑性屈服状态，只要动荷载作用引起的构件最大变形不超过结构破坏的极限变形，在荷载作用消失以后，构件做有阻尼的自由振动。其振动变形将因阻尼的影响而不断衰减，最后恢复到一定的静止平衡状态。在大多数情况下，超过弹性范围不大的塑性变形并不妨碍结构在受到冲击和爆炸作用后的使用，结构常常允许出现裂缝和一定的残余变形。此时结构虽然不能完全恢复到初始的平衡位置而出现残余变形，但并未达到破坏并具有一定的承载能力。所以在防护结构的动力计算中，考虑构件在塑性阶段内的工作不仅是允许的，而且具有很大的经济意义。因为这样可以充分利用材料的潜在能力。例如，钢筋混凝土受弯构件，在达到屈服状态后还要经历很大的变形才会完全坍毁，如果考虑塑性工作阶段则可以比一般静力作用更多地吸收荷载的能量。对于动荷载而言，这表明结构可以承受更大的设计荷载。在动力分析中，只考虑弹性工作阶段的结构称为弹性体系；既考虑弹性工作阶段又考虑塑性工作阶段的结构称为弹塑性体系。应当指出，对于非常重要或防毒密闭要求较高的防护结构，仍应限制在弹性阶段工作，并按弹性体系进行动力分析。

防护结构不论按弹性体系或弹塑性体系设计，都应保证最后达到塑性破坏而避免脆性破坏的出现。如上所述，按弹塑性体系分析的结构有很大的经济价值，但可能利用构件塑性性能的限度，则取决于构件所能提供的延性。而组合的结构体系各个构件由于受力性状不同（如梁受弯、柱受压或小偏压等），会有不同的塑性变形性能，从而使得各部分构件对于最后破坏的安全储备程度相差很大。由于钢筋混凝土构件的弯曲破坏属于塑性破坏，比剪切破坏和受压破坏有更大的安全储备，所以设计时应使结构体系的抗弯截面先出现塑性铰，防止抗压和抗剪截面先达到最大抗力。另外，应先使结构体系的上部构件进入塑性工作阶段，以减轻下部支承构件的负载。因此，设计较复杂的结构体系，如果上部梁板构件过强而下部支柱相对较弱，结构不但可能出现脆性破坏，而且总的结构可靠度会降低，这一点在设计中应当避免。

9.2.4　材料强度可以提高

由上一章可知，在快速加载的情况下，与静荷载条件相比较，材料的屈服强度等力学性能指标都有了变化。因为任何材料的破坏，从时间历程上看都有一个变形发展的过程。在快速加载时，由于材料达到破坏时的变形来不及展开，荷载数值的大小已经变化或卸载，反映在材料试验加载上就表现为材料强度的提高。

在防护结构承受爆炸荷载的快速变形范围内，钢筋的弹性模量变化不大、屈服强度明显提高，混凝土的强度极限和弹性模量均有提高。但两种材料的变形指标如极限延伸率、极限变形、泊松系数等则基本不变。

与上述快速变形影响不同的，另一种影响混凝土材料强度提高的因素是混凝土龄期的影响。在防护结构设计中，根据结构可能开始承受设计动荷载的时限，在确保混凝土工程质量的前提下，还应考虑混凝土后期强度的提高。

需要注意的是，在钢筋混凝土防护结构设计时，还需考虑钢筋与混凝土材料强度提高的相互匹配问题。例如，如果钢筋强度提高取值相对偏小，而混凝土的值偏大，则设计的受弯构件也可能出现受压区混凝土先期压碎的脆性破坏状态。

9.2.5 应重视防护结构的构造要求

应当明确，承受动荷载的防护结构是不能仅仅考虑构件强度来满足设计要求的，还应着眼于最后的整体破坏形态，以提高结构抗塌毁的性能。必要的构造规定与计算分析有同样的重要性，对于有些构件来说，构造措施可能更为重要。

防护结构通常都允许进入塑性阶段工作，构件如不能保证足够的延性，将会出现屈服后的次生剪坏。采取一定的构造措施，提高屈服截面的抗剪性能仍是一个重要问题，如较低的主筋配筋率、足够的抗剪钢筋要求、较高的混凝土强度等级以及较大的截面尺寸。

另外，防护结构是在大变形状态下工作的，所以民用建筑规范中有关钢筋混凝土的一般构造要求需要重新检验，如跨中拉筋伸入支座的锚固长度要增加，钢筋搭接截面和最大受力截面处的箍筋间距要加密，主筋最小配筋率和最小箍筋率要提高等。防护结构的配筋方式，也应有利于防止结构的塌毁，如钢筋混凝土梁、板墙等受弯构件应双面配筋以及设置拉结筋等，防止构件因振动使负向抗力不足，而静荷载作用下的某些配筋方式，如双向板中的分离式配筋，不一定适合于防护结构。

9.3 防护结构设计一般规定

1）防护结构设计，按战术技术要求规定的杀伤武器一次作用，分别计算，不考虑常规武器与核武器的同时或重复作用。如果必须考虑同一类杀伤武器的多次袭击时，应根据构件的塑性性能分别按弹性体系设计或弹塑性体系设计。考虑多次袭击，结构又按弹塑性体系设计时，每次袭击后的结构残余变形量的总和，加上额定次数的最后一次爆炸荷载作用下结构产生的变形，其累计总变形量应不超过设计规定的允许值。钢筋混凝土中心受压或小偏压柱通常应按弹性设计，且应适当降低材料的设计强度。梁和大偏压构件仍可按弹塑性设计。

2）按防常规武器直接命中的局部破坏作用设计时，宜采用岩石中坑道、地道式结构，或采用成层式结构以及深埋结构等；对于一些等级较低的防护工事也可采用单建掘开式整体钢筋混凝土结构等。

3）防护结构的设计，应根据防护要求和受力情况，做到各部分构件的抗力相协调，防止出现个别薄弱环节降低整个结构的防护能力。应从各个方面加强结构的延性，构件之间的连接尽可能保持整体连续性。防护结构不可能在任何情况下都不被破坏，所以一个合格的结构设计不仅应能抵抗预定的武器作用，而且应分析结构最后破坏的过程，充分利用构件延性，提高整体结构抵抗最后破坏的能力。

4）防护结构的计算荷载有：

（1）静荷载等永久荷载包括围岩压力、土压力、水压力、回填材料自重、结构自重、战时不拆迁的固定设备自重以及上部建筑物重量等。

（2）核爆炸动荷载包括核爆空气冲击波、土中压缩波荷载。

（3）化爆动荷载包括化爆空气冲击波、土中压缩波荷载。

爆炸动荷载是防护结构考虑的重要设计荷载。与静荷载相比，爆炸动荷载峰值大，作用时间短。

5）防护结构计算的荷载工况：

（1）平时使用状态的结构设计荷载。这时按现行工业与民用建筑的结构设计规范设计，包括各种活荷载等。

（2）动荷载与静荷载同时作用。根据相关防护规范考虑核爆炸动荷载与静荷载的组合、常规武器爆炸与静荷载的组合，此时荷载组合中不考虑活荷载等其他不相关的荷载。

防护结构截面设计应取上述的最不利效应组合作为设计依据。

6）防护结构在动荷载作用下，其动力分析可采用等效静荷载法近似确定，但对重要结构或复杂构件，可采用更为精确的动力分析方法。

7）防护结构在动荷载作用下应验算结构承载力，对结构变形、裂缝开展以及地基承载力与地基变形等可不进行验算。对特殊的防护结构，则需按要求作刚度或裂缝开展的验算或结构稳定性验算。

因为在动荷载作用下结构产生的最大塑性变形用延性比来控制，在确定各种结构构件允许延性比时，已考虑了对变形的限制和防护密闭要求，所以在结构计算中不必再单独进行结构变形和裂缝的验算。

结构地基的沉陷量在一般情况下也不必验算。这是因为在爆炸试验中，不论整体基础还是独立基础，均未发现地基有剪切或滑动破坏的情况。但要避免同一结构中的各个基础由于承受的动荷载过于悬殊而造成过度不均匀的沉陷变形，引起上部结构的破坏。

动荷载作用下结构强度的验算方法，或根据内力确定截面尺寸的方法，可以参照工业与民用建筑的现行设计规范，但构件安全系数可适当降低，材料的设计强度可考虑快速变形下有所提高，并可考虑混凝土材料的后期强度增加。

8）结构和用于支护或加固坑（地）道围岩的建筑材料，可用混凝土、喷射混凝土、钢筋混凝土、高性能混凝土、建筑钢材、锚杆和预应力锚索（杆）等，在满足设计要求的前提下，就地取材。当有侵蚀性地下水时，各种材料必须采取防侵蚀措施。

9.4　等效静荷载法设计步骤

9.4.1　等效静荷载法设计的一般步骤

等效静荷载法的基本原理已在第 7 章中阐述，这一方法虽然简便，但如果掌握得不好，也会带来很大误差，并可能偏于不安全。

结构构件按等效静荷载法设计的一般步骤如下：

1. 确定等效静荷载

1）确定作用于结构构件上的核爆和化爆动荷载。通常，需确定动荷载的峰值、升压时间以及作用时间以及荷载波形。一般来说，在结构分析中，核爆空气冲击波简化为突加平台形荷载，核爆土中压缩波简化为有升压时间的平台形荷载；化爆空气冲击波简化为突加三角形荷载，化爆土中压缩波简化为有升压时间的三角形荷载。

2）确定构件的自振频率。除了突加平台荷载作用下的动力反应与自振频率无关外，其他荷载作用下应求出结构的自振频率 ω 或自振周期 T。一般情况下，按照动荷载的具体分布形式，取与动荷载峰值分布相同的静荷载作用下的构件挠曲线形状作为构件的振型，用能量法算出自振频率。常见结构的自振频率计算公式见第4章。

在确定构件自振频率时应注意以下三点：一是构件的支撑边界条件，是简支、固支还是介于两者的弹性嵌固，若是弹性嵌固，其频率系数可近似取简支和固支频率系数的平均值；二是对钢筋混凝土构件一般需要考虑构件开裂后刚度的折减；三是一般不计入土的附加质量的影响，这是因为在确定作用在土中防护结构动荷载时，已经考虑了土介质与结构的相互作用的影响。

3）确定动力系数。根据结构的受力类型及使用功能要求，首先确定构件的允许延性比 $[\beta]$，然后根据第6章的有关图表确定动力系数。例如，当构件的延性比 β 取3时，对突加平台荷载作用下的口部构件的 K_h 等于1.2。

4）计算等效静荷载。等效静荷载作用下的构件内力，在数值上等于动荷载下的构件最大动内力。若结构构件承受的动荷载峰值为 P_m，则等效静荷载 q_e 可按以下公式计算：

结构构件按理想弹性体系设计时：

$$q_e = K_d P_m \tag{9-1}$$

结构构件按理想弹塑性体系设计时：

$$q_e = K_h P_m \tag{9-2}$$

式中　K_d——弹性设计时的动力系数；

　　　K_h——弹塑性设计时的荷载系数。

通常，确定爆炸等动荷载的等效静荷载可按照上述的步骤进行。但有的设计规范，如防空地下室设计规范已经给出了常见结构构件在满足一定条件下的核爆和常规武器爆炸动荷载的等效静荷载值，也可直接查表取用，但应注意表中数值的适用条件。

2. 确定构件内力

已知等效静荷载 q_e，与构件上作用的静荷载 q_j 进行荷载组合，即得结构的计算荷载。根据计算荷载求结构内力可用静力学的一般方法，既可用弹性分析方法，也可用塑性内力重分布的分析方法或塑性极限分析方法等。

3. 确定截面尺寸及配筋

防护结构设计采用以概率论为基础的极限状态设计方法，根据内力设计构件截面或进行强度校核的方法详见9.5节。

上述讲到的确定等效静荷载、确定构件内力以及确定截面尺寸及配筋，都存在按弹性或按弹塑性分析的问题。通常，除对密闭要求较高的构件按弹性确定等效静荷载外，其他均可以按弹塑性确定。对按弹性确定的等效静荷载确定内力时，应采用弹性分析；而对按弹塑性确定的等效静荷载确定内力时一般也采用弹性分析，但对超静定结构构件可按由非弹性变形产生的内力重分布计算内力，进行弯矩调幅；对周边有梁或墙支撑的钢筋混凝土双向板，也可采用塑性极限分析方法。

9.4.2　多构件体系按等效静荷载法设计

等效静荷载法原则上只适用于单个构件，但实际结构往往由梁、板、柱等多个构件组成，而且每一部分的延性不尽相同，比如在防护工程结构体系中通常采用板、梁、柱体系，板、井字梁、柱体系，板、柱（无梁板）体系或其他结构体系。所以用等效静荷载法设计时要将结构拆成独立构件，求出各自作用于其上面的等效静荷载，具体方法如下：

1）作用于结构各个构件表面的动荷载因构件所在位置不同可能有先有后，升压时间也可能有差别，所以可根据各构件的动荷载形式、自振频率以及延性性能，选定各自的动力系数。

2）为确定各个构件的自振频率，需要假定其计算图形，这对端部处于铰接情况下的构件（如置于砖墙上的梁）没有什么困难，主要是端部处于连续条件下的构件，其自振频率与邻接构件所提供的约束程度有关。以矩形封闭框架为例，构件之间的线性刚度比例以及荷载的分布形式均影响约束程度的大小。如侧墙线性刚度相对较小，顶板自振频率接近简支梁；如两者线性刚度相近，侧墙上又作用有较大荷载，顶板自振频率就接近固端梁，而一般情况下则处于两者之间，所以需要加以估算或判断，确定合适的计算数据。

3）求出各个构件的等效静荷载后，再与各自的静荷载进行组合，按结构的整体计算图形或每个构件计算图形，采用一般静力结构力学的方法或有限元等数值分析方法计算内力。

需要注意，由于防护结构承受动荷载作用允许出现大变形，对于受弯构件如果其横向变形受到约束时，将在构件内产生面力效应，从而会提高构件的抗弯能力。但计入面力效应的构件抗力分析十分复杂且不成熟，为计算简便，在计算内力时不再直接考虑面力效应的有利作用，但对跨中截面的计算弯矩予以折减。因此规范允许，在计算梁板体系中板的抗弯承载能力时，当板的周边支座横向伸长受到约束时，其跨中截面的计算弯矩值可乘以折减系数 0.7；当计算板柱结构平板的抗弯承载能力，且板的横向伸长受到约束时，其跨中截面的计算弯矩值可乘以折减系数 0.9。但当在设计中已考虑板的轴力影响时，不可再乘以上折减系数。

4）用等效静荷载法设计多构件体系时，对于其中的支承构件，应在设计中额外提高安全度来进行修正。

这是因为，一方面剪力或动反力计算误差较大；另一方面上部构件的反力是随时间变化的动反力，当按等效静荷载法设计时变成了等效静荷载下的静反力，两者对支承构件的作用并不一定等效。动反力的波形比较复杂，对下部构件的动力作用视具体情况而异，比如梁的自振频率可能比板低或较为接近，板的反力荷载对梁的动力作用有可能比较显著，柱的自振频率甚高，梁反力的动力作用一般可不考虑，但柱的延性差，因此为了保证各个构件之间大体等强，应该提高安全储备。

将相互连接的结构构件分成独立构件各自按单自由度体系计算等效静荷载，这种方法只适用于构件的自振频率相差较大的情况。通常梁的自振频率低于板，柱的纵向自振频率又高于梁，基本都能满足要求。

5）尺寸不大的框架和直墙拱顶结构有时也作为一个整体构件按等效静荷载计算，这时应注意：

（1）确定动力系数时，自振频率取结构的整体频率，延性比按整个结构中最先屈服的构件选用，压缩波荷载的升压时间按结构平均埋深算出，并假定作用于结构各个表面的动荷载波形与升压时间完全相同。

（2）设计下部支承构件时，如下部构件的延性低于上部构件，则对于上部构件传过来的动反力同样要有一定的安全储备。

9.5 截面设计与构造要求

1. 截面设计

防护结构设计采用以概率论为基础的极限状态设计方法，结构可靠度用可靠指标度量，采用以分项系数的设计表达式进行设计。

1）防护结构或构件的承载能力设计

应符合下列表达式的要求：

$$\gamma_0(\gamma_G S_{GK} + \gamma_Q S_{QK}) \leqslant R \tag{9-3}$$

$$R = R(f_{cd}, f_{yd}, a_k \cdots) \tag{9-4}$$

式中　γ_0——结构重要性系数，可取 1.0；

　　　γ_G——永久荷载分项系数，当其效应对结构不利时，可取 1.2；有利时可取 1.0；

　　　S_{GK}——永久荷载效应标准值；

　　　γ_Q——等效静荷载分项系数，可取 1.0；

　　　S_{QK}——等效静荷载效应标准值；

　　　R——结构构件的承载力设计值；

　　　$R(\cdot)$——结构构件承载力函数；

　　　f_{cd}——动荷载作用下混凝土动力强度设计值；

　　　f_{yd}——动荷载作用下钢筋（钢材）动力强度设计值；

　　　α_K——几何参数的标准值，当几何参数的变异性对结构性能有不利影响时，可另增加一个附加值。

2）γ_0、γ_G、γ_Q 的确定

在防护结构设计中，结构的重要性已完全体现在防护结构的抗力级别上，故可将结构重要性系数取为 1.0。

永久荷载的分项系数应与《建筑结构荷载规范》GB 50009—2012 和《工程结构通用规范》GB 55001—2021 的规定一致。《工程结构通用规范》GB 55001—2021 在极限状态的分项系数设计方法中规定，房屋建筑结构的作用分项系数，对于永久荷载，当对结构不利时，不应小于 1.3；当对结构有利时，不应大于 1.0；但对于偶然组合则不考虑分项系数。鉴于以上变化，防护结构设计中可仍按 1.2 取值。

等效静荷载分项系数取 $\gamma_Q = 1.0$ 是基于以下考虑：

（1）常规武器与核武器产生的爆炸动荷载是防护结构设计基准期内的偶然荷载，根据《建筑结构可靠性设计统一标准》GB 50068—2018 中规定：偶然作用的代表值不乘分项系数，即 $\gamma_Q = 1.0$。

（2）由于防护结构设计的结构构件可靠性水准比民用规范规定的低得多，故 γ_Q 值不宜大于 1.0。

（3）等效静荷载分项系数不宜小于 1.0，它虽然是偶然荷载，但也是防护结构构件设计的重要荷载。

（4）等效静荷载是设计中的规定值，不是随机变量的统计值，目前也无可能按统计样本来进行分析，因此按国家规范取值即可，不必规定一个设计值，再去乘以其他系数。

2. 构造要求

防护结构因其承受动荷载作用，并允许出现大变形进入塑性阶段工作等特点，虽可按等效静荷载法设计，但实际截面内力会因构件振动而变异。因此，防护结构与一般民用结构有某些不同的构造要求，应予以足够重视。

防护结构构造要求的详细阐述，可见后续章节及有关的防护结构设计规范。

9.6　防护结构设计步骤

防护工程设计是在防护工程建设过程中编制设计文件的工作。设计工作应遵循国家和军队有关工程的建设方针、政策法令，以建设项目的可行性论证报告、设计任务书、工程地质和水文地质勘查报告及其他基础性资料为依据，按照国家和军队有关设计规范、规程和标准进行。

防护工程设计通常按照设计深度不同分阶段进行，一般分为方案设计、初步设计和施工图设计三个阶段。技术复杂、缺乏设计经验的大型工程初步设计阶段可按初步设计、技术设计（即扩大初步设计）分阶段进行。技术简单的小型防护工程或已建工程的技术改造项目，在审定方案设计后，可以直接进行施工图设计。设计工作分阶段进行可以使各阶段设计目标明确，便于分步控制各阶段设计目标，最终达到总体设计目标。

防护工程设计文件由设计图纸、设计计算书、设计说明书和工程概预算书等组成。防护工程设计包括总体规划设计、工艺设计、防护设计、建筑设计、结构设计、伪装设计、发电供电及电气设计、供油设计、给水排水设计、通风空调及供暖设计、供热设计、供气设计、防护设备设计、工程自动化设计和工程防火设计等，不同类型防护工程设计所包含的设计内容有所不同。其中，防护设计是防护工程设计的重要内容，可分为力学效应防护设计和非力学效应防护设计两类。力学效应主要指武器或爆炸物所产生的冲击波、岩土中压缩波、地震动和冲击效应等；非力学效应主要指生物武器、化学武器、放射性沾染、早期核辐射、光辐射、电磁脉冲、火灾和缺氧窒息效应等。对每种破坏效应的防护，需要在各专业设计中分别体现，通过工程建筑设计、结构设计、孔口防护设计、隔震设计、防电磁脉冲设计、防生化密闭设计、防早期核辐射设计、防放射性尘埃设计等，使工程具备综合防护能力。防护工程设计强调遵照工程各个部位"等强"和各专业功能"互补"的原则，搞好各专业设计的协调。

防护结构设计主要针对的是力学效应的防护设计，要采用合理的结构形式以及延性较好的工程材料和结构，以吸收冲击爆炸荷载产生的能量。力学效应的防护需要考虑冲击爆炸荷载的不确定性和偶然性因素，注重整体防护和均衡防护。

1. 初步设计

防护结构的初步设计，其主要目的在于确定一个最佳的结构方案，通过初步设计文件，能概略估算出工程所需的材料、工期和经费，作为主管部门审批的依据，同时也是下阶段技术设计和控制工程建设投资的依据。

初步设计内容包括：结构材料、结构形式、截面初步尺寸，并提供进行结构方案比较所需的图纸。

初步设计通常是根据工程的战术技术要求，考虑实际条件和与其他专业的关系，提出

2~3种可能的结构方案；采用迅速、简单的设计和计算方法，或参考利用已有的同类结构的资料和经验，得出各个方案比较所需要的基本数据；全面分析比较各个方案与建筑设计的相互配合、结构抗力可靠性、材料消耗量、施工和伪装条件等内容，选出其中最佳者。因此，初步设计的特点是要思想开阔、计算迅速，并保证适当的准确度。

人防地下室的设计步骤，一般结合地面民用建筑的结构设计同步进行。在初步设计阶段，结构的选形往往受到地面建筑结构形式的限制，需要充分考虑结构的整体性和一致性。

2. 技术设计

技术设计是在初步设计的基础上，进一步检验结构形式的适用性和合理性，采用较精确的计算方法得出比较接近实际的各种主要数据，提出结构截面设计和主要的构造要求，供施工单位作为备料、编制施工组织计划、考虑材料加工等内容的依据，同时为下阶段结构施工设计打下良好的基础。

结构技术设计一般包括以下步骤：按常规武器局部作用确定结构尺寸；按常规武器和核武器爆炸荷载的整体作用，确定作用于结构的动荷载、进行结构动力分析、截面选择和配筋；并按早期核辐射进行校核。如果某些杀伤破坏因素在工程的战术技术要求中没有提出，有关内容则可不必进行。

技术设计要求考虑全面，计算准确。在技术设计阶段应呈交的文件有：说明书、计算书和技术设计图纸。

3. 施工图设计

施工图设计文件是设计工作和施工工作衔接的桥梁，是施工单位进行施工、安装和组织材料设备加工订货的依据，也是工程主管部门对工程进行质量监督、建设拨款和对款项使用进行监督的基本依据。

防护结构的施工图设计包括全套工程图纸，计算书和说明书。施工图要求图纸文件齐全；尺寸完整、准确（包括细部大样和材料明细表）；施工要求、技术措施明确。施工图设计的明细程度，应达到施工单位能按图施工的要求。

思考题

9-1 与民用建筑结构相比，防护结构设计的特点是什么？

9-2 防护结构的作用荷载主要有哪些，设计荷载如何组合？

9-3 防护工程应遵循什么样的整体防护要求？

9-4 简述等效静荷载法设计的一般步骤。

第 10 章

常见类型防护结构的设计要求

10.1　概述

防护结构是具有抵御预定武器打击破坏的结构。防护结构的设计需要分别考虑抵抗常规武器打击和核武器打击的能力。

根据我国防护工程的设防要求，除了特别重要的工程外，对于防核武器设计主要考虑非直接打击，打击方式为空中爆炸或者一定距离外的地面爆炸。因此工程设计仅需要考虑整体破坏效应，以地面冲击波超压确定设防标准。对防常规武器设计则需要考虑直接命中打击和非直接命中打击，对结构可能同时产生局部作用和整体作用。

当武器爆炸距离较远时，对结构的作用以整体作用为主，结构仅需要考虑爆炸波引起的振动效应，也即仅需要按照结构的整体破坏效应进行设计。

当武器爆炸距离较近时，应力波效应会引起结构的局部破坏，距离越近应力波效应引起的结构破坏越严重。研究认为爆心与结构表面的距离不大于 $0.6r_\mathrm{p}$ 时，应力波效应将决定结构厚度，结构设计可能由局部作用控制。这通常是抗常规武器直接命中的破坏效应时必须考虑的工况。r_p 为常规武器爆炸作用对介质的破坏半径。

10.2　普通掘开式防护结构设计原理

10.2.1　局部作用控制设计

由局部破坏控制作用控制进行设计的防护工程结构，多为要求抗常规武器直接命中，需要承受常规武器侵彻爆炸局部破坏作用的防护工事。这类结构设计的特点是结构顶盖厚度较厚，而跨度较小，因此被称为整体式小跨度结构。

如图 10.1 所示的整体式钢筋混凝土侧射机枪工事。由于有抗常规武器的直接命中的抗力要求，按局部作用设计的结构顶盖厚度较大，同时结构跨度小，按构造要求配有一定数量的钢筋，就能够抗爆炸荷载的整体作用。

通常认为，按局部作用设计的整体式小跨度结构，厚跨比不小于 1/4 时，结构构件可不必进行整体作用验算。按局部破坏作用进行顶盖厚度计算，有侵彻时，取侵彻不震塌和侵彻爆炸不震塌厚度的较大值，无侵彻时，取爆炸不震塌厚度；侧墙应设置遮弹层防止常

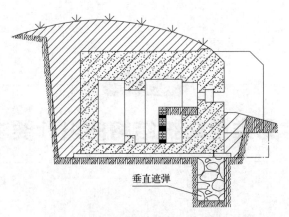

垂直遮弹

图 10.1 整体式钢筋混凝土侧射机枪工事

规武器直接命中，厚度按外表面不破坏计算，通常取顶盖厚度 0.4～0.6 倍；底板厚度，埋深较深时，构造确定，埋深较浅时，应设置遮弹层，防止常规武器侵入底板爆炸，厚度取顶盖厚度的 0.25～0.4 倍。

10.2.2 整体作用控制设计

由武器整体破坏作用控制设计的防护结构，多为整体式大跨度结构（构件厚跨比小于 1/4）。这类结构通常只要求抗核爆炸冲击波作用和常规武器的非直接命中爆炸作用，不考虑武器的直接命中和近距离打击。除了指挥类工程外大部分单建掘开式人防工程的结构设计属于这一类。

整体式大跨度结构在进行结构设计时，首先应按第 6 章方法确定武器爆炸作用下的结构动荷载，再计算结构的最大动位移及动内力，继而进行截面设计与配筋。

当采用等效静荷载法设计时，在计算出结构的等效静荷载后，即可类似按民用建筑进行设计和配筋。仅需在计算参数的取值（如结构材料的强度等）以及某些构造要求方面，考虑防护结构的特点，如第 9 章所述。

整体式大跨度防护结构常用的结构形式有框架结构、板柱结构、壳体结构以及连拱结构等。

少数要求抗常规武器直接命中破坏作用的整体式大跨度结构，应按局部作用设计构件厚度，然后按本节的整体作用进行计算。要求考虑局部破坏的整体式大跨度结构，选择结构形式时应考虑结构可能承受局部动荷载带来的不利影响。例如连拱结构，当某一跨受局部作用荷载破坏时，可能引起整体结构的塌毁。

10.2.3 同时考虑局部作用和整体作用设计

如果工程的使用功能要求结构具有较大跨度，同时工程要求抗常规武器直接命中或近距离爆炸作用，那么工程结构的设计需要同时考虑结构的局部破坏作用和整体破坏作用。此时一般先按抗局部破坏作用设计构件厚度，再按整体作用进行强度校核和配筋。

10.3　成层式结构防护层形式和设计原理

对于较大跨度结构构件，由于按抗局部破坏作用设计的结构构件，厚度往往较大，很不经济，因此对于抗武器直接命中的工程，跨度较大时一般不采用整体式防护结构，而采用成层式防护结构或其他防护结构形式。

当工程需要抗常规武器直接命中或近距离爆炸作用时，由于按抗局部破坏作用设计的结构构件，厚度往往较大，很不经济，因此对于跨度较大的结构一般不采用整体式防护结构，而采用成层式防护结构。

成层式防护结构是由几种不同介质材料构成的防护层。防护层通常由伪装层、遮弹层和分配层构成。成层式结构防护的基本原理就是通过人工设置的遮弹层来抵抗常规武器的冲击侵彻，迫使武器偏离原弹道或产生跳弹或迫使其在该层内爆炸，从而使常规武器离开主体支撑结构一定距离处爆炸，避免靠近或接触支撑结构爆炸，再通过分配层将常规武器冲击和爆炸荷载的作用，分散到较大面积上去，对支撑结构起到较好的卸载作用，其结构形式如图 10.2 所示。通常来说，成层式设计计算需要确定遮弹层厚度、延长部长度和分配层厚度。其中遮弹层厚度，常规武器有侵彻时，取侵彻不贯穿厚度与侵彻爆炸不贯穿厚度的较大值，无侵彻时，取爆炸不贯穿厚度；遮弹层延长部长度，要保证常规武器沿遮弹层边缘侵入结构周围土壤时，支撑结构外墙不受局部破坏作用；分配层厚度，要保证支撑结构顶盖上表面不破坏。工程实践中已使用或技术比较成熟的成层式结构大体有以下几种类型。

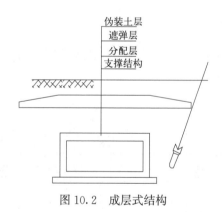

图 10.2　成层式结构

10.3.1　典型成层式结构

图 10.2 所示是一典型的混凝土成层式结构，它的特点是各层作用分工明确。遮弹层多用混凝土类材料构筑，因此与块石遮弹层相比厚度相对要薄一些，造价较高。

典型成层式结构遮弹层根据所采用的材料的不同，又分为普通（钢筋）混凝土遮弹层、钢纤维混凝土遮弹层、高强混凝土遮弹层、刚玉块石混凝土遮弹层、高强度复合材料遮弹层、组合结构遮弹层等。新型遮弹层的研究是成层式防护结构研究的重要方向。

1. 普通（钢筋）混凝土遮弹层

遮弹层采用普通混凝土构筑，内部配有构造钢筋，用于抗常规武器直接打击等级较低的防护工程，施工技术成熟，构造简单。

2. 钢纤维混凝土遮弹层

当抗常规武器等级较高时，若采用普通强度的混凝土、钢筋混凝土或浆砌块石的遮弹层，则遮弹层厚度较厚，此时可考虑采用高强度材料，以减少遮弹层厚度，降低工程造价，方便施工。若遮弹层采用钢纤维混凝土，则称为钢纤维混凝土成层式结构。

钢纤维的掺入可弥补普通混凝土的抗拉不足和韧性。由于钢纤维的存在，不仅使混凝土具有好的韧度，而且还可以有效防止因冲击荷载作用而产生的混凝土完全破坏或粉碎。同时，由于纤维的存在，混凝土中的裂缝会因纤维的抗拉作用和粘结作用而不能自由扩展，结果在材料发生完全开裂之前，会吸收大量的能量，从而提高抗侵彻能力。

通常钢纤维混凝土遮弹层，其钢纤维含量 $\rho_f \geqslant 3\%$，抗压强度不小于 120MPa，但过高的纤维含量会给施工带来困难并影响施工质量。

3. 高强度复合材料遮弹层

随着常规武器打击能力的提高，防护工程需要寻找抗打击能力更强的材料进行防护。目前提出的高强度复合材料如高强混凝土、活性粉末混凝土、水泥灌浆纤维混凝土（SIF-CON）以及刚玉块石混凝土等，抗侵彻能力较强，常用于高等级防护工程。除此之外，利用复合结构使得弹体偏航，增大入射角，降低侵彻的深度从而提高防护能力，也是提高遮弹层性能的有效途径，这类遮弹层主要有球墨铸铁、钢球钢纤维混凝土遮弹层、异型高强偏航板＋钢纤维混凝土组合结构遮弹层等。

10.3.2 块石成层式结构

经过试验证明块石成层式结构具有较好的抗冲击侵彻性能、削弱冲击波和防止震塌的性能。它的构造示意图见图 10.3。

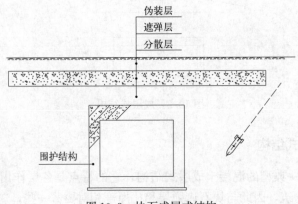

图 10.3 块石成层式结构

块石成层式遮弹层与混凝土构筑遮弹层作用机理有所不同。块石遮弹层的构筑，一般上层用大块石料密实干砌，必要时可以浆砌，这一部分能较好地阻止常规武器的侵彻，迫使其在遮弹层内爆炸。下层采用较小石块松散堆积，可以在一定程度上削弱爆炸波作用，同时也起到部分分配层的作用。块石下也必须铺设一层砂，其目的：一是进一步有效削弱爆炸波作用；二是不使块石和支撑结构直接接触，以免常规武器作用时造成应力集中现象。

对于在山地地区建设的防护工程，块石资源丰富，易于实现就地取材，在坑道工程建设中较常采用。

但由于块石遮弹层的抗侵彻能力不如混凝土或钢筋混凝土的遮弹层，因此所需遮弹层厚度较大，支撑结构的埋深也要相应增大，开挖土石方及基坑边坡支护的工作量也随之加大。当地下水位较高时，支撑结构还要进行防水处理。这种形式当常规武器在遮弹层爆炸时，可能会造成块石飞散的次生伤害，并有可能堵塞工程的出入口。

10.3.3　带空气层的成层式结构

这种类型结构如图 10.4 所示，其特点是在遮弹层下面留一定高度的空隙，使遮弹层在爆炸压缩波作用下充分变形和破坏，尽量消耗压缩波的能量。另外，在支撑结构顶板上方有时也铺设一层 30～40cm 的砂垫层。因此这种结构对防爆炸压缩波有较好的效果，但其构造复杂，施工困难，工程质量难以保证，所以以往较少采用。

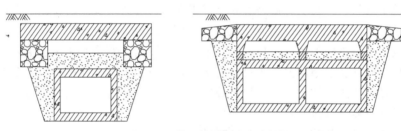

图 10.4　带空气层的成层式结构

随着城市建设的发展，城市中的地下防护工程，需要与城市地下空间利用相结合。近年来在人防工程建设中开始出现利用主体结构的上层空间作为空气隔层替代分配层、上层地下室顶板作为遮弹层的附建式人防工程（图 10.5）。在这种结构形式中，空气隔层的平时使用功能可以是设备或管道层，也可以是平时使用的普通地下室或一般抗力等级的人防地下室。

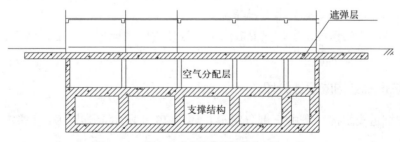

图 10.5　带空气分配层的附建式人防工程

这种成层式结构形式，遮弹层结合上层结构顶板进行设置，由于顶板背后临空，侵彻不贯穿厚度会有所增加。分配层不再是起"分配"作用的填充介质，而是其分隔作用的上层空间。这种成层式结构形式具有结构简单、功能明确、节约造价、方便施工等优点，既可以满足抗常规武器直接打击的要求，又有利于降低作用于防护结构上的爆炸波荷载，同时可以使得地下空间在平时得到充分利用。

但这种成层式结构的应用也存在一定的限制。遮弹层作为整个建筑结构的一部分，其刚度需要与周边构件相协调，因此遮弹层的厚度不宜过大。

常规武器侵入遮弹层爆炸，遮弹层破坏后，爆炸冲击波荷载将通过空气分配层传到支撑结构顶板，荷载的确定较为复杂。没有回填介质的阻隔，常规武器侵彻爆炸产生的遮弹层碎块作用到支撑结构顶板会形成一定的撞击荷载，因此顶板需要设置一定厚度的保护层。

10.3.4 基于能量调控的组合式防护结构基本原理

随着武器发展和科技进步，钻地常规武器对防护工程的威胁日益增加。近年对工程防护提出了侵彻爆炸能量调控的防护思想，提出了"遮弹层＋能量调控层＋主体结构"的新型组合式防护结构形式，其基本设计理念与典型成层式结构有根本的不同。

新型组合式防护结构里，遮弹层的功能是将钻地武器阻挡至该层爆炸，作为牺牲层最大限度消耗侵彻爆炸能量，通常采用高强、高硬、高韧材料。能量调控层选用低密度、多孔隙、波阻抗下的材料，与上部遮弹层和下部主体结构等的刚度和密度（波阻抗）形成较大反差，促使冲击爆炸能量在交界面发生强失配作用，从而将大部分能量锁定在遮弹层中。通过改变调控层材料的密度，控制其屈服平台强度值，实现对作用于主体结构层上的爆炸荷载的可控设计。以泡沫混凝土材料为例，利用材料较长的屈服平台，在具备一定厚度的情况下，使得作用于结构上的爆炸荷载峰值不超过泡沫混凝土屈服应力，实现对主体结构上的荷载的可控设计。

这一理念已经得到数值模拟和试验的验证。

10.4 坑道式结构防护的基本原理

坑道式结构通常构筑在较肥厚的岩体中，岩石覆盖层随进入距离的增大不断增厚，坚实的自然岩层抗御杀伤武器特别是大口径常规武器有良好的防护能力。因此，重要的大型防护工程或抗力要求较高的工程多修筑成岩石中坑道式结构，例如指挥、通信工程，飞机、舰艇洞库，重型装备物资库工程等。

所以，从防护的角度出发，只要能满足工程使用的功能要求，工程地质条件又允许，应尽可能修筑岩石中坑道工程。

10.4.1 坑道式结构的设计分段

岩石中坑道式结构一般由三部分组成，如图 10.6 所示，分别为：头部；动荷重段；静荷重段。

1. 头部

头部一般指坑道进入岩体的开口削坡部分。它是掘开式施工的结构，需要直接承受常规武器的侵彻爆炸等局部破坏作用以及爆炸冲击波的整体作用荷载。从结构类型而言，坑道头部通常是整体式钢筋混凝土结构，也可以是成层式结构等。

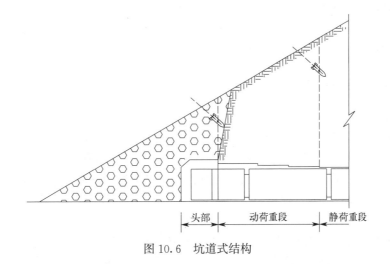

头部　动荷重段　静荷重段

图 10.6　坑道式结构

在个别较特殊的地形山体，如坑道口部有陡峻的近于垂直面的岩层面，也可以不构筑头部，直接开始暗挖进入山体内部。

2. 动荷重段

坑道动荷重段是暗挖施工的。它要抗御常规武器爆炸或核爆炸的整体作用荷载。动荷重段结构的设计荷载是爆炸动荷载的等效静荷载与静荷载的荷载组合。动荷重段的被覆结构一般是钢筋混凝土结构。为了保持围岩的静态稳定并增强其抗动荷载的能力，在施工掘进时应进行喷锚支护。

3. 静荷重段

随着坑道口部向内的延伸，岩层覆盖层不断增大，相应计算杀伤武器的作用动荷载不断减小，直至为零。此处即动荷重段的末端，也是静荷重段的起始端，其岩体覆盖层的厚度称为最小安全防护层厚度。对同一工程，计算抗常规武器的最小安全防护层厚度，与抗核武器的最小安全防护层厚度一般是不同的，在工程设计实践中应取两者中的较大值作为坑道工程静荷重段的起始处。此时坑道静荷重段的被覆结构（衬砌）不承受抗力要求的计算杀伤兵器的荷载作用，仅承受围岩的山体压力或岩层中地下水压力以及结构自重等荷载。显然，静荷重段设计和一般民用暗挖的地下工程及隧道工程等是类似的。

4. 临界防护层厚度

头部与动荷重段存在一个分界处，分界处的自然防护层厚度称为临界防护层厚度。当围岩厚度大于临界防护层厚度时，坑道的衬砌应能够满足在常规武器打击时不发生局部破坏。

坑道工程入口一般会选择较为陡峭的山体位置，但当条件不允许时，也会选择在缓坡地段。此时要注意，坑道进入暗挖段后，围岩厚度没有达到消除常规武器局部破坏作用所需要的厚度，此时仍需要按照头部的设计方法，加大衬砌结构的厚度，设防的打击强度较大时，还可采取在岩石层上方增加遮弹层抵抗武器侵彻爆炸作用，以及在衬砌和围岩之间设计软弱夹层等方式，抵抗武器的局部破坏作用。

5. 最小安全防护层厚度

静荷重段与动荷重段也存在一个分界，分界处的自然防护层厚度称为最小安全防护层厚度。在自然防护层厚度大于最小防护层厚度时，常规武器及核武器作用在主体结构上的等效静荷载作用为零。工程设计中，选取防常规武器最小安全防护层厚度和防核武器最小安全防护层厚度的大值作为坑道动荷重的末端处。

10.4.2 坑道式结构头部设计

1. 整体式头部设计

设计坑道头部结构时，其一般步骤如下：首先根据建筑设计所要求的内幅员尺寸（净跨）及防常规武器和核武器等级、地形、地质条件以及现场勘察确定的头部中心桩的位置等，参考设计实例或经验，初步选定顶盖厚度、墙壁厚度、基础厚度，在初步选定上述参数后，画出计算简图并进行校核计算。

坑道工程头部结构通常为小跨度结构，按局部作用控制设计，顶盖、墙壁厚度具体计算与单建掘开整体式小跨度结构一样。根据需要侧墙外侧可因地制宜构筑遮弹层。头部结构的基础不直接受到常规武器的破坏，一般根据保证结构整体性的要求，按工程重要程度，地质条件、内幅员尺寸以及有无地下水等条件，可取 30～60cm，不作具体计算。

小跨度整体式坑道头部的配筋方法与单建掘开整体式小跨度结构完全相同，即按典型配筋，可参照其要求配置。对于构筑在硬岩地基上的一般工程的头部，可做构造底板。

随着顶盖上方的回填层或自然防护层厚度的增加，可将顶盖即侧墙厚度减薄，以减少钢筋混凝土用量，但为便于施工，但段数不宜太多，一般为 2～3 段，每段厚度相等，且前后段相差不应小于 20cm，否则应减少分段。头部较短时可不分段。

2. 成层式头部设计

这种坑道头部的应用是很广泛的。根据需要可采用高抗力的遮弹层以提高头部抗常规武器的打击能力，充分发挥坑道防护能力强的优点。坑道工程中块石成层式结构比较常见，因为块石遮弹层可就地取材，充分利用山石资源，多应用于抗力等级一般或中等的工程。坑道成层式头部的设计和计算与独立的成层式结构相同。遮弹层的设置可根据山坡的地形铺设。

坑道成层式头部的支撑结构通常为矩形结构，有时也做成拱形，但通过爆炸试验表明，在承受冲击波内压的情况下，拱形结构受力特性不如矩形结构，如果用拱形结构一定要回填密实。

3. 喷锚支护头部设计

锚喷支护已广泛应用于坑道静荷重段，在动荷重段内应用也已通过各种试验证实是可行的。当坑道口部上方山体较陡、岩石层较厚且质量较好时，锚喷支护也可用于头部。锚喷支护用于坑道头部的抗爆性能已得到试验验证，如图 10.7 所示的喷锚支护结构能经受住 145kg TNT 装药的爆炸作用。

由于喷锚支护的特点，已不能严格区分头部与动被覆段，修筑这种"头部"的坑道有时也可称作无头部坑道。

10.4.3 坑道式结构动被覆结构设计

1. 动被覆结构形式

坑道动荷重段，应根据工程性质、抗力大小以及围岩级别等，采用贴壁式钢筋混凝土

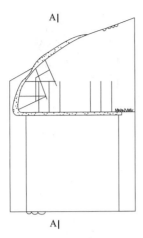
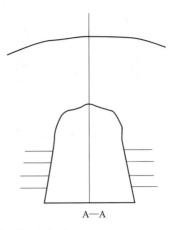

图 10.7 坑道头部喷锚支护图

被覆以及锚喷与钢筋混凝土的复合被覆。抗力要求不高、岩石质量较好的也可不做动被覆结构，单独使用抗动荷载要求的锚喷支护作为永久支护。

当动荷重段采用贴壁式钢筋混凝土被覆时，被覆与毛洞之间应回填密实，回填材料可采用浆砌块石或混凝土满灌；当采用锚喷与钢筋混凝土的复合被覆时，锚喷与钢筋混凝土被覆之间应采用混凝土满灌回填。

选择坑道式动被覆结构形式的基本要求是：满足使用要求，受力性能好，节省材料。满足使用要求就是要满足完成坑道战术技术任务所要求的幅员尺寸等。受力性能好，节省材料就是要充分发挥材料和结构的抗爆性能，达到既坚固又经济的目的。比如直墙拱顶结构，选择矢跨比大的结构就比矢跨比小的（浅拱）结构，在同样荷载条件下受力性能要好，主要是弯矩小。另外，直墙拱顶结构又比矩形结构受力性能好（受内部压力荷载除外）。由于直墙拱顶结构形式不但受力性能较好，而且便于开挖和被覆的施工，空间利用也好，所以在防护工程中较常采用。

在实际选择结构形式时，应综合分析使用条件、施工条件、荷载大小、地质条件、结构的高度与跨度等主要因素确定。对一般跨度不大，中等以上地质条件，通常采用直墙圆拱结构，如图 10.8(a) 所示。因为在这种条件下，侧墙向外变形岩层就能提供较大的弹性抗力。为简化设计和便于施工，拱圈常设计为等厚度，同时侧墙与拱圈也取相同厚度。当地质条件较差，荷载较大时，可构筑曲墙式被覆，以提高结构的受力性能，且底板做成仰拱形式，如图 10.8(b) 所示，有时也可设计成圆形结构。对于跨度较小而荷载非常大的情况下，断面的厚度在跨度的三分之一以上时，结构强度将主要由抗剪来控制，为了增加抗剪面，可采用平顶拱结构，如图 10.8(c) 所示。对于大跨度的飞机库等，根据使用条件与受力性能的考虑，常采用落地拱结构，如图 10.8(d) 所示。

坑道动荷载地段的支护及被覆形式，应根据工程性质、抗力大小、围岩级别等选择，可采用锚喷支护、贴壁钢筋混凝土动荷重被覆、锚喷与钢筋混凝土复合被覆。当采用贴壁钢筋混凝土动荷重被覆时，被覆与毛洞之间应回填密实，回填材料可采用浆砌块石或混凝土；当采用锚喷与钢筋混凝土复合被覆时，锚喷与钢筋混凝土被覆之间应采用混凝土回填。当锚喷支护与钢筋混凝土被覆之间有柔性防水材料时，应采用注浆回填。

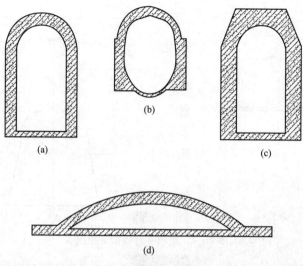

图 10.8　结构被覆形式图
（a）直墙圆拱；（b）曲墙拱；（c）平顶拱；（d）落地拱

2. 动被覆结构的荷载

坑道动荷重被覆又称动荷重衬砌，既承受杀伤武器爆炸的动荷载作用，又承受自然状态下的静荷载作用。

静荷重被覆设计应考虑的主要荷载有：围岩压力、局部落石作用力、被覆自重、回填材料重、地下水压力等；附加荷载有施工荷载等。静荷重被覆的计算荷载应根据各种荷载同时存在的可能性进行组合。

10.4.4　动被覆结构内力计算与截面设计

坑道动被覆结构既承受杀伤武器的动荷载作用，又承受自然状态下的静荷载作用。而且由于坑道深埋岩层地下，静荷载占有很大的比重，因此，设计计算荷载应取静荷载与常规武器与核武器爆炸不同的等效静荷载进行荷载组合。直墙拱顶结构的拱顶、拱脚和侧墙的截面内力，应分别根据最不利的荷载组合计算确定。

动荷载的等效静荷载确定后，与静荷载进行组合，即可按静力学方法或有限元等方法求解内力。但是，应注意以下 3 点：

1）随着坑道由出入口进入内部，岩土自然覆盖层不断增厚，即被覆结构抗力不断提高，相应动荷载不断减小。如果按动荷重段起始处截面的荷载参数来设计全部动荷载段显然是不经济、也是不合理的。工程设计中可将动被覆段分段计算，相邻段的厚度相差不应小于 0.1m，每一分段的长度不宜小于 3m，也不宜大于 10m。每一段内的截面按同一组荷载参数设计，设计荷载可取每段长度靠口部方向 1/3 处的荷载参数。当设计承受动荷载的最后一段衬砌时，其长度应向仅承受静荷载的衬砌段延长 3m 以上。

2）承受动荷载作用的衬砌段，当其地沟为混凝土回填时，墙脚应按嵌固端确定，外墙高度应从室内地面计算；当地沟不回填时，墙脚宜按简支端确定，外墙高度应从墙脚计算。

3）当计算承受动荷载作用的衬砌内力时，可计入衬砌周围介质的弹性抗力，并可按下式确定；计算衬砌自振圆频率时，可不计入周围介质的影响。

$$\sigma = K_{\text{y}} y \tag{10-1}$$

式中　σ——弹性抗力（MPa）；

$\quad K_{\text{y}}$——弹性抗力系数（MPa/mm），可按表 10.1 采用；

$\quad y$——衬砌朝围岩方向的变形值（mm）。

岩石弹性物理学参数　　　　　　　　　　　　表 10.1

围岩类别	重力密度(kN/m³)	弹性抗力系数 K(MPa/mm)	变形模量(GPa)	泊松比	内摩擦角(°)	黏聚力(MPa)
Ⅰ	>26.5	1.80～2.80	>33	<0.20	>60	>2.1
Ⅱ		1.20～1.80	33～20	0.20～0.25	60～50	2.1～1.5
Ⅲ	26.5～24.5	0.50～1.20	20～6	0.25～0.30	50～39	1.5～0.7
Ⅳ	24.5～22.5	0.20～0.50	6～1.3	0.30～0.35	39～27	0.7～0.2
Ⅴ	<22.5	0.10～0.20	<1.3	>0.35	<27	<0.2

在求得构件不利截面的最大内力设计值后，即可进行截面设计。钢筋混凝土动荷重被覆应采用对称配筋，并满足规范规定的构造要求。

10.4.5　动荷重段喷锚支护设计

试验结果表明，喷锚支护用于动荷重段有其独特的优越性，它除了能够有效抵抗被覆上面的动荷载外，对于内压也有较高抵抗能力。承受动荷载作用的部位，可采用钢筋网喷射混凝土支护、钢筋网锚喷支护或锚喷支护与其他支护复合的支护形式，不宜单独采用喷射混凝土支护或锚杆支护。

动荷重段锚喷支护设计可采用工程类比法。通常，岩石中的坑道动荷重段，其锚喷支护参数可根据围岩级别和毛洞跨度按表 10.2 选用。在表 10.2 中，当为Ⅳ、Ⅴ级围岩时，可视情况设置双层钢筋网，或加设仰拱，必要时可做复合结构；当侧墙高度较高时，侧墙支护参数可适当加大。

岩石坑道动荷重段锚喷支护参数　　　　　　　　表 10.2

围岩级别	毛洞跨度(m)	喷层厚度(mm)	锚杆 直径(mm)	锚杆 长度(m)	锚杆 间距(m)	钢筋网 直径(mm)	钢筋网 网格(mm)
Ⅰ	<3.5	80	—	—	—	—	—
	3.5～6.0	100	—	—	—	—	—
Ⅱ	<3.5	100	局部用锚杆加固			6	300×300
	3.5～6.0	120～140	14～16	1.8～2.2	1.2～1.5	6	250×250
Ⅲ	<3.5	120～140	局部用锚杆加固			6	250×250
	3.5～6.0	140～160	16～18	1.8～2.2	1.0～1.2	6～8	(250～200)×(250～200)
Ⅳ	<3.5	140～160	16～18	1.5～2.0	1.0	6～8	(250～200)×(250～200)
	3.5～6.0	160～180	18～20	2.0～2.5	0.8～1.0	6～8	200×200
Ⅴ	<3.5	180～200	18～20	1.8～2.2	0.8～1.0	8	200×200

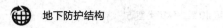

思考题

10-1 试说明整体破坏作用与局部破坏作用的区别，大跨度结构和小跨度结构设计方法有何不同？

10-2 在防护工程设计时，结构配筋设计时应注意什么问题？

10-3 与整体式结构相比，成层式结构有什么优缺点？

10-4 简述成层式结构的各部分组成及其材料。

10-5 成层式结构通常有哪些类型，各有什么特点？

10-6 坑道式工程有哪些优点？

10-7 什么叫作临界安全防护层厚度、最小安全防护层厚度？

10-8 选择坑道动被覆结构形式的基本要求是什么？

第 11 章

人民防空地下室结构设计

11.1 概述

在城市地面建筑物下面，按照一定的抗力要求构筑的人防工程，称为人民防空地下室（简称防空地下室，也称人防地下室），或称为附建式人防工程。防空地下室是最为常见的防护工程，其防护结构设计有一定的特点。

一般情况下，人民防空地下室的主体全部或者大部分应位于地面建筑物下方，附属于地面建筑。随着城市建设和地下空间开发利用的快速发展，建筑物地下部分的规模有明显增加，人防工程在地下空间所占的比例和所处的位置都发生变化，防空地下室的设计可能存在一些特殊情况。比如对于大底盘多塔楼的地下室形式，人防部分可能位于地面建筑以外的区域；建设在坡地的地下室可能存在局部超出地面标高的情况等。对于此类情况，需要根据工程实际和人防区域的设防要求，结合防护原理进行设计。本章主要介绍的是一般情况下的人民防空地下室。

11.1.1 设计原则

1）防空地下室的位置、规模、战时和平时的用途应与城市人防工程规划相一致，并符合城市建设总体规划的要求。地面建筑与地下建筑应统一规划、统一设计、统一施工。防空地下室应平战结合，以战备效益为核心，兼顾社会效益和经济效益。

2）防空地下室设计必须满足其预定的战时对核武器、常规武器和生化武器的各项防护要求。甲类防空地下室结构应能承受常规武器爆炸动荷载和核武器爆炸动荷载的分别作用；乙类防空地下室结构应能承受常规武器爆炸动荷载的作用。对常规武器爆炸动荷载与核武器爆炸动荷载，设计时分别按一次作用考虑。

3）多层或高层地面建筑的防空地下室结构，是整个建筑结构体系的一部分，不仅要满足战时的抗力要求，而且应满足平时使用要求，即防空地下室结构设计应同时满足平时和战时两种不同荷载效应组合的作用要求。

4）平时使用要求与战时防护要求不一致时，防空地下室设计应进行平战功能转换设计，采取的转换措施应能在规定的时限内完成防空地下室的功能转换，且能满足相应抗力的需要。

5）多层或高层建筑物，对于常规武器爆炸冲击波、核武器爆炸冲击波及早期核辐射等破坏因素都有一定的削弱作用，防空地下室设计可考虑这一有利因素，但地面建筑物在战时又极易发生火灾和倒塌。火灾会产生高温和二氧化碳、一氧化碳等大量有害气体，因此防空地下室应重视工程的防火密闭设计。地面建筑物的倒塌，会造成防空地下室出入口的堵塞，为此，对有抗核爆要求的防空地下室，战时使用的室外主要出入口应设置在地面建筑的倒塌范围之外，因条件限制需设在倒塌范围以内时，应采用防倒塌棚架。

6）防空地下室的结构类型，一般与地面结构一致。地下结构竖向称重构件（柱子、承重墙）的布置一般应与地面建筑物的承重结构对应，以使地面建筑物自重荷载通过地下室的承重结构直接传递到地基上。

7）防空地下室的结构设计，应根据防护要求和受力情况做到结构各个部位抗力相协调。防空地下室结构不同部位存在着作用荷载、破坏形态以及可靠度等因素的差异，需要防止由于存在个别薄弱环节使整个结构抗力降低。

11.1.2 抗力级别

防空地下室防核武器抗力，一般按核爆地面冲击波超压峰值划分等级，常见的抗力等级有核 6 级、核 5 级，也有特殊的人防地下室要求抗核武器等级为 4 级。

防空地下室防常规武器抗力，按常规武器非直接命中地面爆炸考虑，根据设防武器口径划分抗力等级。常见的有常 6 级和常 5 级。

11.1.3 结构选型

防空地下室结构选型，应根据防护要求、使用要求、地面建筑物结构类型、工程水文地质条件，以及材料供应和施工条件等因素综合分析确定。

防空地下室结构的选型，包括结构类型与结构体系的选择。防空地下结构类型可分为砌体结构和钢筋混凝土结构两种类型。目前基本采用的是钢筋混凝土结构，钢筋混凝土预制装配式结构也在逐步推广中。防空地下室常见结构形式有箱形结构、框架结构、无梁楼盖结构、框架剪力墙结构、剪力墙结构等。由于防空地下室的结构与地面结构是一个整体，因此通常采用相同的结构形式。

当防空地下室结构平时作为上部结构基础时，其结构体系既要满足作为上部地面建筑基础的要求，又要满足战时作为防护结构的要求。

1. 箱形结构

所谓箱形基础结构，是指地面建筑把地下室直接作为其基础的结构，通常是由现浇钢筋混凝土墙、顶板组成的箱形结构，见图 11.1。由于箱形基础结构的地下室整体作为地面建筑的基础，结构设计中对空间布置限制较多，一般适用较小空间的地下室，其特点是整体性好、强度高，防水隔潮效果好。

2. 框架结构

框架结构是由钢筋混凝土柱、梁、板组成的结构体系，常用于地面建筑为框架结构的情况。地下室外墙需要承受土、水压力和顶板及上部建筑传来的荷载，并起到防水隔潮的作用，人防地下室外墙还需要承受水平爆炸荷载，一般采用钢筋混凝土外墙，见图 11.2。早期的人防地下室也有外墙采用填充墙，只承受土、水压力和动荷载，由梁、柱承受上部

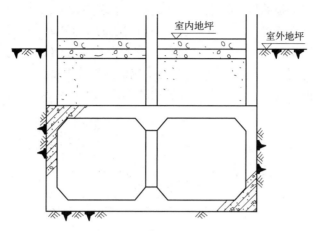

图 11.1　箱形基础结构

建筑及顶板传来的荷载。

当跨度较大时，顶板可设主次梁结构，甚至可设井字梁结构。框架结构的荷载传递路径明确，受力状态合理，其特点是经济实用、施工方便、技术成熟，可现浇施工，也可预制装配。结合民有建筑装配式施工技术的推广，有部分防空地下室顶板采用了预制现浇相结合的叠合板形式。

由于框架梁的截面尺寸较大，一定程度上影响风管等内部设备管道的布置，增加地下室层高，因此如条件允许可采用反梁。

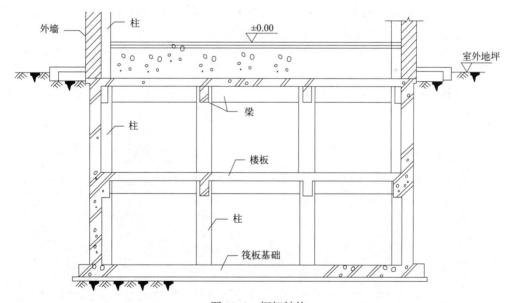

图 11.2　框架结构

3. 无梁楼盖结构

无梁楼盖结构（图 11.3）是由现浇钢筋混凝土柱和板组成的结构，也称为板柱结构，没有梁的影响，有利于在板下布置管道从而使层高降低。但无梁楼盖的楼板相对较厚，板的配筋量较大。无梁楼盖设计中，除了弯曲和剪切破坏外，楼盖抗冲切强度验算也是非常关键的。通常，为提高板的抗冲切强度，柱的上、下端扩大做成上、下柱帽，或者采取板局部加厚，设置抗剪钢筋等措施，避免发生冲切引起的脆性破坏。

选用无梁楼盖结构时，结构在纵横两个方向都不应少于 3 跨，且长短跨之比不大于1.5。柱下既可设独立基础，也可采用筏板基础或桩基础等类型。

无梁楼盖结构的主要特点是可以充分利用净空且空间可灵活分隔或开敞，适用于大空间建筑。

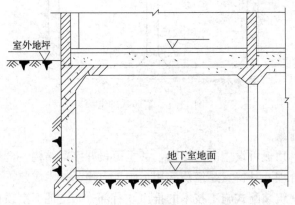

图 11.3 无梁楼盖结构

4. 采用密肋楼板的大跨度结构

密肋楼板是指顶板带有细而密的肋的钢筋混凝土楼板（图 11.4）。一般情况肋距不大于 1.5m，单向或双向设置，双向密肋楼盖双向共同承受荷载作用，受力性能较好。它集无梁楼盖和框架结构之优点，具有外形新颖美观、材料省、施工快和加固快捷等优点，适于在大空间防空地下室中采用；施工时可采用制式塑料模壳，既方便又可保证质量。

但密肋板结构适宜于低抗力人防工程，主要因为对防核沉降的工程顶板有一定的厚度要求，不利于发挥密肋楼板的优势。

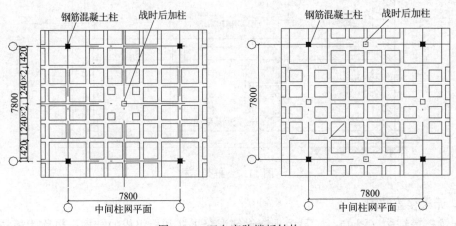

图 11.4 双向密肋楼板结构

11.2　作用在结构上的荷载

11.2.1　静荷载

1. 作用在防空地下室结构上的静荷载

静荷载是指永久荷载，主要有：

1）顶板静荷载：作用在防空地下室顶板上的静荷载包括顶板以上覆土重、顶板自重，以及战时不搬迁的固定设备自重和其他静荷载。其计算方法与一般地下结构相同。

2）外墙静荷载：一般而言，外墙受到的静荷载有水平静荷载和垂直静荷载。

外墙上水平静荷载有土壤侧压力与水压力。处于地下水位以上的外墙所受的侧向土压力按下式计算：

$$q_t = \sum_{i=1}^{n} \gamma_i h_i \tan^2\left(45° - \frac{\varphi}{2}\right) \tag{11-1}$$

式中　q_t——外墙上某处的土壤侧压力；

　　　γ_i——第 i 层土在天然状态下的重度；

　　　h_i——第 i 层土壤厚度；

　　　φ——该位置处土壤的内摩擦角，工程上常因不考虑黏聚力而将 φ 值提高。

处于地下水位以下的外墙上所受的土、水压力，可将土、水压力分别计算，其中土压力仍按式(11-1) 计算，但土层重度 γ_i 应以浮重度代替，而侧向水压力按下式计算：

$$q_s = \gamma_s h_s \tag{11-2}$$

式中　q_s——外墙上某处的水压力；

　　　γ_s——水的重度；

　　　h_s——该处距地下水位的距离。

外墙上垂直静荷载有顶板传来的静荷载、外墙自重及上部地面建筑传来的自重。

3）底板（基础）静荷载：作用在底板（基础）上的静荷载包括上部地面建筑物传来的自重、顶板传来的静荷载以及防空地下室墙体（柱）等自重。底板位于地下水位以下时，还应考虑水压力。

4）承重内墙、柱静荷载：作用在承重内墙、柱的静荷载包括上部建筑传来的自重、顶板传来的静荷载以及墙柱自重。

上部建筑传来的自重系指防空地下室上部建筑的墙体和楼板传来的静荷载标准值，即墙体、屋盖、楼板自重及战时不拆迁的固定设备等。

11.2.2　核爆动荷载

核爆炸地面空气冲击波波形可简化为无升压时间的三角形。防空地下室设计采用的地面空气冲击波超压峰值 ΔP_m 应按现行有关规定取值，等冲量及按切线简化的作用时间参见有关规范。核爆土中压缩波波形可简化为有升压时间的平台形，其峰值按式(5-49)计算，当覆土深度不大于 1.5m，可不考虑衰减。

1. 上部建筑结构对核爆动荷载的影响

一般而言，防空地下室通常位于核武器空爆非规则反射区。当无升压的核爆三角形空气冲击波与地面建筑物外墙接触后，并非立即将整幢地面建筑摧毁，而是有一个从变形到开裂，直至失稳倒塌的过程。在此过程中，冲击波首先从迎爆面墙壁的各个门窗孔进入室内。由于从孔洞骤然进入一个较大的空间，后经过室内各个方向障碍面复杂的反射过程，形成了新的超压波形，地面建筑也相应变形、开裂，甚至失稳最后倒塌。

因此，地面建筑结构对防空地下室顶板和土中外墙核爆动荷载的影响，主要取决于上部地面建筑的底层外墙面的开孔大小（底层门窗孔面积与墙面面积之比）以及地面建筑底层围护结构的形式与强度等因素。

1) 对顶板动荷载的影响

关于空气冲击波对一般地面建筑的破坏规律，我国核效应试验表明，在冲击波地面超压为 0.04MPa 时，一幢混合结构的居住建筑，从冲击波到达至建筑物倒塌要经过数百毫秒；实测的建筑物内外动压力波形有明显的差别，在约 100ms 的时间内，室内超压随时间变化曲线出现许多明显波动，这说明进入室内的冲击波经过了多次反射。因此，对于较低的核爆地面超压，通常应考虑地面建筑在破坏过程中使地面冲击波产生变化的影响。

由于地面建筑与冲击波之间的相互作用过程，冲破建筑物底层门窗的地面冲击波，经过绕流和扩散作用进入室内，使冲击波超压峰值降低，同时明显出现升压时间。底层门窗开孔面积与正对冲击波传播方向的墙面面积的比值越小，则底层建筑物的绕流和扩散作用越明显。

目前，在防空地下室的结构顶板计算中，对较低防护等级的防空地下室，当符合下列条件之一时，可计入上部建筑物对地面空气冲击波超压作用的影响：

(1) 上部建筑物层数不少于两层，其底层外墙为钢筋混凝土或砌体承重墙，且任何一面外墙墙面开孔面积不大于该墙面面积的 50%；

(2) 上部为单层建筑物，其承重外墙使用的材料和开孔比例符合上条规定，且屋顶为钢筋混凝土结构。

对符合上述条件的核 6 级防空地下室，作用在其上部建筑物底层地面的空气冲击波超压波形，可采用有升压时间的平台形，空气冲击波超压计算值可取 ΔP_m，升压时间可取 0.025s。

对符合上述条件的核 5 级防空地下室，作用在其上部建筑物底层地面的空气冲击波超压波形，可采用有升压时间的平台形，空气冲击波超压计算值可取 $0.95\Delta P_m$，升压时间可取 0.025s。

当地面冲击波超压较大或防空地下室防护等级较高时，一般地面建筑将会在更短的时间内被摧毁，因此建筑物内冲击波超压在这一更短时间内的变化也会更小，对于防空地下室顶板荷载而言，这个影响可忽略不计。

2) 对土中外墙动荷载的影响

根据相关资料，对上部建筑为钢筋混凝土承重墙结构，当地面超压为 0.2MPa 以上时将发生倒塌；对抗震的砌体结构（包括框架结构中填充墙），当地面超压为 0.07MPa 左右将发生倒塌。因此，在地面冲击波超压作用下，上部建筑物有的不倒塌，有的不立即倒塌等效应必然会影响冲击波的反射、环流等作用。

为此，在计算土中外墙核爆动荷载时，对核 4 级以下的防空地下室，当上部建筑物的外墙为钢筋混凝土承重墙，或对上部建筑物为抗震设防的砌体结构或框架结构的防空地下室时，均应计入上部建筑物对地面空气冲击波超压值的影响，其计算值 ΔP_{ms} 按表 11.1 的规定采用。

土中外墙计算中计入上部建筑物影响的空气冲击波超压值　　　　表 11.1

防核武器抗力等级	ΔP_{ms}
6	$1.10\Delta P_m$
5	$1.20\Delta P_m$

2. 防空地下室的核爆动荷载

防空地下室有全埋和局部半埋（部分高出室外地面）的两种情况。

全埋式防空地下室系指顶板底面不高出室外地面。防核爆时，当上部建筑为钢筋混凝土结构时，防空地下室顶板底面不允许高出室外地面，即只能建造全埋防空地下室；当上部建筑为砌体结构时，防核武器较低等级的防空地下室顶板底面可允许高出室外地面。这是因为上部建筑为钢筋混凝土结构时，在核爆冲击波作用下，有可能造成防空地下室的倾覆；而上部建筑为砌体结构时，在核爆冲击波作用下很快就会倒塌，不会造成防空地下室倾覆。

全埋式防空地下室结构上的核武器爆炸动荷载，可按同时均匀作用在结构各部位设计，见图 11.5。

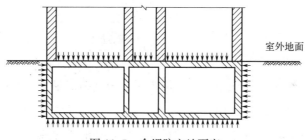

图 11.5　全埋防空地下室

对顶板底面高出室外地面的核 6 级的防空地下室，尚应验算地面空气冲击波对高出地面外墙的单向作用，见图 11.6。这是因为，迎爆面高出地面的外墙将首先受到空气冲击波作用。考虑到从迎爆面的外墙开始受荷到背面墙受荷，会有一定的时间间隔，且背面墙上所受荷载要比迎爆面小，工程中为简化计算，仅对高出地面的外墙考虑迎爆面单面受荷。另外，由于空气冲击波的实际作用方向不确定，所以设计时应考虑四周高出地面的外墙均可能成为迎爆面。

防空地下室的周边核爆动荷载可按第 6 章 6.3.2 节的顶板、外墙及底板的动荷载公式计算，即按式(6-17)～式(6-21)计算。但若计入上部建筑物的影响，则需按照 11.2.2 节考虑空气冲击波的变化。

对于顶板底面高出室外地面的防空地下室外墙，直接承受空气冲击波作用的最大水平均布压力应按正反射压力计算，但考虑到迎爆面将会产生一定的环流效应，因此其墙面上最大压力会比正反射值略小。所以对于高出室外地面的防空地下室外墙，如考虑环流效

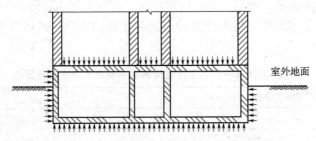

图 11.6 顶板底面高出室外地面的防空地下室

应，则反射系数可取 2，即作用于高出地面外墙上最大水平均布压力值可取 $2\Delta P_{\mathrm{m}}$。

11.2.3 常规武器爆炸动荷载

民用的防空地下室，一般是按常规武器非直接命中爆炸设防的，需要考虑的破坏效应主要是常规武器爆炸冲击波作用。由于常规武器爆炸作用范围小，无论上部建筑是钢筋混凝土结构还是砌体结构，均不会造成建筑的整体倾覆。因此，仅防常规武器非直接命中时，防空地下室顶板底面允许高出室外地面，但不得超过 1/2 层高。

对防空地下室顶板底面高出室外地面时，尚应计算常规武器爆炸地面空气冲击波对高出地面外墙的作用。常规武器地面爆炸空气冲击波直接作用在外墙上的水平均布动荷载峰值可按下列公式计算确定：

$$\bar{p}'=C_{\mathrm{e}} \cdot \Delta \bar{P}_{\mathrm{cm}} \tag{11-3}$$

$$\Delta \bar{P}_{\mathrm{cm}}=2\Delta P_{\mathrm{cm}}+\frac{6\Delta P_{\mathrm{cm}}^2}{\Delta P_{\mathrm{cm}}+0.7} \tag{11-4}$$

式中　$\bar{p}'$——化爆空气冲击波作用下，外墙水平均布动荷载最大压力；

$\Delta \bar{P}_{\mathrm{cm}}$——空气冲击波直接作用在外墙上的最大正反射压力；

ΔP_{m}——外墙平面处入射空气冲击波最大超压，此时 R 为爆心到外墙的最短距离；

C_{e}——荷载均布系数，按表 11.2 采用。

荷载均布系数 C_{e} 表 11.2

外墙宽度 L(m)	3	4	5	6	7	8
荷载均布系数 C_{e}	0.969	0.958	0.945	0.93	0.914	0.897

作用在防空地下室顶板和土中外墙的常规武器爆炸动荷载按 6.4.2 节的有关公式进行计算。但当符合下列条件之一时，可计入上部建筑对常规武器地面爆炸空气冲击波超压作用的影响，将空气冲击波最大超压乘以 0.8 的折减系数：

（1）上部建筑层数不少于两层，其底层外墙为钢筋混凝土或砌体承重墙，且任何一面外墙墙面开孔面积不大于该墙面面积的 50%；

（2）上部为单层建筑，其承重外墙使用的材料和开孔比例符合上条规定，且屋顶为钢筋混凝土结构。

作用到结构底板上的常规武器动荷载主要是结构顶板受到动荷载后向下运动所产生的

地基反力。不同于核武器爆炸冲击波，在常规武器非直接命中地面爆炸产生的空气冲击波或土中压缩波作用下，防空地下室顶板的受爆区域通常是局部的，因此作用到防空地下室底板上的动荷载较小。一般来说，防空地下室底板设计多不由常规武器动荷载作用组合控制，所以通常可不考虑常规武器地面爆炸产生动荷载的作用。

11.2.4　常见结构的等效静荷载

确定了动荷载以后，就可以根据等效静荷载法计算出防空地下室结构上的等效静荷载。但总的来说，计算方法复杂、过程繁琐。为此，防空地下室设计规范直接给出了常见结构的常规武器爆炸等效静荷载以及核爆炸等效静荷载，供设计人员选用。以下介绍如何正确选用等效静荷载。

1. 常规武器爆炸等效静荷载

1）顶板等效静荷载

防空地下室钢筋混凝土梁板结构顶板的等效静荷载标准值 q_{ce1} 可按下列规定采用：

（1）当防空地下室设在地下一层时，顶板等效静荷载标准值 q_{ce1} 可按表 11.3 选用。当顶板覆土厚度对于常 5 级、常 6 级分别大于 2.5m、1.5m 时，顶板可不计入常规武器地面爆炸产生的等效静荷载，但顶板设计应符合有关构造要求。

（2）当防空地下室设在地下二层及以下各层时，顶板可不计入常规武器地面爆炸产生的等效静荷载，但顶板设计应符合有关构造要求。

表 11.3 中的计算条件：顶板四边按固支考虑，板厚对常 6 级取 200～300mm，对常 5 级取 250～400mm，括号内的数值是考虑上部建筑的影响乘以 0.8 的折减系数后得到的。

顶板等效静荷载标准值 q_{ce1}（kN/m²）　　　　　　表 11.3

顶板覆土厚度 h（m）	防常规武器抗力等级	
	5	6
$0 \leqslant h \leqslant 0.5$	110～90(88～72)	50～40(40～32)
$0.5 < h \leqslant 1.0$	90～70(72～56)	40～30(32～24)
$1.0 < h \leqslant 1.5$	70～50(56～40)	30～15(24～24)
$1.5 < h \leqslant 2.0$	50～30(40～24)	—
$2.0 < h \leqslant 2.5$	30～15(24～12)	—

注：1. 顶板按弹塑性工作阶段计算，允许延性比 $[\beta]$ 取 4.0；

　　2. 顶板覆土厚度 h 为小值时，q_{ce1} 取大值。

2）外墙等效静荷载

土中外墙的等效静荷载标准值 q_{ce2}，可根据土介质、覆土深度以及抗力级别等因素按表 11.4 及表 11.5 采用。

对顶板底面高出室外地面的常 5 级、常 6 级防空地下室，直接承受空气冲击波作用的钢筋混凝土外墙按弹塑性工作阶段设计时，允许延性比 $[\beta]$ 取 3.0，其等效静荷载标准值 q_{ce2} 对常 5 级可取 400kN/m²，对常 6 级可取 180kN/m²。

饱和土中外墙等效静荷载标准值 q_{ce2} （kN/m²）

表 11.4

顶板顶面埋置深度 h(m)	饱和土含气量 α_1（%）	防常规武器抗力等级	
		5	6
$0 < h \leqslant 1.5$	1	100～80	50～30
	$\leqslant 0.05$	140～100	70～50
$1.5 < h \leqslant 3.0$	1	80～60	30～25
	$\leqslant 0.05$	100～80	50～30

注：1. 表内数值系按钢筋混凝土外墙计算高度不大于 5.0m，允许延性比 $[\beta]$ 取 3.0 计算确定；

    2. 当含气量 $\alpha_1 > 1\%$ 时，按非饱和土取值；当 $0.05\% < \alpha_1 < 1\%$ 时，按线性内插法确定；

    3. 顶板埋置深度 h 为小值时，q_{ce2} 取大值。

非饱和土中外墙等效静荷载标准值 q_{ce2} （kN/m²）

表 11.5

顶板顶面埋置深度 h(m)	土的类别	防常规武器抗力等级			
		5		6	
		砌体	钢筋混凝土	砌体	钢筋混凝土
$0 < h \leqslant 1.5$	碎石土、粗砂、中砂	85～60	70～40	45～25	30～20
	细砂、粉砂	70～50	55～35	35～20	25～15
	粉土	70～55	60～40	40～20	30～15
	黏性土、红黏土	70～50	55～35	35～25	20～15
	老黏土	80～60	65～40	40～20	30～15
	湿陷性黄土	70～50	55～35	35～20	25～15
	淤泥质土	50～40	35～25	25～15	15～10
$1.5 < h \leqslant 3.0$	碎石土、粗砂、中砂	—	50～30	—	25～15
	细砂、粉砂	—	40～25	—	20～10
	粉土	—	45～25	—	25～10
	黏性土、红黏土	—	40～25	—	15～10
	老黏土	—	50～25	—	20～10
	湿陷性黄土	—	40～20	—	20～10
	淤泥质土	—	25～15	—	10～5

注：1. 表内砌体外墙数值系按防空地下室净高不大于 3.0m，开间不大于 5.4m 计算确定；钢筋混凝土外墙数值系按计算高度不大于 5.0m 计算确定；

    2. 砌体按弹性工作阶段计算；钢筋混凝土墙按弹塑性工作阶段计算，$[\beta]$ 取 3.0；

    3. 顶板埋置深度 h 为小值时，q_{ce2} 取大值。

3）底板等效静荷载

作用到防空地下室底板上的动荷载非常小。对于常 5 级、常 6 级防空地下室，底板设计多不由常规武器动荷载作用组合控制，可不考虑常规武器地面爆炸产生的等效静荷载的作用。

其他结构构件的常规武器爆炸等效静荷载参见防空地下室设计规范。

2. 核爆炸等效静荷载

1）顶板等效静荷载

防空地下室的顶板为钢筋混凝土梁板结构时，顶板的等效静荷载标准值 q_{e1} 可按表 11.6 采用。表 11.6 中带括号项为计入上部建筑物影响的顶板等效静荷载标准值。计算中采用的有关条件为：混凝土强度等级为 C25 以上，覆土起始压力波速 V_0 取 200m/s，波速比 γ 取 2，顶板四边按固定考虑，构件允许延性比 $[\beta]$ 取 3.0，板的计算厚度参考工程设计经验。通常，对于核 6B 级，板厚取 200～250mm，核 6 级取 200～300mm，核 5 级取 300～500mm，核 4B 级取 400～600mm，核 4 级取 400～700mm，跨度大的取大值。

顶板等效静荷载标准值 q_{e1}（kN/m²）　　　　　　　表 11.6

顶板覆土厚度 h(m)	顶板区格最大短边净跨 l_0(m)	防核武器抗力等级				
		6B	6	5	4B	4
$h \leqslant 0.5$	$3.0 \leqslant l_0 \leqslant 9.0$	40(35)	60(55)	120(100)	240	360
$0.5 < h \leqslant 1.0$	$3.0 \leqslant l_0 \leqslant 4.5$	45(40)	70(65)	140(120)	310	460
	$4.5 < l_0 \leqslant 6.0$	45(40)	70(60)	135(115)	285	425
	$6.0 < l_0 \leqslant 7.5$	45(40)	65(60)	130(110)	275	410
	$7.5 < l_0 \leqslant 9.0$	45(40)	65(60)	130(110)	265	400
$1.0 < h \leqslant 1.5$	$3.0 \leqslant l_0 \leqslant 4.5$	50(45)	75(70)	145(135)	320	480
	$4.5 < l_0 \leqslant 6.0$	45(40)	70(65)	135(120)	300	450
	$6.0 < l_0 \leqslant 7.5$	40(35)	70(60)	135(115)	290	430
	$7.5 < l_0 \leqslant 9.0$	40(35)	70(60)	130(115)	280	415

2）外墙等效静荷载

防空地下室土中外墙的等效静荷载标准值 q_{e2}，可按表 11.7 及表 11.8 采用；当计入上部建筑影响时，土中外墙的等效静荷载标准值 q_{e2} 应按表 11.7 及表 11.8 中数值乘以系数 λ 采用。核 6B 级、核 6 级时，取 $\lambda = 1.1$；核 5 级时，取 $\lambda = 1.2$；核 4B 级时，取 $\lambda = 1.25$。

当核 6 级防空地下室顶板底面高出室外地面时，高出地面的外墙将承受空气冲击波直接作用。钢筋混凝土外墙按弹塑性阶段设计时 $[\beta]$ 通常取 2.0，可得动力系数 $K_h = 1.33$。于是，高出室外地面的防空地下室外墙，按弹塑性阶段设计时其等效静荷载标准值 q_{e2} 当核 6B 级时取 80kN/m²；当核 6 级时取 130kN/m²。

非饱和土中外墙等效静荷载标准值 q_{e2}（kN/m²）　　　　表 11.7

土的类别		防核抗力等级							
		6B		6		5		4B	4
		砖砌体	钢筋混凝土	砖砌体	钢筋混凝土	砖砌体	钢筋混凝土	钢筋混凝土	钢筋混凝土
碎石土		10～15	5～10	15～25	10～25	30～50	20～35	40～65	55～90
砂土	粗砂、中砂	10～20	10～15	25～35	15～25	50～70	35～45	65～90	90～125
	细砂、粉砂	10～15	10～15	25～30	15～20	40～60	30～40	55～75	80～110
粉土		10～20	10～15	30～40	20～30	55～65	35～50	70～90	100～130
黏性土	坚硬、硬塑	10～15	15～25	20～35	10～25	30～60	25～45	40～85	60～125
	可塑	15～25	5～15	35～55	25～40	60～100	45～75	85～145	125～215
	软塑	25～35	25～30	55～60	40～45	100～105	75～85	145～175	215～240

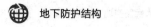

土的类别	防核抗力等级							
	6B		6		5		4B	4
	砖砌体	钢筋混凝土	砖砌体	钢筋混凝土	砖砌体	钢筋混凝土	钢筋混凝土	钢筋混凝土
老黏性土	10~25	10~15	20~40	15~25	40~80	25~50	50~100	65~125
湿陷性黄土	10~15	10~15	15~30	10~25	30~65	25~45	40~85	60~120
淤泥质土	30~35	25~30	50~55	40~45	90~100	70~80	140~170	210~240
红黏土	20~30	10~20	30~45	15~30	45~90	35~50	60~100	90~140

注：1. 表内砌体数值系按防空地下室净高不大于 3m，开间不大于 5.4m 计算确定；钢筋混凝土墙数值系按构件计算高度不大于 5.0m 计算确定；

2. 砌体按弹性工作阶段计算，钢筋混凝土墙按弹塑性工作阶段计算，$[\beta]$ 取 2.0；

3. 碎石土及砂土，密实、颗粒粗的取小值；黏性土，液性指数低的取小值。

饱和土中钢筋混凝土外墙等效静荷载标准值 q_{e2}（kN/m²）　　　　表 11.8

土的类别	防核武器抗力等级				
	6B	6	5	4B	4
碎石土、砂土	30~35	45~55	80~105	185~240	280~360
粉土、黏性土、老黏性土、红黏土、淤泥质土	30~35	45~60	80~115	185~265	280~400

注：1. 表中数值系按外墙构件计算高度不大于 5.0m，允许延性比 $[\beta]$ 取 2.0 确定；

2. 含气量 α_1 不大于 0.1% 时取大值。

3）底板等效静荷载

（1）当采用无桩基筏板基础时

防空地下室钢筋混凝土底板的等效静荷载标准值 q_{e3}，可按表 11.9 采用。在表 11.9 中，核 6 级及核 6B 级防空地下室底板的等效静荷载标准值对计入或不计入上部建筑影响均适用；核 5 级防空地下室底板的等效静荷载标准值按计入上部建筑物影响计算，当按不计入上部建筑影响计算时，可将表中数值除以 0.95 后采用；位于地下水位以下的底板，含气量 $\alpha_1 \leqslant 0.1\%$ 时取大值。

钢筋混凝土底板等效静荷载标准值 q_{e3}（kN/m²）　　　　表 11.9

顶板覆土厚度 h(m)	顶板短边净跨 l(m)	防核抗力等级									
		6B		6		5		4B		4	
		地下水位以上	地下水位以下	地下水位以上	地下水位以下	地下水位以上	地下水位以下	地下水位以上	地下水位以下	地下水位以上	地下水位以下
$h \leqslant 0.5$	$3.0 \leqslant l_0 \leqslant 9.0$	30	30~35	40	40~50	75	75~95	140	170~200	210	240~300
$0.5 < h \leqslant 1.0$	$3.0 \leqslant l_0 \leqslant 4.5$	30	35~40	50	50~60	90	90~115	190	215~270	280	320~400
	$4.5 < l_0 \leqslant 6.0$	30	30~35	45	45~55	85	85~110	170	195~245	255	290~365
	$6.0 < l_0 \leqslant 7.5$	30	30~35	45	45~55	85	85~105	170	185~230	245	280~350
	$7.5 < l_0 \leqslant 9.0$	30	30~35	45	45~55	80	80~100	155	180~225	235	265~335

续表

顶板覆土厚度 h(m)	顶板短边净跨 l(m)	防核抗力等级									
		6B		6		5		4B		4	
		地下水位以上	地下水位以下	地下水位以上	地下水位以下	地下水位以上	地下水位以下	地下水位以上	地下水位以下	地下水位以上	地下水位以下
1.0<h≤1.5	3.0≤l_0≤4.5	35	35~45	55	55~70	105	105~130	205	235~295	305	350~440
	4.5<l_0≤6.0	30	30~40	50	50~60	90	90~115	190	215~270	280	320~400
	6.0<l_0≤7.5	30	30~35	45	45~60	90	90~110	175	200~250	260	300~375
	7.5<l_0≤9.0	30	30~35	45	45~55	85	85~105	175	190~240	250	285~355

（2）当采用桩基础时

防空地下室钢筋混凝土底板上的等效静荷载应区分端承桩、非端承桩以及非饱和土与饱和土等情况。

当为非饱和土、端承桩时，由于岩土的动力强度提高系数大于材料动力强度提高系数，只要桩本身能满足强度要求，桩端不会发生刺入变形，即仍可按端承桩考虑，所以防空地下室底板可不计入核爆等效静荷载值。

当为非饱和土、非端承桩时，在核爆炸动荷载作用下，防空地下室底板应按带桩基的地基反力确定等效静荷载值。

当为饱和土时，核爆炸动荷载产生的地基反力全部或绝大部分由桩来承担，但此时还应考虑压缩波从侧面绕射到底板上动荷载值。

防空地下室钢筋混凝土底板上的等效静荷载标准值可按表 11.10 采用。

有桩基钢筋混凝土底板等效静荷载标准值（kN/m²）　　　　表 11.10

底板下土的类型	防核武器抗力等级					
	6B		6		5	
	端承桩	非端承桩	端承桩	非端承桩	端承桩	非端承桩
非饱和土	—	7	—	12	—	25
饱和土	15	15	25	25	50	50

（3）当采用条形基础、独立柱基加防水底板时

防空地下室底板上的等效静荷载标准值，对核 6B 级可取 15kN/m²，对核 6 级可取 25kN/m²，对核 5 级可取 50kN/m²。

其他结构构件的核爆炸等效静荷载参见防空地下室设计规范。

11.3　荷载组合

防空地下室结构所考虑的荷载组合有三种：

（1）平时使用状态的结构设计荷载；

（2）战时常规武器爆炸荷载与静荷载同时作用；

（3）战时核爆荷载与静荷载同时作用。

甲类防空地下室结构应按照上述三种荷载组合，乙类防空地下室结构应按照上述（1）、（2）两种荷载组合，并应取各自的最不利效应组合进行设计。

平时使用状态的荷载（效应）组合与普通工业民用建筑一样，应按国家现行有关标准执行。这里重点讨论爆炸动荷载与静荷载同时作用的荷载组合。

11.3.1 常规武器爆炸荷载与静荷载组合

常规武器爆炸下一般不致造成地面建筑物的整体倒塌。因此，在确定常规武器爆炸荷载与静荷载同时作用的荷载组合时，可按上部建筑物不倒塌考虑，也即上部建筑物自重取全重，但不包括上部建筑物作用的活载，仅仅指的是防空地下室上部建筑的墙体和楼板传来的静荷载标准值，即墙体、屋盖、楼板自重及战时不拆迁的固定设备等。

常规武器爆炸等效静荷载与静荷载同时作用的荷载组合按表 11.11 确定。

常规武器爆炸等效静荷载与静荷载同时作用的荷载组合　　　　　　　　表 11.11

结构部位	荷载组合
顶板	顶板常规武器爆炸等效静荷载，顶板静荷载（包括覆土、战时不拆迁的固定设备、顶板自重及其他静荷载）
外墙	垂直：顶板传来的常规武器地面爆炸等效静荷载，静荷载，上部建筑物自重，外墙自重； 水平：常规武器地面爆炸产生的水平等效静荷载，土压力，水压力
内承重墙（柱）	顶板传来的常规武器地面爆炸等效静荷载，静荷载，上部建筑物自重，内承重墙（柱）自重

外墙荷载组合中要区分水平及垂直荷载，分别组合，同时作用。

11.3.2 核爆炸荷载与静荷载组合

对于战时核武器与静荷载同时作用的荷载组合，主要是解决在核武器爆炸动荷载作用下如何确定同时存在的静荷载的问题。防空地下室结构自重及土压力、水压力等均可取实际作用值，因此较容易确定。由于各种不同结构类型的上部建筑物在给定的核武器爆炸地面冲击波超压作用下的结构响应不尽相同，有的倒塌，有的可能局部倒塌，因此在荷载组合中，主要的困难是如何确定上部建筑物自重。

在核武器爆炸动荷载作用下，荷载组合中考虑上部建筑物自重值，原则上可按上部建筑物倒塌时间 t_w 与防空地下室结构构件达到最大变位时间 t_m 之间的相对关系来确定作用在防空地下室结构构件上的上部建筑自重值。当 $t_w > t_m$ 时，考虑整个上部建筑物自重；当 $t_w < t_m$ 时，不考虑上部建筑物自重；当 t_m 与 t_w 相接近时，考虑上部建筑物一半的自重。

从核效应试验资料来看，当地面冲击波超压为 0.1MPa 时，一般工业与民用建筑混合结构将会遭受彻底破坏，即绝大部分地面建筑倒塌，并被抛掷到远处。但地面建筑的具体倒塌时间及其规律，则是一个十分复杂的问题。例如，核试验表明，地面超压为 0.117MPa 时，地面单层混合结构的倒塌时间实测约为 0.06～0.08s，该值比室内出现最大超压值时间约滞后 0.04～0.05s，如结构出现最大动变位时间 t_m 按 $t_0 + T/2$ 计算，试验建筑物自振周期 T 约为 0.01～0.03s，则结构出现最大变位时间约在超压峰值之后 0.005～0.015s。所以，当上部建筑为砖混结构时，对于核 6 级和核 6B 级，$t_w > t_m$；对于核 5 级，t_m 与 t_w 接近，故规定前者取整个自重，后者取自重的一半；核 4 级和核 4B 级时，不计入上部结构自重。

由于对框架和剪力墙结构倒塌情况缺乏具体试验数据，因此在取值时作了近似考虑。据国外资料，当框架结构的填充墙与框架密贴时，300mm 厚墙体可抵抗 0.08MPa 超压；周边有空隙时，其抗力将下降到 0.03MPa 左右，而框架主体结构要到超压相当于核 4B 级左右才倒塌。从偏于安全考虑，在外墙荷载组合中规定：当核 5 级时取上部建筑物自重之半；核 4 级和核 4B 级时不计上部自重，即对大偏压构件轴力取偏小值。在内墙及基础荷载组合中，核 5 级时取上部建筑物自重；核 4 级和核 4B 级时取上部自重之半，即在中心受压或受弯构件中轴力取偏大值。对外墙为钢筋混凝土承重墙时，根据国外资料，一般在超压相当于核 4B 级以上时才倒塌，考虑到结构破坏后可能仍留在原处，因此荷载组合中取其全部自重。

由此，核爆炸等效静荷载与静荷载同时作用下，结构各部位的荷载组合按表 11.12 的规定确定。表 11.12 中上部建筑自重系指防空地下室上部建筑的墙体和楼板传来的静荷载标准值，即墙体、屋盖、楼板自重及战时不拆迁的固定设备等。

核武器爆炸等效静荷载与静荷载同时作用的荷载组合　　　　表 11.12

结构部位	防核武器抗力等级	荷载组合
顶板	—	顶板核武器爆炸等效静荷载，顶板静荷载(包括覆土、战时不拆迁的固定设备、顶板自重及其他静荷载)
外墙	6B、6	垂直：顶板传来的核武器爆炸等效静荷载、静荷载，上部建筑自重，外墙自重； 水平：核武器爆炸产生的水平等效静荷载，土压力、水压力
	5	垂直：顶板传来的核武器爆炸等效静荷载、静荷载；当上部建筑外墙为钢筋混凝土承重墙时，上部建筑自重取全部标准值；其他结构形式，上部建筑自重取标准值之半；外墙自重； 水平：核武器爆炸产生的水平等效静荷载，土压力、水压力
	4B、4	垂直：顶板传来的核武器爆炸等效静荷载、静荷载；当上部建筑外墙为钢筋混凝土承重墙时，上部建筑自重取全部标准值；其他结构形式，不计入上部建筑自重；外墙自重； 水平：核武器爆炸产生的水平等效静荷载，土压力、水压力
内承重墙(柱)	6B、6	顶板传来的核武器爆炸等效静荷载、静荷载，上部建筑自重，内承重墙(柱)自重
	5	顶板传来的核武器爆炸等效静荷载、静荷载； 当上部建筑为砌体结构时，上部建筑自重取标准值之半；其他结构形式，上部建筑自重取全部标准值； 内承重墙(柱)自重
	4B	顶板传来的核武器爆炸等效静荷载、静荷载； 当上部建筑外墙为钢筋混凝土承重墙时，上部建筑自重取全部标准值；当上部建筑为砌体结构时，不计入上部建筑自重；其他结构形式，上部建筑自重取标准值之半； 内承重墙(柱)自重
	4	顶板传来的核武器爆炸等效静荷载、静荷载； 当上部建筑外墙为钢筋混凝土承重墙时，上部建筑物自重取全部标准值；其他结构形式，不计入上部建筑物自重； 内承重墙(柱)自重

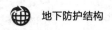

结构部位	防核武器抗力等级	荷载组合
基础	6B、6	底板核武器爆炸等效静荷载(条、柱、桩基为墙柱传来的核武器爆炸等效静荷载); 上部建筑物自重,顶板传来静荷载,防空地下室墙身自重
	5	底板核武器爆炸等效静荷载(条、柱、桩基为墙柱传来的核武器爆炸等效静荷载); 当上部建筑为砌体结构时,上部建筑自重取标准值之半;其他结构形式,上部建筑自重取全部标准值; 顶板传来静荷载,防空地下室墙身自重
	4B	底板核武器爆炸等效静荷载(条、柱、桩基为墙柱传来的核武器爆炸等效静荷载); 当上部建筑外墙为钢筋混凝土承重墙时,上部建筑自重取全部标准值;当上部建筑为砌体结构时,不计入上部建筑自重;其他结构形式,上部建筑自重取标准值之半; 顶板传来静荷载,防空地下室墙身自重
	4	底板核武器爆炸等效静荷载(条、柱、桩基为墙柱传来的核武器爆炸等效静荷载); 当上部建筑外墙为钢筋混凝土承重墙时,上部建筑自重取全部标准值;其他结构形式,不计入上部建筑自重; 顶板传来静荷载,防空地下室墙身自重

关于荷载组合的几点说明:

1)顶板荷载组合简单,易确定,不涉及上部建筑传来的自重荷载。

2)外墙荷载组合中要区分水平及垂直荷载,分别组合,同时作用。在垂直荷载组合中要注意上部建筑自重,应根据不同的抗力级别及结构类型取值。

3)内承重墙(柱)荷载组合及基础荷载组合中也要注意上部建筑自重应根据不同的抗力级别及结构类型取值。

4)由于基础多样,造成基础荷载组合比较复杂。

(1)当防空地下室采用筏板基础,包括梁板式基础时,底板荷载组合按表 11.12 确定。

(2)当防空地下室采用桩基础且按单桩承载力特征值设计时,桩基础荷载组合按表 11.12 确定。此时,作用在桩基础上的核爆等效静荷载为由墙柱传来的核爆等效静荷载。因为桩是基础的主要受力构件,为确保结构安全,在防空地下室结构设计中,不论何种情况桩本身都应按计入上部墙、柱传来的核爆炸动荷载的荷载组合值来验算构件强度。对于底板的荷载组合应区分端承桩、非端承桩以及非饱和土与饱和土等情况。

当为非饱和土、端承桩时,由于岩土的动力强度提高系数大于材料动力强度提高系数,只要桩本身能满足强度要求,桩端不会发生刺入变形,即仍可按端承桩考虑,所以防空地下室底板可不计入核爆等效静荷载值。

当为非饱和土、非端承桩时,在核爆炸动荷载作用下,防空地下室底板应按带桩基的地基反力确定等效静荷载值。

当为饱和土时,核爆炸动荷载产生的地基反力全部或绝大部分由桩来承担,但此时还应考虑压缩波从侧面绕射到底板上动荷载值。此时底板荷载组合为:核爆等效静荷载,水压力。

(3)当防空地下室基础采用条形基础、独立柱基时,基础荷载组合按表 11.12 确定。此时,作用在条形基础、独立柱基上的核爆等效静荷载为由墙柱传来的核爆等效静荷载。

若加防水底板时，还应考虑作用到底板上的绕射动荷载。此时防水底板荷载组合为：核爆等效静荷载，水压力。若无水，地下室底板可不计入核爆等效静荷载值。

另外，基础荷载组合中不考虑本身自重的影响。

5）表 11.12 中的基础荷载组合中，未计入水压力。

当地下水位以下无桩基防空地下室基础采用箱基或筏基，且建筑物自重大于水的浮力时，则地基反力按不计入浮力计算时，底板荷载组合中可不计入水压力；若地基反力按计入浮力计算时，底板荷载组合中应计入水压力。这是由于建筑物计入浮力所减少的荷载值与计入水压力所增加的荷载值可以相互抵消。

对地下水位以下带桩基的防空地下室，根据静力荷载作用下实测资料，上部建筑物自重全部或大部分由桩来承担，底板不承受或只承受一小部分反力，此时水浮力主要减轻桩所承担的荷载值，对减少底板承受的荷载值没有影响或影响较小，即对桩基底板而言水压力显然大于所受到的浮力，两者作用不可相互抵消。因此在地下水位以下，为确保安全，不论在计算建筑物自重时是否计入了水浮力，在带桩基的防空地下室底板荷载组合中均应计入水压力。

荷载组合系数按照第 9 章的有关规定取值。

11.4　内力分析及截面设计

防空地下室结构在确定等效静荷载和静荷载以及荷载组合后，就可按静力计算方法进行结构内力分析，并可采用静力计算手册和相应图表来计算内力。防空地下室结构设计采用以概率论为基础的极限状态设计方法。

在防空地下室设计中，虽然爆炸等效静荷载是按结构构件分别确定的，但在内力分析中既可按结构整体计算图形来计算内力，也可将结构拆成单个构件来分析内力，但应注意各构件的边界条件，要按接近实际支承情况进行处理。计算中可采用电算，也可采用手算。目前电算软件主要有：结构设计软件 PKPM、人防地下室结构设计软件 ADABS、理正人防结构设计软件等。无论是采用电算，还是手算，均要充分考虑防空地下室在爆炸荷载作用下的受力特性和特点。

1）对砌体构件，如砌体外墙，由于它是脆性材料，所以在内力分析中只能采用弹性分析方法。

砌体外墙的高度，当为条形基础时，取顶板或圈梁下表面至室内地面的高度；当沿外墙下端设有管沟时，取顶板或圈梁下表面至管沟底面的高度；当为整体基础时，取顶板或圈梁下表面至底板上表面的高度。

在动荷载与静荷载同时作用下，偏心受压砌体的轴向力偏心距 e_0 不宜大于 $0.95y$，y 为截面重心到轴向力所在偏心方向截面边缘的距离。当 e_0 不大于 $0.95y$ 时，结构构件可按受压承载力控制选择截面。

2）对钢筋混凝土构件，通常采用弹性体系计算内力，但对于超静定的钢筋混凝土结构构件，可按由非弹性变形产生的塑性内力重分布计算内力。众所周知，当按弹塑性工作阶段确定等效静荷载，按塑性内力重分布计算内力，将可获得最佳经济效果。防空地下室的构件如钢筋混凝土顶板、外墙、临空墙等一般都可这样考虑。而对主梁，一般采用弹性方法分析内力，当含钢率较低时也可采用塑性内力重分布方法计算内力。

3）当钢筋混凝土板的周边支座横向伸长受到约束时，其跨中截面的计算弯矩值可乘以折减系数 0.7，对无梁楼盖可乘以折减系数 0.9；如在板的计算中已计入轴力的作用，则不应再乘以折减系数。这是由于受弯构件的横向变形受到约束时，将产生面力效应，从而会提高构件的抗弯能力。

在连续板计算中，如果板的周边有限制水平位移的梁，通常可对中间跨的跨中截面及中间支座截面的计算弯矩进行折减。但对于边跨跨中截面及离板端第二支座截面，由于边梁侧向刚度不大，难以提供足够的水平推力，故计算弯矩一般不予折减。

4）在动荷载作用下或动荷载与静荷载同时作用下，既要考虑到材料强度的提高，也要考虑到某些情况下的强度折减。

（1）当按等效静荷载法分析得出的内力，进行墙、柱受压构件正截面承载力验算时，混凝土及砌体的轴心抗压动力强度设计值应乘以折减系数 0.8。

（2）当按等效静荷载法分析得出的内力，进行梁、柱斜截面承载力验算时，混凝土及砌体的动力强度设计值应乘以折减系数 0.8。

5）按等效静荷载进行钢筋混凝土受弯构件斜截面受剪承载能力验算时，混凝土抗剪承载能力项应进行修正。这种修正是为了弥补防护结构的不安全因素，这种不安全因素是由于相对普通工业与民用建筑构件而言，防护结构具有较低的配筋率、较小的跨高比、较高的混凝土强度等级及较大的截面尺寸造成的。

当仅配置箍筋时，斜截面受剪承载力应符合下列规定：

$$V \leqslant 0.7\psi_1 f_{td}bh_0 + 1.25f_{yd}\frac{A_{sv}}{S}h_0 \tag{11-5}$$

$$\psi_1 = 1 - \frac{l/h_0 - 8}{15} \geqslant 0.6 \tag{11-6}$$

式中　V——受弯构件斜截面上的最大剪力设计值（N）；

f_{td}——混凝土轴心抗拉动力强度设计值（MPa）；

f_{yd}——箍筋抗拉动力强度设计值（MPa）；

b——截面宽度（mm）；

h_0——截面有效高度（mm）；

A_{sv}——配置在同一截面内箍筋各肢的全部截面面积（mm^2），$A_{sv} = nA_{sv1}$；

n——同一截面内箍筋的肢数；

A_{sv1}——单肢箍筋的截面面积（mm^2）；

S——沿构件长度方向的箍筋间距（mm）；

l——计算跨度（mm）；

ψ_1——梁跨高比影响系数；当 $l/h_0 \leqslant 8$ 时，$\psi_1 = 1$；当 $l/h_0 > 8$ 时，ψ_1 应按式(11-6)计算确定。

当采用反梁时，反梁的斜截面受剪承载能力可按下式计算：

$$V \leqslant 0.4\psi_2 f_{td}bh_0 + f_{yd}\frac{A_{sv}}{S}h_0 \tag{11-7}$$

$$\psi_2 = 1 + \frac{0.1l}{h_0} \tag{11-8}$$

式中　ψ_2——梁跨高比影响系数，当 $l_0/h_0 > 7.5$ 时，取 $l_0/h_0 = 7.5$。

同时，反梁的箍筋设计应符合下列要求：

$$V \leqslant \frac{0.4 f_{yd} l_0 A_{sv}}{S} \tag{11-9}$$

当对只承受静荷载作用的反梁进行斜截面受剪承载能力验算时，可按式(11-7)～式(11-9)计算，此时式中的最大剪力设计值和材料强度设计值，应取静荷载作用下的相应值。

6) 在等效静荷载和静荷载共同作用下，当按弹性受力状态计算板柱结构，也即无梁楼盖内力时，通常按下列方法对板的内力值进行调整。

(1) 当用直接方法计算时，对中间区格的板，宜将支座负弯矩与跨中正弯矩之比从 2.0 调整到 1.3～1.5；对边跨板，宜相应降低负、正弯矩的比值；

(2) 当用等代框架方法计算时，宜将支座负弯矩下调 10%～15%，并应按平衡条件将跨中正弯矩相应上调；

(3) 支座负弯矩在柱上板带和跨中板带的分配可取 3：1 到 2：1；跨中正弯矩在柱上板带和跨中板带的分配可取 1：1 到 1.5：1；

(4) 当无梁楼盖的板与钢筋混凝土边墙整体浇筑时，边跨板支座负弯矩与跨中正弯矩之比，可按中间区格板进行调幅。

当无梁楼盖的跨度大于 6m，或其相邻跨度不等时，冲切荷载设计值应取按等效静荷载和静荷载共同作用下求得冲切荷载的 1.1 倍。

沿板柱结构柱边、柱帽边、托板边、板厚变化及抗冲切钢筋配筋率变化部位，应进行抗冲切验算：

①当板内不配置箍筋和弯起钢筋时，抗冲切可按下式验算：

$$F_1 \leqslant 0.7 \beta_h f_{td} u_m h_0 \tag{11-10}$$

式中　F_1——冲切荷载设计值（N），可取柱所承受的轴向力设计值减去柱顶冲切破坏锥体范围内的荷载设计值；

　　　β_h——截面高度影响系数；当 $h < 800mm$，取 $\beta_h = 1.0$；当 $h \geqslant 2000mm$ 时，取 $\beta_h = 0.9$，其间按线性内插法取用；

　　　u_m——冲切破坏锥体上、下周边的平均长度（mm），可取距冲切破坏锥体下周边 $h_0/2$ 处的周长；

　　　h_0——冲切破坏锥体截面的有效高度（mm）。

②当板内配有箍筋时，抗冲切可按下式验算：

$$F_1 \leqslant 0.5 f_{td} \eta u_m h_0 + f_{yd} A_{sv} \leqslant 1.05 f_{td} u_m h_0 \tag{11-11}$$

③当板内配有弯起钢筋时，弯起钢筋根数不应少于 3 根，抗冲切可按下式验算：

$$F_1 \leqslant 0.5 f_{td} \eta u_m h_0 + f_{yd} A_{sb} \sin\alpha \leqslant 1.05 f_{td} u_m h_0 \tag{11-12}$$

式中　f_{yd}——在动荷载作用下抗冲切箍筋或弯起钢筋的抗拉强度设计值，取 $f_{yd} = 240MPa$；

　　　A_{sv}——与呈 45°冲切破坏锥体斜截面相交的全部箍筋截面面积（mm^2）；

　　　A_{sb}——与呈 45°冲切破坏锥体斜截面相交的全部弯起钢筋截面面积（mm^2）；

α——弯起钢筋与板底面的夹角（°）。

7) 钢筋混凝土结构或构件按弹塑性工作阶段设计时，受拉钢筋的配筋率不宜超过 1.5%。当必须超过时，受弯构件或大偏心受压构件必须按式(8-3)验算允许延性比且最大配筋率不超过表 11.13 的要求。由于抗力低，防空地下室结构受弯构件往往只要求延性比 $\beta \geqslant 1$，因此其纵向受拉钢筋最大配筋率可比表 8.4 的大一些。

受拉钢筋的最大配筋百分率（%）   表 11.13

混凝土强度等级	C25	≥C30
HRB400 级钢筋	2.0	2.4
RRB400 级钢筋		

式(8-3)中的 x/h_0 按下式计算：

$$\frac{x}{h_0} = (\rho - \rho') \frac{f_{yd}}{\alpha_c f_{cd}} \tag{11-13}$$

式中 x——混凝土受压区高度（mm）；

h_0——截面的有效高度（mm）；

ρ, ρ'——分别为纵向受拉钢筋及纵向受压钢筋配筋率；

f_{yd}——钢筋抗拉动力强度设计值（MPa）；

f_{cd}——混凝土轴心抗压动力强度设计值（MPa）；

α_c——系数，按表 11.14 取值。

α_c 值   表 11.14

混凝土强度等级	≤C50	C55	C60	C65	C70	C75	C80
α_c	1	0.99	0.98	0.97	0.96	0.95	0.94

11.5 构造要求

1. 材料强度等级

防空地下室结构选用的材料强度等级不应低于表 11.15 的规定。防空地下室结构不得采用硅盐砖和硅酸盐砌块。严寒地区，饱和土中应采用 MU20 砖；装配填缝砂浆的强度等级不应低于 M10。防水混凝土基础底板的混凝土垫层，其强度等级不应低于 C15。

材料强度等级   表 11.15

构件类型	混凝土		砌体			
	现浇	预制	砖	料石	混凝土砌块	砂浆
基础	C25	—	—	—	—	—
梁、楼板	C25	C25	—	—	—	—
柱	C30	C30	—	—	—	—
内墙	C25	C25	MU10	MU30	MU15	M5
外墙	C25	C25	MU15	MU30	MU15	M7.5

2. 构件最小厚度

防空地下室结构构件最小厚度应符合表 11.16 规定。

结构构件最小厚度（mm）　　　　　　　　　　表 11.16

构件类别	材料种类			
	钢筋混凝土	砖砌体	料石砌体	混凝土砌块
顶板、中间楼板	200	—	—	—
承重外墙	250	490(370)	300	250
承重内墙	200	370(240)	300	250
临空墙	250	—	—	—
防护密闭门框墙	300	—	—	—
密闭门框墙	250	—	—	—

表 11.16 中最小厚度不包括防早期核辐射对结构厚度的要求，有关防早期核辐射的最小防护厚度见设计规范。顶板最小厚度系指实心截面，如为密肋板，其实心截面厚度不宜小于 100mm。砖砌体项括号内最小厚度仅适用于核 6 级、核 6B 级的防空地下室和乙类防空地下室。

3. 结构变形缝

防护单元内一般不宜设置沉降缝、伸缩缝；当上部地面建筑需设置伸缩缝、抗震缝时，防空地下室可不设置。这主要考虑防护单元内防毒密闭等自成防护体系的要求。当防空地下室设缝距离较大时，可采用后浇带等措施。后浇缝应采用补偿收缩混凝土浇筑，其配合比应经试验确定，强度宜高于两侧混凝土一个等级。后浇缝应设置在受力和变形较小的部位，其宽度可为 0.8～1m。

通常，防空地下室室外出入口与主体结构连接处，可设置沉降缝；钢筋混凝土结构设置伸缩缝最大间距应按现行有关标准执行。

4. 防水混凝土设计抗渗等级

防空地下室钢筋混凝土结构构件当有防水要求时，其混凝土的强度等级不宜低于 C30。防水混凝土的设计抗渗等级应根据工程埋置深度按表 11.17 采用，且不应小于 P6。

防水混凝土的设计抗渗等级　　　　　　　　表 11.17

工程埋置深度(m)	设计抗渗等级
<10	P6
10～20	P8
20～30	P10
30～40	P12

5. 纵向受力钢筋最小与最大配筋率要求

承受爆炸动荷载的钢筋混凝土结构构件，纵向受力钢筋的配筋百分率最小值应符合表 8.4 的规定，最大值应符合表 11.13 的规定。

1）受压构件的全部纵向钢筋最小配筋率，当采用 HRB400 级、RRB400 级钢筋时，应该按上表中数值减小 0.1。

2）受压构件的受压钢筋以及偏心受压、小偏心受拉构件的受拉钢筋的最小配筋百分率按构件的全截面面积计算，受弯构件、大偏心受拉构件的受拉钢筋的最小配筋百分率按全截面面积扣除位于受压边或受拉较小边翼缘面积后的截面面积计算。

3）受弯构件、偏心受压及偏心受拉构件一侧的受拉钢筋的最小配筋百分率不适用于HPB235级钢筋。当采用HPB235级钢筋时，应符合《混凝土结构设计规范》GB 50010—2010（2015年版）中有关规定。

4）对卧置于地基上的核5级、核6级和核6B级防空地下室底板，当其内力系由平时设计荷载控制时，板中受拉钢筋最小配筋率可适当降低，但不应小于0.15%。

6. 双面配筋及拉结筋要求

钢筋混凝土受弯构件，宜在受压区配置构造钢筋，构造钢筋面积不小于按受拉钢筋的最小配筋百分率的计算量；在连续梁支座和框架节点处，且不小于受拉主筋的1/3；这是保证受弯构件有一定的反向抗力。

为提高防空地下室结构整体抗爆炸破坏的能力，除截面内力由平时设计荷载控制，且受拉主筋配筋率小于表8.3规定的卧置于地基上的核5级、核6级、核6B级甲类防空地下室和乙类防空地下室结构底板外，双面配筋的钢筋混凝土板、墙体应设置梅花形排列的拉结钢筋，拉结钢筋长度应能拉住最外层受力钢筋。拉结筋配置形式见图11.7。

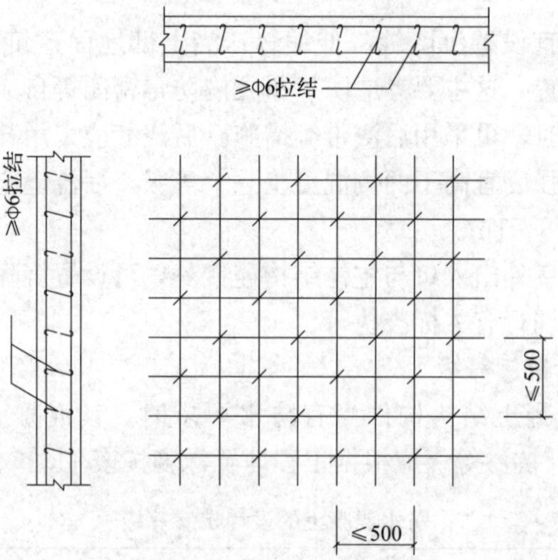

图11.7　拉结钢筋配置形式

7. 混凝土保护层厚度

防空地下室钢筋混凝土结构的纵向受力钢筋，其混凝土保护层厚度（钢筋外边缘至混凝土表面的距离）不应小于钢筋的公称直径，且应符合表11.18的规定。

纵向受力钢筋的混凝土保护层厚度（mm）　　**表11.18**

外墙外侧		外墙内侧、内墙	板	梁	柱
直接防水	设防水层				
40	30	20	20	30	30

基础中纵向受力钢筋的混凝土保护层厚度不应小于40mm；当基础板无垫层时不应小

于 70mm。

8. 钢筋锚固长度

防空地下室钢筋混凝土结构构件，其纵向受力钢筋的锚固和连接接头应符合下列要求：

1）纵向受拉钢筋的锚固长度 l_{aF} 应按下列公式计算：

$$l_{aF}=1.05l_a \qquad (11-14)$$

式中 l_a——普通混凝土结构受拉钢筋的锚固长度。

2）当采用绑扎搭接接头时，纵向受拉钢筋搭接接头的搭接长度 l_{lF} 应按下列公式计算：

$$l_{lF}=\zeta l_{aF} \qquad (11-15)$$

式中 ζ——纵向受拉钢筋搭接长度修正系数，可按表 11.19 采用。

纵向受拉钢筋搭接长度修正系数 ζ 表 11.19

纵向钢筋搭接接头面积百分率(%)	≤25	50	100
ζ	1.2	1.4	1.6

3）钢筋混凝土结构构件的纵向受力钢筋的连接可分为三类：绑扎搭接，机械连接和焊接，宜按不同情况选用合适的连接方式。

4）纵向受力钢筋连接接头的位置宜避开梁端、柱端箍筋加密区；当无法避开时，应采用满足等强度要求的高质量机械连接接头，且钢筋接头面积百分率不应超过 50%。

5）箍筋要求，连续梁及框架在距支座边缘 1.5 倍梁的截面高度范围内，箍筋配筋百分率应不低于 0.15%，箍筋间距不宜大于 $h_0/4$，且不宜大于主筋直径的 5 倍。对受拉钢筋搭接处，宜采用封闭箍筋，箍筋间距不应大于主筋直径的 5 倍，且不应大于 100mm。

板柱结构以及砌体结构等构件的有关要求见现行地下室设计规范。

11.6 工程案例

某办公楼防地下室的建筑设计已经完成，工程地面三层，为框架结构；地下一层，建筑面积约 1137m² ，平时是办公楼停车库，战时是车辆掩蔽部。建筑平面设计详见图 11.8 和图 11.9。

工程场地抗震设防烈度 7 度，设计地震分组为第三组，地震加速度值为 0.10g。

人防地下室抗力等级为甲类核 5 级、常 5 级，安全等级二级，设计使用年限 50 年。防水等级一级，抗渗等级 P8。

工程地面部分采用框架结构，混凝土环境类别，内部二 a 类，外部二 a 类。结构材料采用 C35 普通混凝土；钢筋采用 HPB300、HRB400。

11.6.1 确定结构形式

一般的人防地下室，是建在地面建筑下部的地下建筑，属于附建式防护结构。从结构体系的角度看，地上地下是一个结构体系，一般情况下人防地下室的结构形式与地面结构形式保持一致，因此本例采用框架结构体系。

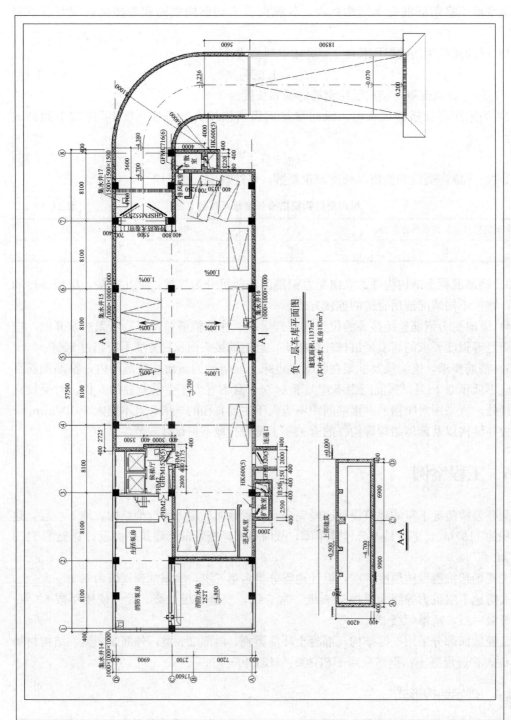

图 11.8 某办公楼防空地下室负一层车库平面图

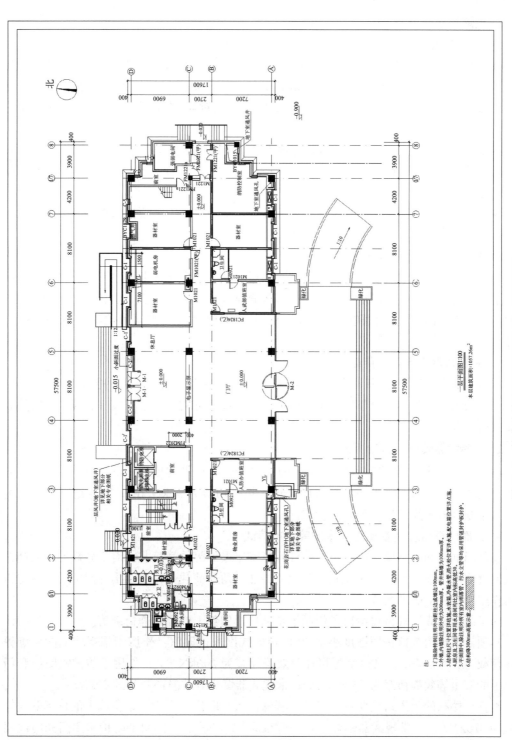

图 11.9　某办公楼防空地下室地面一层平面图

11.6.2 防空地下室的爆炸等效静荷载

1. 核爆等效静荷载

1）顶板的核爆炸等效静荷载

核爆炸地面冲击波简化为无升压的三角形；土中压缩波简化为有升压时间的平台形，其计算方法和等效原理已在前面相关章节介绍。本项目核抗力是 5 级，由于一层门窗较多，超过外墙的 1/2，因此不考虑地面建筑对防空地下室结构核爆动荷载的影响。

本项目混凝土强度等级 C35；顶板上没有回填土，直接找平做面层，厚度小于 0.5m；顶板由梁分割为不同板块，四边按固支考虑；构件的允许延性比 $[\beta]=3$，板的厚度 300mm。

参照规范给出的防空地下室顶板等效静荷载，本项目作用于顶板的核爆等效静荷载为 120kN/m²。

2）外墙的核爆炸等效静荷载

同样不考虑地面建筑对防空地下室结构核爆动荷载的影响，由于地下水位较高。按照饱和土中钢筋混凝土外墙确定作用其上的等效静荷载。对于黏性土，防核武器抗力级别 5 级的地下室外墙等效静荷载在 80～115kN/m²。本项目可取中间值约 100kN/m² 进行设计。

3）底板核爆炸等效静荷载

本项目地面三层，地下一层，地基土为黏性土，持力层的承载力特征值 200kN/m²，工程选择采用筏板基础，位于地下水位以下。参考规范可取地下室筏板（底板）上的等效静荷载值 75kN/m²。

2. 常规武器爆炸等效静荷载

顶板防常规武器等效静荷载可取 90～110kN/m²，按平均值为 100kN/m²；土中外墙防常规武器等效静荷载可取 80～100kN/m²，按平均值为 90kN/m²；防空地下室底板可不计入常规武器爆炸产生的等效静荷载。

3. 口部门框墙和临空墙上的爆炸等效静荷载

口部门框墙和临空墙应按照单个构件计算确定爆炸等效静荷载。对于爆炸冲击波和常规武器爆炸冲击波，都是按照无升压时间的突加三角形荷载，作用于构件产生的反射超压作为作用于构件上的动荷载。

为了简化计算，规范也给出了作用于常见口部构件上的等效静荷载值。

本项目车道出入口按照坡度小于 30°的单向式出入口取值：作用于临空墙上的核爆等效静荷载为 370kN/m²；常规武器爆炸等效静荷载为 260kN/m²；作用于防护密闭门和门框墙上的核爆等效静荷载为 550kN/m²；常规武器爆炸等效静荷载为 370kN/m²。

设置在楼梯的出入口按照室外竖井、楼梯出入口取值：作用于临空墙上的核爆等效静荷载为 270kN/m²；常规武器爆炸等效静荷载为 300kN/m²；作用于防护密闭门和门框墙上的核爆等效静荷载为 400kN/m²；常规武器爆炸等效静荷载为 260kN/m²。设计时取大值计算。

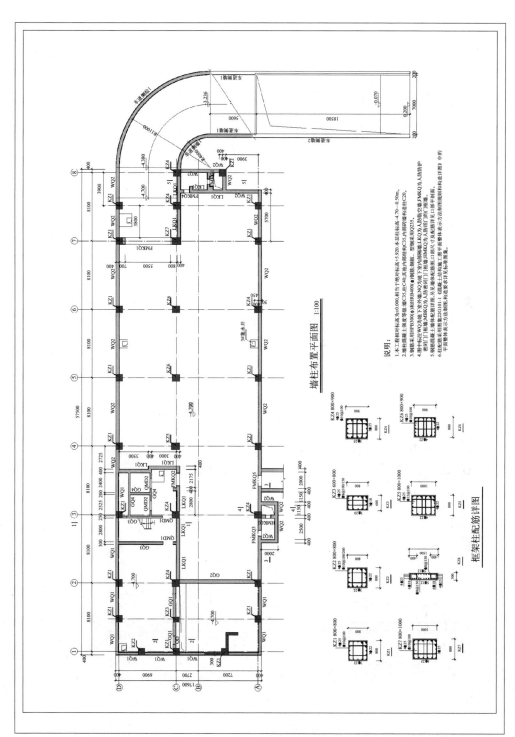

图 11.10　某办公楼人防地下室墙柱布置平面图

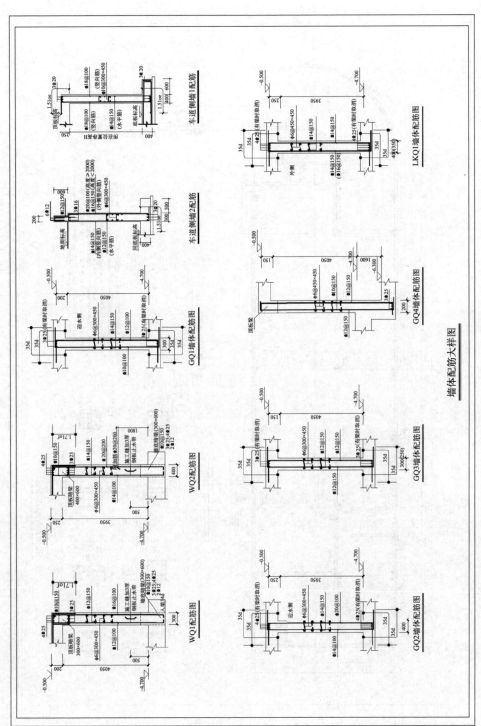

墙体配筋大样图

图 11.11 某办公楼人防地下室墙体配筋大样图

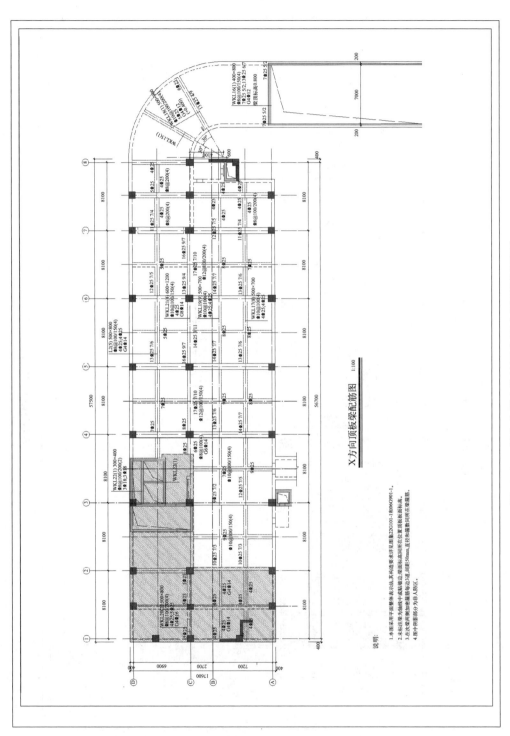

图 11.12 某办公楼人防地下室 X 向顶板梁配筋图

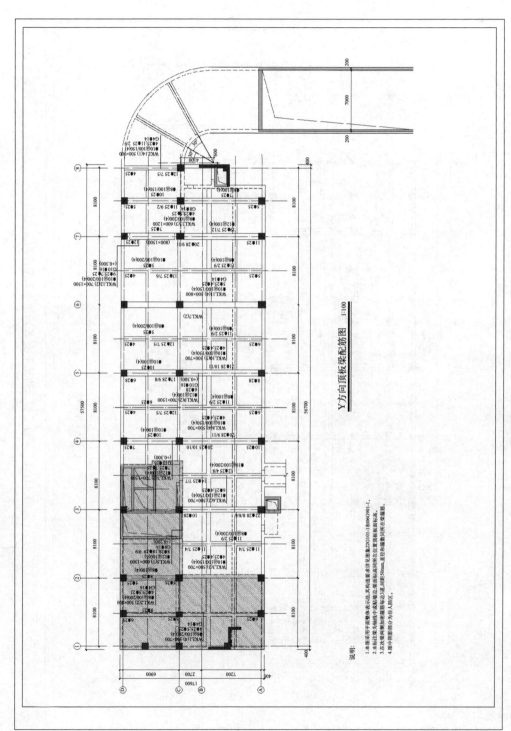

图 11.13 某办公楼人防地下室 Y 向顶板梁配筋图

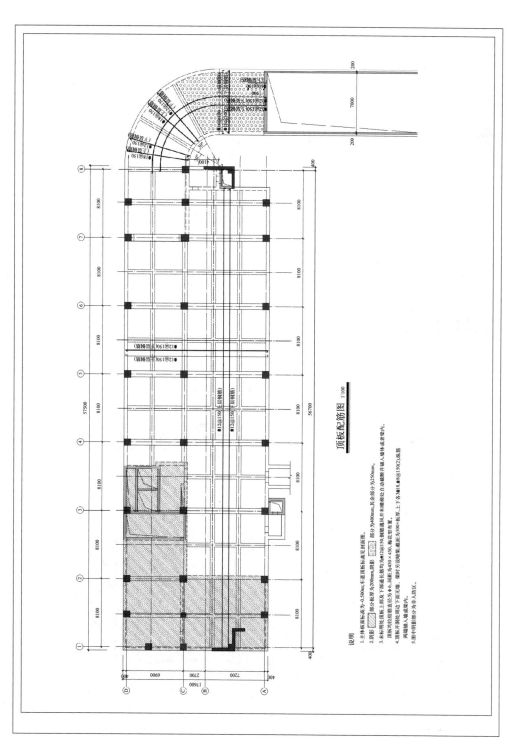

图 11.14　某办公楼人防地下室顶板配筋图

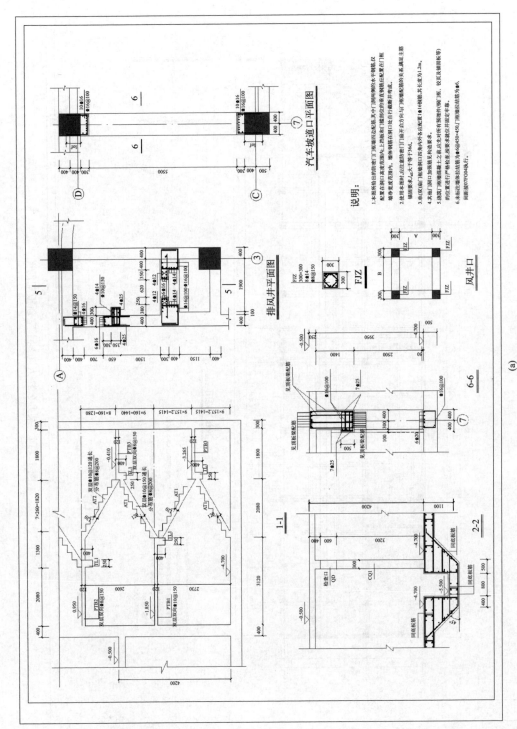

图 11.15 某办公楼人防地下室口部结构施工图（一）

(a)

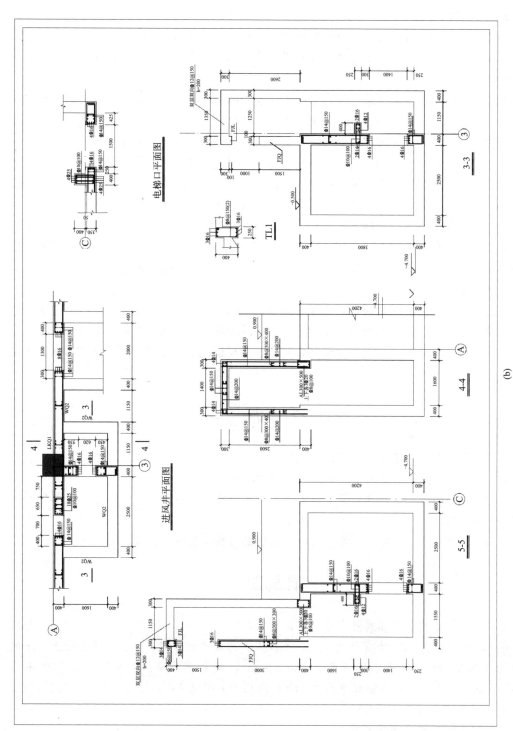

图 11.15 某办公楼人防地下室口部结构施工图（二）

(b)

11.6.3 防空地下室结构施工图设计

1. 主体结构设计

防空地下室结构设计首先进行绘制结构布置图，图中标示所有竖向受力构件的位置，以及地下室的外墙、内部分隔墙和承受水平爆炸动荷载的人防墙，详见图 11.10 人防地下室墙柱布置图。

结构布置图中的混凝土墙，与其他民用建筑中的剪力墙是不同的，其中外墙主要是抵抗外侧的水土压力，内部隔墙主要用来分隔单元和房间；口部的混凝土墙主要用来承担空气冲击波的水平作用、安装相应的防护设备等，同时满足密闭隔绝要求。地下室的混凝土墙并不是用来抵抗地震作用和建筑的侧移，设计的时候不应按照剪力墙设计。

墙体配筋一般需要单独计算，可以按照前面介绍的方法手工计算，或者利用小程序，常见的有理正人防软件等。人防地下室墙体配筋大样图详见图 11.11。

地下室结构的整体结构体系的设计计算，一般通过计算机辅助设计完成。国内常用的设计软件是盈建科和 PKPM 结构软件，可以计算顶板、顶板梁、框架柱等的内力和配筋，并通过后处理，输出结构施工图。图 11.12～图 11.14 是人防地下室主体结构的施工图。

2. 口部结构设计

人防地下室口部的结构设计，主要是各出入口的受力构件的计算和配筋，包括门框墙，主要有出入口的防护密闭门框墙和进排风口的防爆波活门的门框墙；需要考虑冲击波作用的主要出入口的楼梯；进排风竖井；有顶盖的车道或者连通道等。口部结构施工图见图 11.15(a)、(b)。

思考题

11-1 简述防空地下室结构设计一般原则。

11-2 地面建筑的存在对防空地下室的影响有哪些，荷载取值如何？

11-3 在防空地下室结构计算中，计入上部建筑影响的条件是什么，在荷载取值时如何考虑这些影响？

11-4 简要说明，防空地下室底板在有无桩基时的荷载取值，为什么不同？

计算题

11-1 某城市构筑附建式防空地下室，顶板覆土深 0.5m，跨度 5m，厚 0.3m，外墙高 4m，厚 0.3m，工程抗力等级为 5 级，不计入上部建筑物影响，工程四周为砂土，土的密度为 1800kg/m³，混凝土的密度为 2500kg/m³，混凝土外墙（$\beta=2$）的自振频率为 300Hz，顶板（$\beta=3$）的自振频率为 200Hz，侧压力系数为 $\xi=0.4$（静、动），试计算：

(1) 地下室外墙的水平设计荷载；

(2) 地下室顶板的等效荷载。

11-2 已知条件：某核 6 级、常 6 级甲类防空地下室位于地下一层（该建筑仅有 1 层地下室），层高 3.0m（不含顶板覆土厚度），战时用作二类人员掩蔽所，人防围护结构均

采用现浇钢筋混凝土结构，上部建筑为 6 层抗震设防的砌体结构，室外地面标高为
—0.3m。顶板覆土厚度 1.0m，顶板区格最大短边净跨 6.0m，顶板厚度 250～300mm。
设防水位埋深为室外地面下 1.0m，饱和土的含气量为 0.1%。外墙、底板厚度均为
300mm，门框墙厚度 300mm，临空墙厚度 250mm。战时主要出入口为室外楼梯出入口，
室外出入口至防护密闭门的距离为 10m。室外出入口位于倒塌范围内，需设置现浇钢筋
混凝土防倒塌棚架。试根据以上条件，按照《人民防空地下室设计规范》GB 50038—
2005 查表确定战时作用在防空地下室以下各部位的等效静荷载标准值：

(1) 顶板＿＿＿＿＿＿＿＿＿kN/m²；(2) 外墙＿＿＿＿＿＿＿＿＿kN/m²；

(3) 底板＿＿＿＿＿＿＿＿＿kN/m²；(4) 门框墙＿＿＿＿＿＿＿kN/m²；

(5) 临空墙＿＿＿＿＿＿＿kN/m²；

(6) 楼梯踏步正面荷载＿＿＿kN/m²；

(7) 防倒塌棚架水平荷载＿＿＿kN/m²。

参考文献

[1] 方秦，柳锦春．防护结构计算与设计 [M]．北京：军事科学出版社，2009．

[2] 周子龙，李夕兵，洪亮．地下防护工程与结构 [M]．长沙：中南大学出版社，2014．

[3] 晏麓晖．高等防护结构理论 [M]．长沙：国防科技大学出版社，2017．

[4] 任辉启，穆朝民．精确制导武器侵彻效应与工程防护 [M]．北京：科学出版社，2016．

[5] 陈肇元．爆炸荷载下的混凝土结构性能与设计 [M]．北京：中国建筑工业出版社，2015．

[6] 张博一，王伟，周威．地下防护结构 [M]．哈尔滨：哈尔滨工业大学出版社，2021．

[7] The Air Force. Manual For Design and Analysis of Hardened Structures：AFWL-TR-74102 [S]．Washington D C：1974．

[8] US Department of the Army，the Navy and the Air Force. Structures to Resist the Effects of Accidental Explosion：TM5-1300 [S]．Washington D C：1990．

[9] ASCE. Design of Structures to Resist Nuclear Weapons Effects [M]．Manual No. 42，New York：1985．

[10] US Department of the Army. Fundamentals of Protective Design for Conventional Weapons：TM5-855-1 [S]．Washington D C：1986．

[11] Biggs J M. Introduction to Structural Dynamics [M]．New York：McGraw-Hill Press，1964．

[12] Krauthammer T. Modern Protective Structures [M]．Cachan France：CRC Press，2006．

[13] 亨利奇．爆炸动力学及其应用 [M]．北京：科学出版社，1987．

[14] 中华人民共和国建设部，中华人民共和国质量监督检验检疫总局．人民防空地下室设计规范：GB 50038—2005 [S]．北京：中国建筑工业出版社，2005．

[15] 中华人民共和国建设部，中华人民共和国质量监督检验检疫总局．人民防空工程设计规范：GB 50225—2005 [S]．北京：中国建筑工业出版社，2005．

[16] 中国土木工程学会．中国土木工程指南 [G]．2 版．北京：科学出版社，2000．

[17] 朱合华．地下建筑结构 [M]．3 版．北京：中国建筑工业出版社，2016．

[18] 徐干成，郑颖人．地下工程支护结构与设计 [M]．北京：中国水利水电出版社，2013．

[19] 方秦，宋二祥，黄茂松．城市地下工程：建筑、环境与土木工程（土木工程卷）[G]．北京：科学出版社，2006．

[20] 李忠献，方秦．工程结构抗爆防爆的研究与发展：建筑、环境与土木工程（土木工程卷）[G]．北京：科学出版社，2006．

[21] 钱七虎．钱七虎院士论文选集 [G]．北京：科学出版社，2007．

[22] 柳锦春，方秦．爆炸荷载作用下钢筋混凝土梁的动力响应及破坏形态分析 [J]．爆炸与冲击，2003，23（1）：25～30．

[23] 方秦，郭东．梁的剪力动力系数的确定 [J]．工程力学，2005，22（5）：181～185．

[24] Fang Qin，Guo Dong，Xiang Hengbo. Determination of Shear magnification factor in Beams and Plates Subjected to Blast Loads [C]．In：Proc. of 8th Int. Conf. on Structures under Shock and Impact. London：WIT Press，2004，139～150．

[25] R. 克拉夫，J. 彭津．结构动力学 [M]．王光远，译．2 版．北京：高等教育出版社，2006．